MOLECULAR SCIENCES

化学前瞻性基础研究·分子科学前沿丛书
丛书编委会

国家出版基金项目
NATIONAL PUBLICATION FOUNDATION

"十四五"时期国家重点
出版物出版专项规划项目

化学前瞻性基础研究
分子科学前沿丛书
总主编 席振峰 张德清

Frontier and Progress of Organic Solid Functional Materials

有机固体功能材料
前沿与进展

裴 坚 朱道本 等 编著

华东理工大学出版社
EAST CHINA UNIVERSITY OF SCIENCE AND TECHNOLOGY PRESS
·上海·

图书在版编目(CIP)数据

有机固体功能材料前沿与进展 / 裴坚等编著.
上海：华东理工大学出版社，2024.10. -- ISBN 978-7-
5628-7104-0

Ⅰ．TB34

中国国家版本馆 CIP 数据核字第 20241E3Z93 号

内容提要

随着现代科学技术的迅猛发展,有机固体功能材料作为一门交叉前沿学科,正在不断引领材料、化学、物理乃至生命科学等多个领域的创新。有机固体材料以其独特的物理化学性质、灵活可调的分子结构以及优良的加工性能,为科学研究和工业应用开辟了广阔的空间。本书旨在梳理这一领域的最新研究成果,探讨其发展趋势,并为未来的研究提供方向性指导。全书共 6 章,涉及有机纳米光子学、共轭高分子光伏材料、有机高分子电致发光材料、有机高分子场效应材料与器件、单分子电子器件、有机生物光电子等内容。

本书适用于从事相关领域研究的科研人员,以及对这一领域感兴趣的研究生、本科生,以期吸引更多的青年学子参与相关的科学研究工作,共同推进我国有机固体功能材料的发展。

项目统筹 / 马夫娇　韩　婷

责任编辑 / 韩　婷

责任校对 / 张　波

装帧设计 / 周伟伟

出版发行 / 华东理工大学出版社有限公司

　　　　　　地址：上海市梅陇路 130 号，200237

　　　　　　电话：021 - 64250306

　　　　　　网址：www.ecustpress.cn

　　　　　　邮箱：zongbianban@ecustpress.cn

印　　刷 / 上海雅昌艺术印刷有限公司

开　　本 / 710 mm×1000 mm　1/16

印　　张 / 16.5

字　　数 / 332 千字

版　　次 / 2024 年 10 月第 1 版

印　　次 / 2024 年 10 月第 1 次

定　　价 / 268.00 元

总序一

　　分子科学是化学科学的基础和核心，是与材料、生命、信息、环境、能源等密切交叉和相互渗透的中心科学。当前，分子科学一方面攻坚惰性化学键的选择性活化和精准转化、多层次分子的可控组装、功能体系的精准构筑等重大科学问题，催生新领域和新方向，推动物质科学的跨越发展；另一方面，通过发展物质和能量的绿色转化新方法不断创造新分子和新物质等，为解决卡脖子技术提供创新概念和关键技术，助力解决粮食、资源和环境问题，支撑碳达峰、碳中和国家战略，保障人民生命健康，在满足国家重大战略需求、推动产业变革方面发挥源头发动机的作用。因此，持续加强对分子科学研究的支持，是建设创新型国家的重大战略需求，具有重大战略意义。

　　2017年11月，科技部发布"关于批准组建北京分子科学等6个国家研究中心"的通知，依托北京大学和中国科学院化学研究所的北京分子科学国家研究中心就是其中之一。北京分子科学国家研究中心成立以来，围绕分子科学领域的重大科学问题，开展了系列创新性研究，在资源分子高效转化、低维碳材料、稀土功能分子、共轭分子材料与光电器件、可控组装软物质、活体分子探针与化学修饰等重要领域上形成了国际领先的集群优势，极大地推动了我国分子科学领域的发展。同时，该中心发挥基础研究的优势，积极面向国家重大战略需求，加强研究成果的转移转化，为相关产业变革提供了重要的支撑。

　　北京分子科学国家研究中心主任、北京大学席振峰院士和中国科学院化学研究所张德清研究员组织中心及兄弟高校、科研院所多位专家学者策划、撰写了"分子科学前沿丛书"。丛书紧密围绕分子体系的精准合成与制备、分子的可控组装、分子功能体系的构筑与应用三大领域方向，共9分册，其中"分子科学前沿"部分有5分册，"学科交叉前沿"部分有4分册。丛书系统总结了北京分子科学国家研究中心在分子科学前沿交叉领域取得的系列创新研究成果,内容系统、全面,代表了国内分子科学前沿交叉研究领域最高水平,具有很高的学术价值。丛书各分册负责人以严谨的治学精神梳理总结研究成果,积极总结和提炼科学规律,极大提升了丛书的学术水平和科学意义。该套丛书被列入"十四五"时期国家重点出版物出版专项规划项目,并得到了国家出版基金的大力支持。

我相信,这套丛书的出版必将促进我国分子科学研究取得更多引领性原创研究成果。

包信和

中国科学院院士

中国科学技术大学

总序二

　　化学是创造新物质的科学,是自然科学的中心学科。作为化学科学发展的新形式与新阶段,分子科学是研究分子的结构、合成、转化与功能的科学。分子科学打破化学二级学科壁垒,促进化学学科内的融合发展,更加强调和促进与材料、生命、能源、环境等学科的深度交叉。

　　分子科学研究正处于世界科技发展的前沿。近二十年的诺贝尔化学奖既涵盖了催化合成、理论计算、实验表征等化学的核心内容,又涉及生命、能源、材料等领域中的分子科学问题。这充分说明作为传统的基础学科,化学正通过分子科学的形式,从深度上攻坚重大共性基础科学问题,从广度上不断催生新领域和新方向。

　　分子科学研究直接面向国家重大需求。分子科学通过创造新分子和新物质,为社会可持续发展提供新知识、新技术、新保障,在解决能源与资源的有效开发利用、环境保护与治理、生命健康、国防安全等一系列重大问题中发挥着不可替代的关键作用,助力实现碳达峰碳中和目标。多年来的实践表明,分子科学更是新材料的源泉,是信息技术的物质基础,是人类解决赖以生存的粮食和生活资源问题的重要学科之一,为根本解决环境问题提供方法和手段。

　　分子科学是我国基础研究的优势领域,而依托北京大学和中国科学院化学研究所的北京分子科学国家研究中心(下文简称"中心")是我国分子科学研究的中坚力量。近年来,中心围绕分子科学领域的重大科学问题,开展基础性、前瞻性、多学科交叉融合的创新研究,组织和承担了一批国家重要科研任务,面向分子科学国际前沿,取得了一批具有原创性意义的研究成果,创新引领作用凸显。

　　北京分子科学国家研究中心主任、北京大学席振峰院士和中国科学院化学研究所张德清研究员组织编写了这套"分子科学前沿丛书"。丛书紧密围绕分子体系的精准合成与制备、分子的可控组装、分子功能体系的构筑与应用三大领域方向，立足分子科学及其学科交叉前沿，包括 9 个分册：《物质结构与分子动态学研究进展》《分子合成与组装前沿》《无机稀土功能材料进展》《高分子科学前沿》《纳米碳材料前沿》《化学生物学前沿》《有机固体功能材料前沿与进展》《环境放射化学前沿》《化学测量学进展》。该套丛书梳理总结了北京分子科学国家研究中心自成立以来取得的重大创新研究成果，阐述了分子科学及其交叉领域的发展趋势，是国内第一套系统总结分子科学领域最新进展的专业丛书。

该套丛书依托高水平的编写团队，成员均为国内分子科学领域各专业方向上的一流专家，他们以严谨的治学精神，对研究成果进行了系统整理、归纳与总结，保证了编写质量和内容水平。相信该套丛书将对我国分子科学和相关领域的发展起到积极的推动作用，成为分子科学及相关领域的广大科技工作者和学生获取相关知识的重要参考书。

得益于参与丛书编写工作的所有同仁和华东理工大学出版社的共同努力，这套丛书被列入"十四五"时期国家重点出版物出版专项规划项目，并得到了国家出版基金的大力支持。正是有了大家在各自专业领域中的倾情奉献和互相配合，才使得这套高水准的学术专著能够顺利出版问世。在此，我向广大读者推荐这套前沿精品著作"分子科学前沿丛书"。

中国科学院院士

上海交通大学/中国科学院上海有机化学研究所

丛书前言

作为化学科学的核心,分子科学是研究分子的结构、合成、转化与功能的科学,是化学科学发展的新形式与新阶段。可以说,20世纪末期化学的主旋律是在分子层次上展开的,化学也开启了以分子科学为核心的发展时代。分子科学为物质科学、生命科学、材料科学等提供了研究对象、理论基础和研究方法,与其他学科密切交叉、相互渗透,极大地促进了其他学科领域的发展。分子科学同时具有显著的应用特征,在满足国家重大需求、推动产业变革等方面发挥源头发动机的作用。分子科学创造的功能分子是新一代材料、信息、能源的物质基础,在航空、航天等领域关键核心技术中不可或缺;分子科学发展高效、绿色物质转化方法,助力解决粮食、资源和环境问题,支撑碳达峰、碳中和国家战略;分子科学为生命过程调控、疾病诊疗提供关键技术和工具,保障人民生命健康。当前,分子科学研究呈现出精准化、多尺度、功能化、绿色化、新范式等特点,从深度上攻坚重大科学问题,从广度上催生新领域和新方向,孕育着推动物质科学跨越发展的重大机遇。

北京大学和中国科学院化学研究所均是我国化学科学研究的优势单位,共同为我国化学事业的发展做出过重要贡献,双方研究领域互补性强,具有多年合作交流的历史渊源,校园和研究所园区仅一墙之隔,具备"天时、地利、人和"的独特合作优势。21世纪初,双方前瞻性、战略性地将研究聚焦于分子科学这一前沿领域,共同筹建了北京分子科学国家实验室。在此基础上,2017年11月科技部批准双方组建北京分子科学国家研究中心。该中心瞄准分子科学前沿交叉领域的重大科学问题,汇聚了众多分子科学研究的杰出和优秀人才,充分发挥综合性和多学科的优势,不断优化校所合作机制,取得了一批创新研究成果,并有力促进了材料、能源、健康、环境等相关领域关键核心技术中的重大科学问题突破和新兴产业发展。

基于上述研究背景,我们组织中心及兄弟高校、科研院所多位专家学者撰写了"分子科学前沿丛书"。丛书从分子体系的合成与制备、分子体系的可控组装和分子体系的功能与应用三个方面,梳理总结中心取得的研究成果,分析分子科学相关领域的发展趋势,计划出版9个分册,包括《物质结构与分子动态学研究进展》《分子合成与组装前沿》《无机稀土功能材料进展》《高分子科学前沿》《纳米碳材料前沿》《化学生物学前沿》《有机固体功能材料前沿与进展》《环境放射化学前沿》《化学测量学进展》。我们希望该套丛书的出版将有力促进我国分子科学领域和相关交叉领域的发展,充分体现北京分子科学国家研究中心在科学理论和知识传播方面的国家功能。

本套丛书是"十四五"时期国家重点出版物出版专项规划项目"化学前瞻性基础研究丛书"的系列之一。丛书既涵盖了分子科学领域的基本原理、方法和技术,也总结了分子科学领域的最新研究进展和成果,具有系统性、引领性、前沿性等特点,希望能为分子科学及相关领域的广大科技工作者和学生,以及企业界和政府管理部门提供参考,有力推动我国分子科学及相关交叉领域的发展。

最后,我们衷心感谢积极支持并参加本套丛书编审工作的专家学者、华东理工大学出版社各级领导和编辑,正是大家的认真负责、无私奉献保证了丛书的顺利出版。由于时间、水平等因素限制,丛书难免存在诸多不足,恳请广大读者批评指正!

北京分子科学国家研究中心

前言

随着现代科学技术的迅猛发展,有机固体功能材料作为一门交叉前沿学科,正在不断引领材料、化学、物理乃至生命科学等多个领域的创新。有机固体材料以其独特的物理化学性质、灵活可调的分子结构以及优异的加工性能,为科学研究和工业应用开辟了广阔的空间。《有机固体功能材料前沿与进展》一书,旨在梳理这一领域的最新研究成果,探讨其发展趋势,并为未来的研究提供方向性指导。

有机固体功能材料是以有机化合物为基础,通过分子设计、合成与组装,实现特定功能的先进材料。从早期的有机染料到如今种类丰富的导电高分子、小分子半导体等,这些材料不仅在光电转换、信息显示、传感检测等方面展现出卓越的性能,逐渐渗透到生物医用、环境保护等新兴领域,成为推动科技进步的重要力量。

历经半个多世纪的发展,有机固体功能材料的研究在全球范围内呈现出蓬勃发展的态势。从纳米尺度的光子学器件,到高效能的光伏材料,再到电致发光和场效应材料,每一步进展都在推动着信息技术、清洁能源、生物医学等领域的科学与技术创新和变革。国际上,美国、欧洲、日本等地的科研机构与企业正竞相加大研究投入,开展跨学科合作,抢占科技制高点。在国内,以北京分子科学国家研究中心为代表的科研单位,长期前瞻布局,紧密结合国家战略需求,围绕有机固体功能材料的基础理论、制备工艺、性能调控及应用探索等方面展开了深入研究,取得了一系列具有自主知识产权的原创性成果。

近年来,随着纳米技术、超分子化学、分子工程等学科的深度交叉融合,有机固体功能材料的研究进入了全新的发展阶段。有机纳米光子学材料以其独特的激发态能级结构和可控的光学性质,为微纳光源、光波导、光调制器等器件的制备提供了可能。共轭高分子光伏材料分子设计及器件优化也取得了巨大进步,特别是非富勒烯受体材料的开发,触发了有机太阳能电池光电转换效率的飞跃。此外,单分子电子器件和有机生物电子器件等前沿方向也展现出巨大的发展潜力,有望在智能感知和生物医学领域引发新的变革。

本书的整体框架由朱道本院士与裴坚教授作为核心主创精心构思与策划。全书共6章,第1章"有机纳米光子学"由赵永生、张闯、姚建年编写;第2章"共轭高分子光伏材料"由姚惠峰、侯剑辉、李永舫编写;第3章"有机高分子电致发光材料"由赵达慧、张迪、李曜、时文婧、魏蓉、朱子琦、韩含编写;第4章"有机高分子场效应材料与器件"由董焕丽、张逸寒编写;第5章"单分子电子器件"由臧亚萍、郭雪峰编写;第6章"有机生物光电子"由王树、狄重安编写。

本书的编著工作汇聚了北京分子科学国家研究中心知名专家和学者的智慧与心血。在主编的统一协调下,各章节作者根据各自的研究专长和领域特色,精心撰写了相关内容。在编著过程中,我们注重理论与实践相结合,既注重基础理论的阐述,又关注最新研究成果的介绍,力求为读者呈现一本内容丰富、结构严谨、具有前瞻性的学术著作。

总之,《有机固体功能材料前沿与进展》一书,是对有机固体功能材料领域最新研究成果的一次梳理和剖析。我们相信,本书的出版将为广大科研人员、工程技术人员及高校师生提供有益的参考和借鉴,为推动有机固体功能材料的研究与应用做出积极贡献。

由于撰写时间仓促、涉及人员较多,书中难免存在诸多不足,欢迎广大读者批评指正。

编　者
2024 年 3 月

目 录

CONTENTS

Chapter 1

第 1 章
有机纳米光子学

赵永生，张闯，姚建年

Chapter 2

第 2 章
共轭高分子光伏材料

姚惠峰，侯剑辉，李永舫

Chapter 3

第 3 章
有机高分子电致发光材料

赵达慧，张迪，李曜，时文婧，
魏蓉，朱子琦，韩含

Chapter 4

第 4 章
有机高分子场效应材料与器件

董焕丽，张逸寒

Chapter 5

**第 5 章
单分子电子器件**

臧亚萍，郭雪峰

Chapter 6

**第 6 章
有机生物光电子**

王树，狄重安

Chapter 1

有机纳米光子学

赵永生，张闯，姚建年

1.1 纳米光子学简介

光子学,是研究光与物质相互作用的学科,涉及光的产生、传输、放大、调制及检测等方面。1970 年 8 月,在美国戴维营举行的第 9 届国际高速摄影会议上,荷兰科学家波德沃尔特(L. J. Poldervaart)提出光子学的概念,认为光子学是以光子作为信息载体和能量载体的科学。近几十年来,光子学的飞速发展,已经在信息技术领域掀起了一场革命。与传统电子学作为信号和能量载体的电子相比(表 1-1),光子属于玻色子,不带电,不存在相互之间电磁干扰,它的静止质量为 0,在自由空间的传播速度为光速,是目前已知的运动最快的粒子,同时它的偏振、相位、频率、强度等都能被用来编码信息。由此,光子会比电子具有更快的传输速率,以及更大的信息容量。具体而言,电子脉冲宽度一般在纳秒量级,其传输速率限定在吉比特/秒(Gbit/s)量级,而光脉冲宽度可到皮秒[1]、飞秒[2]甚至阿秒[3]量级,传输速率则可达每秒几个太比特,甚至每秒几十个太比特都是可能的。光比电的信息容量要高出 3~4 个量级(一般可见光的频率为 5×10^{14} Hz,而处于微波段的电磁波频率仅为 10^{10} Hz 量级),光子具有超强的并行性和互连能力。电子带电荷,相互之间存在库仑作用力,使得电子彼此间无法交连。而光子无电荷,具有空间上的相容性和时间上的并行性。电子学的发展,在信息存储、传输、处理等方面,做出了巨大的贡献,然而它们进一步的发展,却开始受到传输处理速率、信息容量和能耗的限制。光子学就是在这样的背景下被提出并迅速发展起来的。

表 1-1 光子与电子的物理属性

信号载体	粒子属性	静止质量/kg	运动速度/(m/s)	所带电荷/C
光子	玻色子	0	约 10^8	0
电子	费米子	9.1×10^{-31}	约 10^6	1.6×10^{-19}

20 世纪 60—70 年代,激光器特别是半导体激光器的发明,以及光纤技术的提出与应用,解决了光信号的高效产生和低损耗传输问题。这样一来,光子学发展的基本问题得到了解决,相关技术推动了现代光子学的诞生与高速发展。在接下来的几十年里,光

---

① 1 皮秒(ps) = 10^{-12}秒(s)。

② 1 飞秒(fs) = 10^{-15}秒(s)。

③ 1 阿秒(as) = 10^{-18}秒(s)。

子学的发展与应用给人类的社会生活带来了翻天覆地的变化。最有代表性的方面就是对信息技术领域的革新，使得信息存储容量和信息传输带宽得到了几个甚至十几个数量级的提升，同时所需要的能耗也得到很大程度的降低。例如在光纤通信中，一根光纤的潜在带宽可达 20 Thz。采用这种程度的通信带宽，只需一秒钟即可将人类古今中外全部文字资料传送完毕。光纤的损耗极低，在光波长约为 1.55 μm 时，石英光纤损耗可低于 0.2 dB/km，这比任何其他传输媒质的损耗都低得多。因此，即使是无中继信号传输，光纤通信距离也可达几十甚至上百公里，这是传统电缆通信无法比拟的。

光子学科技尽管在很多宏观层面上已经能够超过或部分替代传统的电子学技术，抑或结合后者发展成更为成熟的光电复合技术，然而，在微观领域的发展和应用上，光子学还是远落后于微电子学，例如在芯片计算和集成信息处理方面。微电子学的强大生命力在于大规模集成化，这也使得计算机、网络、智能终端等电子产品大量出现，极大地丰富和改善了人们的生活方式。过去的半个世纪，微电子芯片得到了非常快速的发展和应用，基本上遵循 1965 年由 Intel 公司联合创始人戈登·摩尔（Gordon Moore）提出的"摩尔定律"（Moore's law）：即当价格不变时，集成电路上可容纳的元器件的数目，约每隔 18～24 个月便会增加一倍，性能也将提升一倍。事实证明，摩尔定律在过去的几十年时间里准确地预测了芯片集成技术的发展趋势。

然而，随着单位芯片上的晶体管数目越来越多，这意味着单个硅电子器件的特征尺寸也会越来越小。当进入到 90 nm 以下范围时，由于量子效应，电子在尺寸越来越小的硅电路中跑得越来越快，芯片将开始变得过热，导致其无法长时间有效地工作。器件尺寸越小，类似效应越明显。对此，Intel 公司负责人詹森·泽勒（Jason Ziller）指出："芯片的能耗是提高集成度的一道难以逾越的障碍。"微处理器速度有望在 10 年后达到 30～100 GHz，运算次数则达到每秒 10 000 亿次。如此高速运行的微处理器芯片的发热量将与其速度一样惊人，几乎与核反应产生的热量或太阳表面的热量不相上下。与此同时，现代微电子学光刻加工技术也已经接近其物理极限。目前，波长 193 nm 的深紫外光波已经被用来制造尺寸非常小的芯片（如 14 nm、7 nm），但再进一步发展变得非常困难。因此，现行的半导体制造工艺的发展空间将十分有限。国际半导体行业协会于 2016 年发布了一份新的国际半导体技术发展路线图，宣布接下来的微电子学芯片技术的发展将不会再遵循摩尔定律。

纳米光子学是光子学在微观领域的一个分支，它在微电子学发展受限的背景下应运而生。与电子相比，光子具有许多不同的属性，例如没有静止质量、传输速度快（米/秒量级）、低能耗和产热量小等。相比于微电子电路，光子芯片能够解决能耗高和散热难的问题。此外，作为玻色子，光子之间不会相互干扰，即可以进行并行处理。因此，利用光子作为信号载体的光子芯片被认为是实现高速运算和处理海量信息的最佳选择。近二十年来，纳米光子学吸引了大量科学家和工程师的关注，他们在该领域的研究取得了一系列重要的进展。

然而，集成光子学的发展不能仅停留在概念上。由于硅材料本身光学性质的限制，单一硅材料研究无法直接实现光子芯片的集成。因此，下一步的发展需要依赖多种纳米光子学材料的制备和基础单元器件的构建。为了推进微纳尺度下光子学的研究和应用，需要制造具备各种光子学功能的微纳米材料和器件，其尺寸更小（波长及亚波长量级）。目前，构建纳米光子学器件主要有两种途径：逐渐缩小尺寸的自上而下方法和利用有机/无机分子组装功能器件的自下而上方法。然而，要开发实用的纳米光子器件用于信息处理，除了需要解决纳米光子材料加工技术问题外，还需要发展单个微纳光电子器件的工作原理，不能仅依赖现有的电子信息处理技术。因此，纳米光子学研究发展的关键问题之一是纳米光子学功能器件的制备和研究。

1.2 纳米光子学器件单元

纳米光子学是研究微纳尺度下光与物质相互作用的学科，它主要关注微纳米材料对光的放大、传导、控制和转换等性质。通过有效地调控光在材料中的传播行为，纳米光子学利用光子学的特性实现高效、快速、准确的信息传输，这对于实现光学元件的微型化集成具有重要意义。纳米光子学研究领域主要涉及微纳光源、微纳光波导、微纳光调制器和微纳光检测器等器件及其功能。

1.2.1 微纳光源

激光作为相干光源，在光通信、光存储、光成像、光传感等宏观领域起着不可替代的作用。激光的发明直接推动了现代光子学的诞生和快速发展（图 1-1）。同样地，要实现纳米光子回路的构筑，特别是在纳米尺度上进行信息处理和光运算，首先需要研究如何将激光器缩小，进而构建芯片级微纳光源，以实现微纳米尺度上的光产生。微纳激光器需要满足三个基本条件才能实现相干信号激射，即具备光学增益、谐振腔和激励源（图 1-2）。

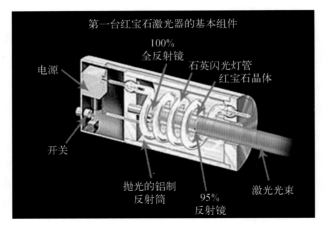

图 1-1 激光的发明：红宝石激光器

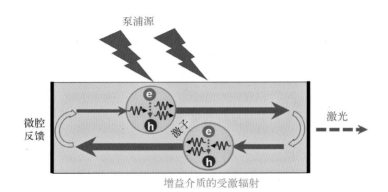

图 1-2 微纳激光器的基本构成

在光学增益方面,涉及激光材料的受激辐射过程。1917 年,爱因斯坦从理论上指出,处于高能级(E_2)上的粒子除了通过自发辐射外,还可以通过另一种方式跃迁到较低能级(E_1)。当频率为 $\nu = (E_2 - E_1)/h$ 的光子入射时,会引发粒子以一定的概率从能级

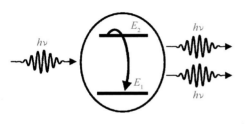

图 1-3 受激辐射原理示意图

E_2 迅速跃迁到能级 E_1,并辐射出一个频率、相位、偏振态和传播方向都相同的光子,这个过程被称为受激辐射(图 1-3)。实质上,这是对输入光信号的放大,即使信号成倍地增强,这就是光学增益的本质。然而,要实现材料的受激辐射,关键是要在高能级(E_2)和低能级(E_1)之间实现粒子数反转,即高能级的粒子数

要多于低能级的粒子数。根据玻尔兹曼统计分布理论，通常情况下，低能级的粒子数远多于高能级的粒子数。为了实现粒子数反转，需要考虑两个方面，即泵浦抽运和材料的能级结构。后者更为关键，因为不同的能级结构会影响实现粒子数反转的难易程度。大量研究表明，二能级结构系统基本不可能实现粒子数反转，而四能级结构系统相较于三能级结构系统更易实现粒子数反转（图1-4）。因此，在构建微纳激光器时，应优先选择具有四能级激发态跃迁过程的材料。

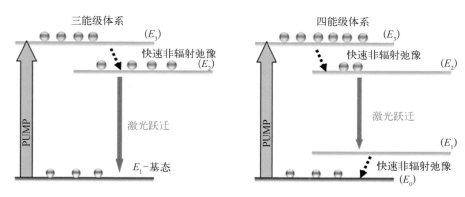

图1-4　三能级和四能级体系跃迁过程

微腔结构是纳米激光器中另一个非常重要的组成部分，它能够选择性地反馈增益材料内部存在的光子，并将只有特定模式或波长的光子限制在腔内进行放大（遵循Maxwell方程解）。通常情况下，光学微腔结构可以分为以下三类：法布里-佩罗（Fabry-Pérot，FP）谐振腔、回音壁模式（whispering-gallery-mode，WGM）谐振腔和分布反馈式（distributed feedback，DFB）谐振腔（图1-5）。由于纳米材料通常是通过原子或分子的自组装或人工加工获得的，它们往往具有规则的形貌结构。这种规则的纳米结构有助于反馈和限制材料自身发出的光子，从而形成光学微腔效应，即纳米材料既充当增益介质又充当微腔结构。

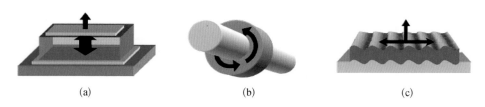

(a)　　　　　　　　　　(b)　　　　　　　　　　(c)

图1-5　基本的微腔结构（FP、WGM、DFB）
（a）法布里-佩罗谐振腔；（b）回音壁模式谐振腔；（c）分布反馈式谐振腔

2001年，加利福尼亚大学伯克利分校的杨培东教授课题组[1]在研究化学气相沉积生长在蓝宝石基底上的 ZnO 纳米线阵列的光致发光现象时，首次发现了 ZnO 纳米线在室温下具有激光辐射行为（图 1-6）。这些纳米线激光器能够发射出线宽小于 0.3 nm、波长为 385 nm 的紫外相干光，其线宽比自发辐射峰值的线宽（15 nm）要小得多。通过进一步分析其模式谱，研究者发现纳米线的两个端面能够充当反射镜，形成了一个天然的 FP 谐振腔结构。因此，ZnO 纳米线无需外部腔结构就能实现自腔增益，从而大大减小了激光器的尺寸，使其成为当时世界上最小的激光器。该研究在全球光子学领域引起了广泛的关注，并产生了深远的影响，掀起了对纳米激光器和微型光放大器的研究热潮。这种具有短波长的纳米激光器不仅可以应用于纳米光子学信息处理和存储等领域，还可用于高灵敏度的化学传感和生物检测。在接下来的十多年里，人们陆续报道了 ZnS、GaN 等其他宽带隙半导体纳米线的受激发射现象，并研究了它们的 FP 谐振腔激光调制行为。2003 年，哈佛大学的 C. M. Lieber 研究组[2]构建了 p-Si/n-CdS 纳米线电致发光器件，并首次实现了电泵浦的纳米线激光器（图 1-7）。这一成果充分展示了半导体纳米结构在纳米激光器等方面的广阔应用前景。

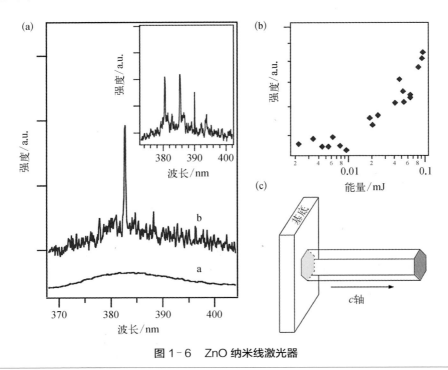

图 1-6　ZnO 纳米线激光器

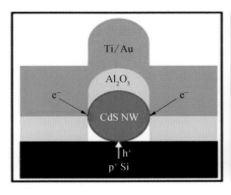
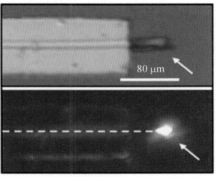

图 1-7　基于 CdS 纳米线的电泵浦激光器

1.2.2　微纳光波导

在微纳米尺度上实现对信号的有效传输以及微纳米单元器件的互连,对于构筑纳米光子学回路来说是至关重要的,这可以类比为电子回路中的导线,是不可或缺的。对于光学波导而言,我们首先会想到全球范围内广泛应用的光纤通信,其原理是利用光在二氧化硅纤维内部发生全反射,进行低损耗的光信号传播(图 1-8)。在当今信息领域,信号的产生和互联是两个基本要素,光纤的发明和激光器的出现将人类推入新的光子学信息时代。

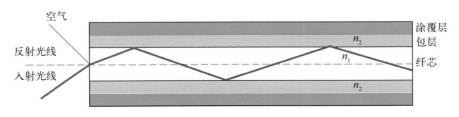

图 1-8　光纤波导原理示意图

2009 年诺贝尔物理学奖授予了华裔物理学家高锟,以表彰他在光纤通信领域的突破性贡献。他的工作对于光在纤维状结构中的传输问题做出了重要贡献。进入微观层次的集成光子学领域后,科研人员开始思考,能否将光纤直接应用于微纳米尺度的光传输,以推动纳米光子学的发展。常规用于宏观光通信的光纤直径通常在十几个微米甚至上百个微米,而常见的细加工方法很难获得尺寸均匀且表面光滑的微纳光纤,这限制了它们在微观尺度上的光波导应用。浙江大学的童利民教授[3]在哈佛大学工作期间,开发了一种拉伸熔融光纤的微纳结构加工方法，实现了长距离低损耗下波长尺度的光传导（图1-9）。此外，这种光纤锥材料能够简便高效地将宏观激光器和光谱仪等设备与微观结构耦合在一起，形成了一套全新的微纳光学波导测试系统。

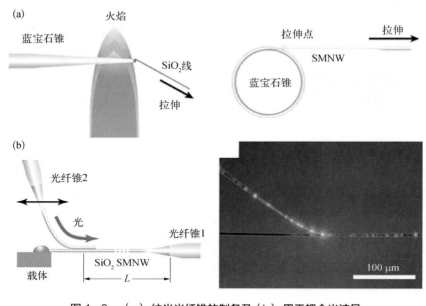

图1-9　（a）纳米光纤锥的制备及（b）用于耦合光波导

　　一维纳米结构能够有效地传导和限域光辐射，因此可以作为波长尺寸下良好的光学波导材料。与纳米激光材料不同，纳米光学波导材料一般不需要高的光学增益。相比硅基材料，特别是二氧化硅材料，纳米光学波导材料通常展现出主动光学波导特性，即传导的是材料本身的发光而不是激发光，因此无需光纤耦合所需的特定入射角度。这种主动波导模式使得材料中的激发态（激子）参与到光传导的过程中，为研究光与物质相互作用提供了很好的材料基础。2005年，杨培东教授研究组[4]报道了SnO_2纳米带具有低损耗和长距离的主动光波导性能，并利用这种纳米带光波导构建了一个简单的光学网络，实现了纳米波导的滤波效应（图1-10）。图中所示的光波导回路结构如下：在一端激发SnO_2纳米带产生的荧光通过主动光波导传输，再通过耦合进入两根粗细不同的纳米线，从这两根纳米线端头耦合出不同的光波。实验发现，在传导红光的情况下，两根纳米线均可将红光完全滤除。由于该回路中的半导体纳米结构还可以作为微纳激光器产生相干信号光，因此可能实现基于信号的产生和传输，从而实现一定程度的光调制功能。这为纳米光子学回路的构建提供了初步的尝试和示范。

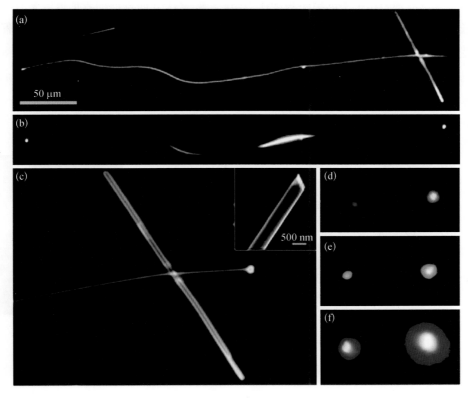

图 1-10　利用 SnO$_2$ 纳米带搭建的光波导网络及其滤波效应

半导体纳米线作为最早被广泛研究的一维纳米体系，已经显示出优异的光限域、光产生和光传导能力。结合其出色的机械性能和可加工性，可以构建一系列光子学功能元件和回路。此外，半导体纳米线可以很好地将其电学性质和光学性质结合起来，实现光电混合芯片回路，为电到光的过渡提供了良好的可能性。然而，由于无机半导体作为介质材料，其光波导性质受到衍射极限的限制。换句话说，如果纳米线直径小于波长的 1/2 乘以折射率 n，纳米线将失去传导光信号的能力。这在一定程度上限制了纳米光子学芯片的尺寸与现有电子回路（元件特征尺寸已经达到约 10 nm）的匹配。如果能够突破光传播的衍射极限，就可以制造出更小尺寸的光子学元件，使其与现有电子学器件的尺寸更匹配（10～100 nm）。

在金属纳米材料中，光子与表面的等离子体共振（surface plasmon resonance，SPR）发生耦合，形成表面等离子体激元（surface plasmon polariton，SPP），如图 1-11（a）所示。SPP 可以突破衍射极限的限制，在金属和介质的界面上进行传播。SPP 是外部电磁场诱导金属表面自由电子的集体共振,产生沿金属-介质界面传输的表面波。它具有亚波长局域、近场增强和奇异的色散特性。基于表面等离子体激元所构建的光子学器件不受光学衍射极限的限制,可以达到微电子学器件的尺寸(深亚波长),有助于实现微电子与光子元件在同一个芯片上的集成。H. Ditlbacher 等人[5]的研究发现,高质量的银纳米线不仅可以有效地传播 SPP(传播长度约为 $10~\mu m$),还可以通过其端面反射作为 SPP 的谐振腔,实现对光信号在亚波长甚至深亚波长范围内的操控[图 1-11(b)]。

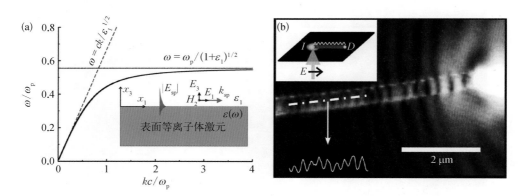

图 1-11　(a)表面等离子体激元色散关系;(b)银纳米线的表面等离激元传播

1.2.3　微纳光调制器

在微纳尺度上,通过对光信号进行调制,可以实现基本的光开关、波分复用、逻辑运算等纳米光子学功能,这为纳米光子学研究提供了简单的集成过渡支撑,包括从简单的信号产生、传导到复杂的信息运算处理。同时,微纳光调制器件在光传感、生物检测、信号开关等方面也有广泛的应用。实现微纳光学调制通常需要利用微腔和波导等基本结构的耦合,并结合材料的非线性性质,如受激辐射、谐波倍频、法拉第效应和克尔效应等,因此,对材料的制备加工和性能要求较高。与被动硅基材料不同,无机半导体纳米材料是一种主动光子学材料。在这些材料中,光子与激子相互作用形成强耦合,甚至形成激子极化激元(exciton polariton,EP),从而提供一种更有效的机制来调控光信号。这种调控机制可能只需要非常低的光强就能实现较大的开关或调制系数。

宾夕法尼亚大学的 Ritesh Agarwal 教授课题组[6]在 CdS 纳米线上进行了一系列研究。他们研究了 CdS 纳米线波导微腔中激子与光子的强耦合作用,以及在纳米线波导中形成的激子极化激元的色散性质。在相互耦合的 CdS 纳米线体系中,他们利用极化激元散射效应实现了基于纳米线微腔波导的全光开关逻辑器件。通过聚焦离子束刻蚀（focused ion beam，FIB）的方法，将纳米线切割成两段纳米线微腔，这两段纳米线之间的间隙可以是几十到几百纳米。其中一段纳米线通过脉冲激光泵浦，产生受激辐射的光信号，并能高效率地耦合进入另一段纳米线微腔。同时，使用连续激光对其中的光传导过程进行控制，产生高密度的激子极化激元相互发生散射。这个散射阻碍了受激信号在纳米线中的传导，使得光信号输出由相干的单波长受激辐射变为宽波谱范围的自发辐射，从而实现了纳米线的全光开光器件（图1-12）。进一步地，将两组全光开关组合在一起，可以实现对两个输入信号(0,1)进行布尔运算，达到逻辑器件的功能。这项研究工作很好地展现了主动光学材料在纳米光调制方面的优势，利用光子和激子的耦合相互作用，通过调控激子或激子极化激元的行为，间接地调制光信号，而无需依赖强非线性材料。

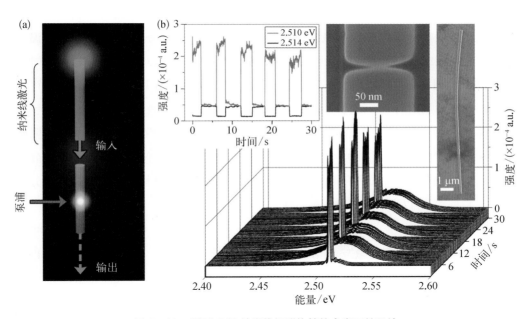

图1-12　利用 CdS 纳米线级联构筑的全光开关器件

总而言之，传统光子学材料（如硅基材料、无机半导体材料和金属材料等）在纳米光子学领域的应用已经取得了巨大的进展。然而，这些材料存在一些难以克服的问题。首先，硅基材料和金属材料几乎不发光，因此无法制备微纳尺度的相干光源；而无机半导体材料往往有较大的吸收损耗，这不利于构建低阈值的微纳激光器和低损耗的波导。其次，这些材料大多是刚性材料，无法用于柔性纳米光子学器件的制备，也难以实现有效的互连。此外，材料种类有限，可设计性不强，这在一定程度上限制了材料的设计和调控。

1.3　有机纳米光子学材料

在过去的十几年里,有机分子纳米材料逐渐引起了人们的广泛关注和研究兴趣。与传统的硅基材料、无机半导体材料和金属材料相比,有机分子材料具有许多独特的性能,比如高荧光量子效率、宽可调的发光范围、柔性易加工、材料多样性和可设计性强。这些特性使得有机分子材料成为构建各种高性能纳米光子学元件的理想选择,特别是微纳光源、微纳光波导和微纳光调制器等。首先,有机分子体系中丰富的光物理过程使其成为一类新型光功能材料体系。研究人员可以利用这些材料的光物理特性来深入了解其光子学行为与激发态过程之间的内在联系,并为设计各种主动纳米光子学元件提供支撑。例如,有机分子材料中分子内单重态有效的准四能级跃迁过程可被用来构建高增益的受激辐射源。其次,有机分子材料能够通过各种弱的分子间相互作用,在温和条件下自组装或被加工成各种规则的纳米结构。范德瓦耳斯力、偶极-偶极相互作用、π-π相互作用和氢键等相互作用在有机分子材料中起着重要作用。这些相互作用可以帮助构建各种规则的纳米结构,从而为构建各种纳米光子学元件提供结构支持。例如,通过简单溶液再沉淀制备的规则一维结构可以被用作 FP 型的微腔,其可以有效地限制和调节光子的行为,从而有助于实现微纳尺度的相干辐射和光调制等功能。有机分子材料在微纳激光功能方面具有重要的应用前景[7]。通过研究材料的光物理过程和分子柔性组装特性,可以设计和构建各种高性能的纳米光子学元件。

1.3.1　有机材料丰富的激发态能级过程

有机分子材料能够构建各种高性能的纳米光子学器件,其根本原因在于其丰富而有效的光物理过程,尤其是分子激发态能级过程。有机分子的激发态能级过程可以通过雅布隆斯基(Jablonski)能级图来表示(图 1-13):当有机分子处于基态的单重态 S_0(单重态意味着分子中成对电子的自旋反平行)时,吸收光子会使分子从基态 S_0 跃迁到激发态 S_1 的高振动态(S_{1-n}),或者跃迁到更高电子能级 S_n 的某个振动态(通常在飞秒量级以上的时间尺度上发生)。高振动态的分子是不稳定的,会通过快速的无辐射振动弛豫(vibrational relaxation,VR)或内转换(internal conversion,IC)过程(通常在皮秒量级上的时间尺度)跃迁到 S_1 的最低振动能级(S_{1-0})。处于该能级上的分子会在纳秒时间尺度上经历各种跃迁回到基态。

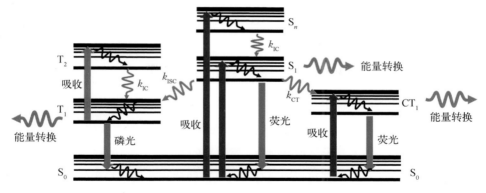

图 1-13 有机分子丰富的激发态过程：雅布隆斯基能级图

第一，位于 S_1 的最低振动态（S_{1-0}）的分子，有很高的概率直接跃迁回到 S_0 的高振动态（S_{0-n}）或者零振动态（S_{0-0}），并发射出一定波长的荧光光子。这个过程称为荧光（fluorescence，FL），其寿命非常短，为 $10^{-9}\sim10^{-6}$ s。在从单重态吸收到最后的荧光辐射过程中，可以发现 S_1 的最低振动态（S_{1-0}）是一个亚稳态（纳秒量级），而其他激发态（如 S_{1-n} 和 S_{0-n}）的寿命非常短（皮秒量级）。结合基态的零振动态（S_{0-0}），可以快速完成一个有效的四能级过程（图 1-14）。与无机半导体的激子带间跃迁相比，在这个能级过程中存在明显的振动跃迁（如 S_{1-n} 到 S_{1-0}，能量间隔在 0.2 eV 以上），从而导致吸收和发射之间具有更大的斯托克斯位移（Stokes shift）。这使得有机分子更接近真正的四能级体系，并带来更高效的量子辐射和更低的再吸收损耗。这种特性在制备各种主动光子学器件方面具有优势。例如，利用有机分子（6-二甲胺基萘-2-基）乙酮（ADN）制备的纳米线，由于存在较大的斯托克斯位移，因此具有高的荧光量子产率和较小的再吸收。这种纳米线已经展现出非常低的损耗（0.069 dB/μm）和优秀的一维波导性能。更重要的是，这种四能级过程有助于在泵浦激发下实现分子材料的粒子数反转，可能实现低阈值、高增益的有机激光器。此外，由于分子内部存在多种振动和转动过程，S_0 和 S_1 都是准连续变化的能级，使得有机激光器具有宽广的调谐范围。

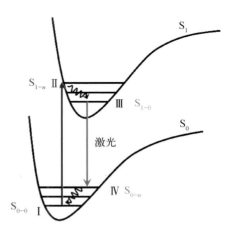

图 1-14 有机分子准四能级体系的光学跃迁增益过程

第二，位于 S_{1-0} 态的分子也有一定概率通过系间窜越过程跃迁到三重态的第一激发态（T_1）。

在 T_1 态,分子的两个电子自旋位于高低轨道上且平行。位于 T_1 态的分子可以通过磷光辐射回到基态 S_0,但这个过程非常缓慢。这是因为 T_1-S_0 过程需要电子自旋反转,是一个禁阻的跃迁过程。因此,磷光寿命(即 T_1 态寿命)会很长,可以达到 $10^{-6}\sim10^{-2}$ s。由于分子在 T_1 态累积,导致分子不能快速回到 S_0 态,因此基于 T_1 态增益实现磷光激光是基本不可能的。此外,T_1 态的存在也会对 S_{1-0} 和 S_{0-n} 之间的增益过程(吸收和猝灭)产生影响。这也是有机材料在固态条件下难以实现连续激光运行的重要原因。当然,利用三重态过程实现其他纳米光子学功能仍是非常重要的。

第三,位于 S_{1-0} 态的分子还可以通过分子间电荷转移相互作用与相邻的有机分子形成电荷转移(charge transfer, CT)态。如果是与同种基态分子发生电荷转移相互作用,则形成的复合物被称为激基缔合物(也称为准分子态,excimer)。这类激基缔合物在发射光子后会迅速(皮秒量级)解离为单分子的基态。这样一来,就可以形成一个有效的四能级过程(图 1-15),涉及单分子基态-单分子激发态-激基缔合物激发态-激基缔合物基态。这种涉及准分子态的四能级过程通常伴随着单分子准四能级跃迁辐射。由于准分子态的形成依赖分子间的相互作用,溶液中的浓度大小直接决定了准分子态和单分子态之间的比例关系。因此,基于有机分子的这种特殊能级过程,我们可以通过调控分子浓度或聚集态来实现宽带波长可调的有机激光器。由于单分子态也能有效地实现增益辐射,研究者通过调控溶液中分子的浓度或高分子薄膜中的分子分散浓度,以及控制单分子状态和准分子状态之间的比例,实现了宽带波长可调的激光辐射。这种准分子/单分子协同辐射的过程为设计可调的有机纳米光子学器件(如微纳米激光器和宽带主动波导)提供了很好的思路。

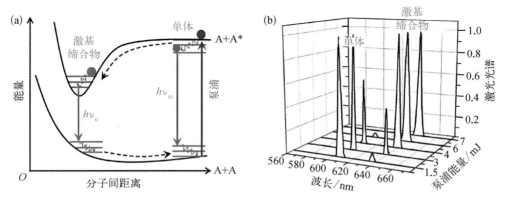

图 1-15 (a)激基缔合物的准四能级跃迁过程以及(b)宽带可调的双色激光

第四,位于 S_{1-0} 态的分子还可以通过共振机制以非辐射的形式将能量转移给其他相邻的有机分子,这一过程称为荧光共振能量转移(fluorescence resonance energy transfer,FRET)。当相邻分子接收到能量后,它们会迅速跃迁到自身的第一电子激发态,然后通过荧光辐射回到基态[图 1-16(a)]。由给体-受体双分子参与的能级过程类似于一个四能级过程,给体(donor,D)分子进行吸收,受体(acceptor,A)分子进行发射,从形式上构成一个有效的能级跃迁过程。通常情况下,有机染料分子在聚集时易受到严重的荧光猝灭影响,这极大地降低了量子效率和增益性能。这个原理主要利用给体分子储存激发光的能量,通过荧光共振能量转移过程,可以有效减少荧光猝灭,提高激发效率,降低受激发射的泵浦阈值,并能够调节激光的光谱范围[8]。具体来说,当光直接激发染料分子时,受到粒子数目的限制,导致部分激发光在透过有机材料的极短时间(约 0.01 fs)内不能被染料吸收和利用。但通过给体分子的激发态传递能量(约 1 ns),可以更有效地产生受体分子的激发态。1997 年,美国密歇根大学的 Stephen Forrest 课题组[9]在有机半导体 Alq_3 薄膜中掺杂了 DCM 染料,制备出有机波导结构和双异质结构的发光器件。通过对光谱窄化现象、发光的谐振腔模式、强度的阈值依赖关系、出射光的偏振性和光束方向性的表征,证明了其中的光泵浦激光发射行为[图 1-16(b)]。由于 Alq_3 掺杂 DCM 可用于高效率有机发光二极管(organic light-emitting diode,OLED)发光层,研究者还探讨了在双异质结构器件中实现电泵浦激光的可能性,并认为掺杂体系能够有效降低 DCM 染料分子的数量,从而明显降低实现粒子数反转所需的泵浦功率。

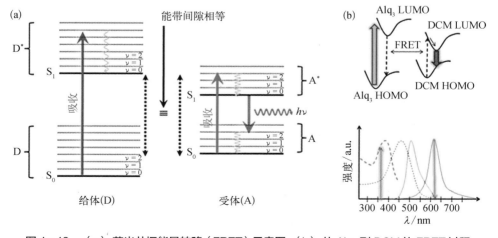

图 1-16　(a)荧光共振能量转移(FRET)示意图;(b)从 Alq_3 到 DCM 的 FRET 过程

另外，位于 S_{1-0} 态的分子被称为单重态激子，也被称为 Frenkel 激子。与无机半导体材料内离域的 Wannier 激子（结合能约为 10 meV）不同，Frenkel 激子具有高度的局域性（在一个分子内），具有很大的激子结合能（约为 1 eV），其在室温下表现出较高的稳定性和较强的空间限域性。这种特性有利于它与光子进行耦合并对光信号进行操作。在光学波导微腔结构中，激子和光子之间通过吸收和发射的形式进行耦合，这被称为弱耦合作用（weak coupling）。在这种耦合作用中，能量传播不保持信号的相干性，只在光子和激子之间实现能量的交换。这种弱耦合作用广泛存在于有机发光材料中，使得在光传导过程中实现能量转移成为可能。虽然光子之间不能直接发生相互作用，但通过激子-光子耦合和激子-激子能量转移，可以间接地对光发射信号进行调控。这对于实现基于能量转移的有机光子学元件非常重要。

在光局域性更强、体系扰动更小的情况下，激子和光子的能态能够更好地重叠，发生强烈的耦合作用，并形成两个分离的杂化能级，该过程被称为拉比分裂（Rabi splitting）。这样一来，激子和光子不再区分为两种能量存在形式，而是形成了一种半光半物质的物理准粒子，称为激子极化激元（EP）。这种强烈的激子-光子耦合过程能够改变有机微腔纳米材料中的色散关系，降低光信号传导的群速度，并将折射率提高到大于有机块状晶体（折射率为 1.5~2）的水平，有效地减小传导损耗和器件尺寸，这有助于突破传统介质材料（如硅基材料和无机半导体）所限制的衍射极限。有趣的是，相关研究已经表明，在具有极高品质因子的微腔内以及极低的温度条件下，这种有机激子极化激元在泵浦光激发下，可能发生玻色-爱因斯坦凝聚（Bose-Einstein condensation，BEC）现象。即所有的激子极化激元会聚集到一个势阱的量子态内，从而形成一个凝聚态。这个凝聚态的激子极化激元能够转化为具有相同参数的光子，实现与光受激放大激光类似的相干光发射现象，称为激子极化激元激光（polariton lasing）。与光子激光（photonic lasing）中通过受激辐射机制不同的是，极化激元激光不需要满足激发态粒子数反转条件，只需要实现激子极化激元在势阱处的凝聚即可实现相干发射。由于实现激子极化激元凝聚所需的泵浦能量较低，极化激元激光成为一种实现超低阈值激光器的新机制。

1.3.2　有机纳米光子学结构的可控制备

有机分子材料由于具备范德瓦耳斯力、偶极-偶极作用、π-π相互作用、氢键等各种弱相互作用，能够在温和的条件下自发地组装或被加工成各种规则的微纳米结构，如一维纳米线、二维纳米片/盘和纳米环等。这些规则的纳米结构不仅能够实现主动发光增益,还能作为高质量的谐振腔,为微纳激光器的实现提供重要的反馈机制。近年来,已经有大量的研究工作相继报道了各种有机纳米结构的组装方法和策略,包括气相沉积、液相组装、电纺丝、软/硬模板法、微操法、溶液打印、纳米压印等。

1. 有机单晶纳米线

有机纳米线是构建有机柔性纳米光子学回路的关键组件之一,其具有高的荧光量子效率和有效的一维光波导特性。它能够实现光学互连的导线作用,并在纳米光子学回路中扮演微纳相干光源的角色。为构建这样的一维有机纳米结构,人们已经研究出了多种组装方法和策略,并系统地研究了其微腔性质。通过溶液自组装的方法,我们使用一种大π-共轭有机分子材料2-(氮,氮-二乙基-4-基)-4,6-双(3,5-二甲基吡唑-1-基)-1,3,5-三氮六环(DPBT),借助其强分子间π-π相互作用,成功地制备了有机一维纳米线结构(图1-17)[10]。由于该分子仅在分子c轴方向上存在π-π相互作用,没有其他强分子间相互作用,在溶液组装过程中,分子会优先沿着c轴方向堆积,从而形成高度规则的一维纳米结构。这些纳米结构通过其平整的端面,有效地反馈和限域波导荧光,实现了纳米线轴向上的法布里-佩罗(FP)模式的光学谐振。

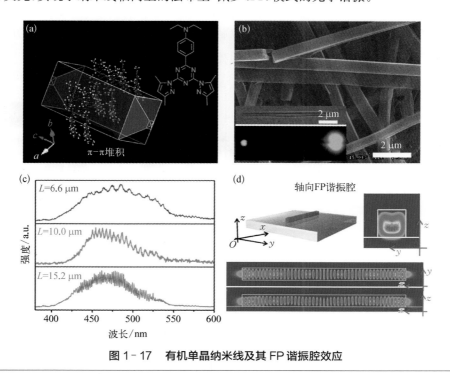

图1-17　有机单晶纳米线及其FP谐振腔效应

2. 有机纳米环/微盘

高品质因子的谐振腔对于实现低能耗、超紧凑的微型激光器非常重要,同时也为研究光与物质相互作用并实现各种微纳光学调制器提供了基本结构平台。有机纳米线由于端面耦合输出损耗较大,很难实现高品质的微腔谐振。相反地,有机微纳米环或微纳米盘通过边缘全反射将光大幅度地限域在结构内部,极大地降低了光的耦合输出损耗,从而实现类似北京天坛回音壁模式(WGM)的高品质因子微腔共振。基于有机分子材料的柔性和溶液可加工性,我们已经成功加工制备出了高品质因子的微环或微盘,并展示了高品质因子的WGM微腔。机械微操、自组装和溶液打印是三种具有代表性的制备微环或微盘的方法。

有机纳米线的柔性和可弯曲性提供了一种简单的方法来构建高品质因子的WGM微腔,即将纳米线卷曲成一个微米环,让原本容易耦合损耗的两个端面相接触,使原本耦合输出损耗的光重新耦合进入微米环结构中,形成一个环形谐振腔。日本国立材料研究所的 Ken Takazawa 课题组[11]利用这种方法成功构建了有机微米环结构(图1-18)。他们通过探针将纳米线弯曲,直至两个端点接触,制备出了一个简单的微米环。由于有机分子的相互作用,一旦端点接触,它们就会保持在一起,从而形成一个相对稳定的环形结构。在光激发下,这种环形结构展现了不同于直线纳米线的FP型调制的光谱,表现出了较高品质因子的WGM微腔调制模式。然而,这种加工方法存在一些不足,一方面,由于微操分辨率的限制,难以制备直径小于 5 μm 的微米环;另一方面,由于接触点的缺陷,会引入较大的光学散射损耗。

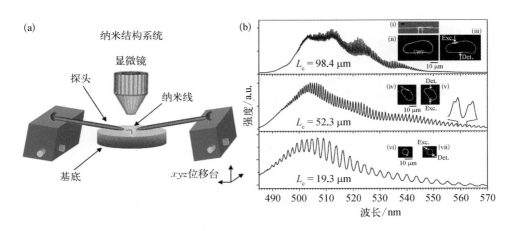

图 1-18　机械微操构筑的有机微米环 WGM 微腔

相比于光学微操这种自上而下的加工方法,液相自组装是一种更有效、更简单的自下而上分子组装 WGM 微腔结构的策略。它利用分子间相互作用驱动的组装过程,得到的微米环不会有明显的接触点或缺陷。在具体的组装过程中,除了分子间相互作用这种内在因素外,通过引入亲水/疏水环境以及表面张力等外部因素,可以使组装过程和结构更可控和便捷。通过利用分子间相互作用的柔性和水滴的表面张力,我们采用了再沉淀组装的方法,成功地制备了单晶有机微环[图1-19(a)~(c)][12]。选择的分子是1,5-diphenyl-1,4-pentadien-3-one(DPPDO),由于分子间 π-π 相互作用,其在 c 轴方向有一维生长的动力和倾向。同时,在这个方向上,分子间距相对较大,使得 DPPDO 分子晶体具有一定的柔性。通过在液相组装过程中加入水滴来引入界面张力,DPPDO 分子将优先在表面能较大的水滴边缘成核。接着,在分子间相互作用和界面张力的协同作用下,分子最终组装成形貌规整、无明显缺陷的有机纳米环。这些组装得到的有机纳米环表现出 Q 值较高的 WGM 微腔谐振。这也在很大程度上证实了有机小分子材料的可加工性和高质量晶体的微腔性能。然而,需要指出的

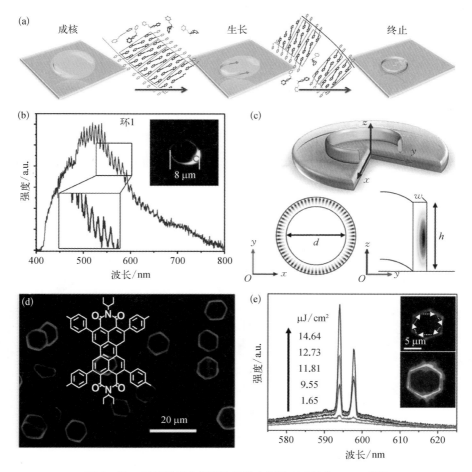

图 1-19　基于液相自组装构筑的有机微环或微盘 WGM 微腔

是,随着微纳米环直径的减小,晶体缺陷和弯曲损耗会明显增加,导致无法实现可谐振状态。这应该是由于有机晶体材料的可弯曲能力相对有限,曲率越大,微晶质量越差。

与微米环相比,二维(2D)有机晶体微盘通常都拥有完美的单晶质量,因为它们没有结构弯折。苝酰亚胺分子通过分子间两个不同向的 π-π 相互作用,在溶液中自组装形成了规则的六方微盘结构[图 1-19(d)(e)][13]。该二维微盘具有明显高质量的单晶结构,能够通过六个边对光的全反射,将光限域在纳米结构中,形成 WGM 微腔共振。即使在 5 μm 边长的微盘中,光仍然能够在该结构中进行谐振,Q 值高达 700 以上,远高于前述的微环结构。这也有助于实现低阈值的有机单晶纳米激光器。然而,与传统微加工的硅盘(Q 值在 10^3 以上)相比,此类结构的品质因子仍然较低。对于要进一步实现高调制系数的微纳米光调制器来说,这是十分困难的。较低的品质因子可能是因为它们无法像微加工硅盘那样拥有光滑的曲面边缘,从而导致了严重的边缘散射损耗。

通过微操加工或分子自组装的方法,已经能够构筑各种高质量的微纳米结构,为进一步实现低阈值的波导微腔激光或调制器打下了扎实的结构基础。然而,需要指出的是,这两类方法目前尚难以得到实际应用。因为其微操方法过于复杂且所得结构数量有限,分子自组装得到的结构分布具有随机性,从而使得大规模图案化生产变得困难。因此,寻找一种能够实现图案化、大规模组装加工的策略,以制备各种微纳米结构,对于微腔振子和微纳激光器的实际集成应用非常必要。受微电子学中溶液加工手段的启发,我们开发了一种溶液打印光子学器件的思路[14],成功构筑了芯片水平的 WGM 微环阵列(图 1-20)。

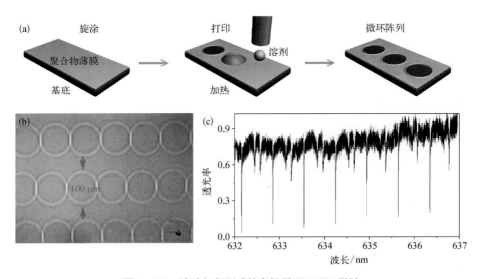

图 1-20　溶液打印形成的有机微环 WGM 微腔

这为微纳激光器的实际应用和集成光子学的发展在加工手段方面提供了支持。

1.3.3　有机微纳激光器

丰富可控的激发态增益过程和易柔性加工的微腔结构,使得有机微纳材料在构筑波导和微纳激光器方面展现出许多优于传统无机半导体材料的特性。近年来,有关有机微纳激光器的制备和研究成果如雨后春笋般涌现,引起了纳米光子学领域研究者们的广泛关注。2007 年,爱尔兰丁达尔国家研究所的 Gareth Redmond 教授课题组[15]采用氧化铝模板辅助的熔融组装策略,成功制备了大量规则的有机高分子半导体(9,9-二辛基聚芴,PFO)纳米线发光阵列(图 1-21)。分散后的单根纳米线表面光滑无缺陷且端面具有高平整性,结合 PFO 本身较好的增益特性以及纳米线平整端面的反射,成功实现了单根 PFO 纳米线 FP 微腔的纳米激光辐射。这项工作首次在聚合物体系中实现了纳米激光,引起了极大的反响,为有机纳米材料在微纳激光和纳米光子学中的应用指明了方向。

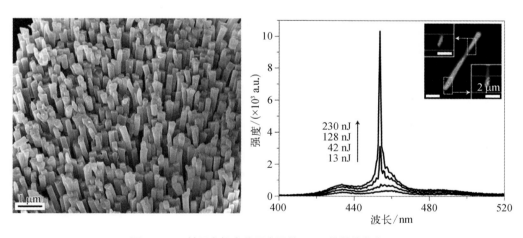

图 1-21　基于有机高分子半导体 PFO 的微纳激光器

有机小分子材料具有自发组装的结晶行为,无须像共轭聚合物那样进行复杂的模板合成或高温气相沉积。由于分子之间的紧密堆积相互作用,有机分子的单重态跃迁过程更接近真实的四能级过程,即 0-1 跃迁起主导作用,因此具有更高的发光量子效率和增益性能。结合高质量单晶微腔反馈,有机小分子材料为实现高性能的微纳激光器提供了可能性。2008 年,我们采用低温气相沉积法成功制备了高质量的有机小分子（TPI）单晶纳米线，并利用其优异的 0-1 发光特性和光学微腔效应实现了有机小分子纳米线激光器[图 1-22（a）（b）][16]。TPI 纳米线中的光信号可以在两个端面之间来回反射，形成谐振效应，使得特定发光波长得到增益放大。当脉冲泵浦激光的能量密度超过一定阈值时，纳米线中的 TPI 分子发生粒子数反转，即激发态的分子数多于基态的分子数。此时，纳米线的发光由 TPI 分子的自发荧光辐射转变为受激辐射。这种受激辐射的过程在纳米线微腔中不断进行，使得特定的模式光信号被放大，形成微纳激光发射。由于高质量的单晶结构，TPI 纳米线的激光阈值较低。这项工作第一次在有机小分子单晶纳米材料中实现了微腔激光辐射，被评为有机小分子纳米激光的代表性研究之一。

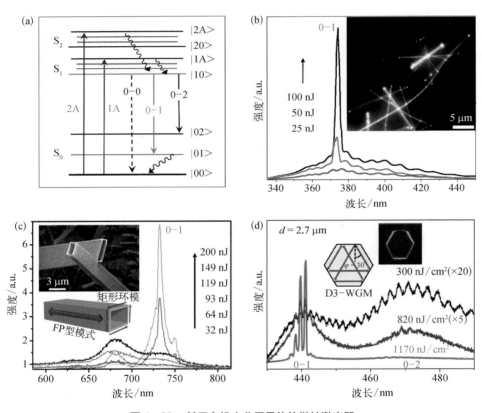

图 1-22　基于有机小分子晶体的微纳激光器

2010 年，韩国忠南大学的 Minjoong Yoon 教授课题组与合作者通过气相沉积有机卟啉类分子（H_2TPyP）成功组装出了规则的有机单晶纳米管[17]。与溶液中的单体相比，这些单晶纳米管展现出明显增强的 0-1 辐射特性。通过纳米管两端的 FP 微腔谐振效应,他们首次实现了基于管状结构的微尺度有机激光辐射[图1-22(c)(d)]。更有趣的是,进一步研究发现,在纳米管的径向矩形区域内,可以形成较弱的WGM微腔谐振效应,这对光学增益过程的调制起到了一定的作用。当然,后者对增益过程的调制作用非常有限,因为这种正四边形微环结构的WGM微腔谐振性能较差。然而,这启发了研究者进一步组装高性能WGM型有机微纳激光器的研究。例如,利用液相自组装的方法,他们成功制备了有机小分子(DSB)的微盘结构。这种DSB微盘利用其中三个边的两次全反射构成了特殊的WGM微腔结构,荧光显微照片显示,其中三边亮三边不亮,展示了特殊的波导特性。基于DSB晶体的0-1四能级增益特性,在这种微盘结构中实现了低阈值($1\ \mu J/cm^2$)的蓝光激光辐射。近年来,有机小分子晶体纳米激光引起了纳米光子学领域的广泛关注和研究兴趣,也取得了一系列新颖的成果。这些研究工作主要致力于构建低阈值、高Q值和超紧凑的有机微纳激光器。

有机分子纳米材料已经广泛应用于构建各种纳米光子学元件,例如微纳波导、微纳光源和微光调制器等。然而,它们仍然存在一些不足之处。首先,有机分子的聚集会导致荧光猝灭,这是由分子间较强的相互作用所致。其次,0-1增益跃迁仍然存在较大的分子间再吸收损耗。最后,与无机半导体纳米材料相比,有机分子材料的稳定性较低。为了解决这些问题,可以通过两种途径进行改进。一种是从能级结构入手,通过分子设计或晶体设计优化能级结构,实现真正的四能级结构。这可以减弱分子间的相互荧光猝灭甚至产生分子聚集增强荧光效应,同时也可以减小再吸收损耗并实现大的斯托克斯位移。重要的是,这样可以降低器件工作能耗,提高器件的稳定性。另一种是从微腔结构入手,选择一个稳定性与无机材料相似的有机材料框架作为稳定的微腔结构,并通过分子水平的包埋将有机激光染料分散其中,实现增益和反馈过程的形式分离。由于有机增益分子单分散于主体有机框架中,分子间的距离较远,相互作用较弱,从而明显减弱了分子间的非辐射猝灭和再吸收损耗。这样一来,既保证了主体器件的稳定性,又充分发挥了有机材料的高增益性能。近年来,研究者们已经在这个方向上取得了一些进展。2013年,浙江大学的钱国栋课题组通过将激光染料分散到多孔的金属有机框架化合物(MOF)中,提高了有机分子的发光效率,并实现了低阈值的双光子泵浦微纳激光器(图1-23)[18]。这为有机纳米光子学的发展提供了一个新的研究思路,即主客体包埋的思想,并不仅仅是单独的高分子或小分子的聚集构筑。

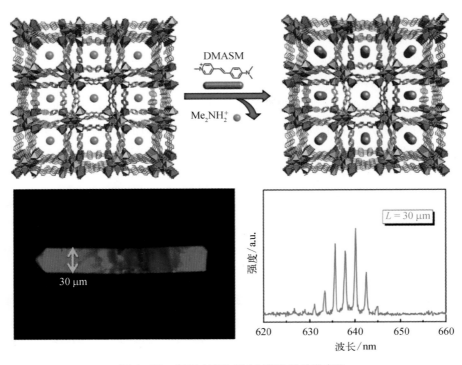

图1-23 基于主客体复合材料的微纳激光器

1.4 总结与展望

有机光功能纳米材料在纳米光子学研究中发挥着越来越重要的作用,已经成为该领域的重要前沿[19]。通过利用有机分子间的弱相互作用和丰富的分子激发态过程,可以有目的地设计和制备具有特定结构的有机纳米材料,并探索在微纳尺度下光与分子相互作用的新原理和新现象。这进一步促进了具有特定功能的纳米光子学元件的研发,如微纳激光器和光波导等。这些有机光子学研究不仅具有深远的科学意义,更具有巨大的实际应用价值。

然而,这一研究领域仍然面临一些挑战,以有机微纳波导和激光为例:

(1)目前用于纳米光子学研究的有机光功能纳米材料,其光学跃迁机制主要是准四能级动力学过程。这导致了较大的器件能耗,不利于构建低损耗、高性能的器件,如低损耗波导和低阈值激光。

（2）对于有机纳米材料的结构与性能关系（如分子结构、组装结构、能级结构、波导/激光性能等）的认识还远远不够。目前的研究仍处于初步探索阶段，通常先摸索合成方法，制备出规则的微纳结构，然后对其光学性质进行表征。总体而言，研究缺乏目的性和设计性。

（3）目前的有机纳米光子学器件缺乏单个器件实时宽带可调的能力。一旦完成器件制备，往往只能在特定的带宽下运行。

研究人员仍然需要努力解决这些问题，深入理解有机纳米材料的特性及其与器件性能之间的关系，并开发新的方法和策略，以实现低能耗、高性能的有机微纳光子学器件[20]。

参考文献

[1] Huang M H，Mao S，Feick H，et al. Room-temperature ultraviolet nanowire nanolasers[J]. Science，2001，292(5523)：1897-1899.

[2] Duan X F，Huang Y，Agarwal R，et al. Single-nanowire electrically driven lasers[J]. Nature，2003，421(6920)：241-245.

[3] Tong L M，Gattass R R，Ashcom J B，et al. Subwavelength-diameter silica wires for low-loss optical wave guiding[J]. Nature，2003，426(6968)：816-819.

[4] Law M，Sirbuly D J，Johnson J C，et al. Nanoribbon waveguides for subwavelength photonics integration[J]. Science，2004，305(5688)：1269-1273.

[5] Sanders A W，Routenberg D A，Wiley B J，et al. Observation of plasmon propagation，redirection，and fan-out in silver nanowires[J]. Nano Letters，2006，6(8)：1822-1826.

[6] van Vugt L K，Piccione B，Cho C H，et al. One-dimensional polaritons with size-tunable and enhanced coupling strengths in semiconductor nanowires[J]. Proceedings of the National Academy of Sciences of the United States of America，2011，108(25)：10050-10055.

[7] Samuel I D W，Turnbull G A. Organic semiconductor lasers[J]. Chemical Reviews，2007，107(4)：1272-1295.

[8] Cerdán L，Enciso E，Martín V，et al. FRET-assisted laser emission in colloidal suspensions of dye-doped latex nanoparticles[J]. Nature Photonics，2012，6：621-626.

[9] Kozlov V G，Bulović V，Burrows P E，et al. Laser action in organic semiconductor waveguide and double-heterostructure devices[J]. Nature，1997，389：362-364.

[10] Zhang C，Zou C L，Yan Y L，et al. Two-photon pumped lasing in single-crystal organic nanowire exciton polariton resonators[J]. Journal of the American Chemical Society，2011，133(19)：7276-7279.

[11] Takazawa K，Inoue J，Mitsuishi K，et al. Ultracompact asymmetric Mach-Zehnder interferometers with high visibility constructed from exciton polariton waveguides of organic dye

nanofibers[J]. Advanced Functional Materials, 2013, 23(7): 839 – 845.

[12] Zhang C, Zou C L, Yan Y L, et al. Self-assembled organic crystalline microrings as active whispering-gallery-mode optical resonators [J]. Advanced Optical Materials, 2013, 1 (5): 357 – 361.

[13] Yu Z Y, Wu Y S, Liao Q, et al. Self-assembled microdisk lasers of perylenediimides[J]. Journal of the American Chemical Society, 2015, 137(48): 15105 – 15111.

[14] Zhang C, Zou C L, Zhao Y, et al. Organic printed photonics: From microring lasers to integrated circuits[J]. Science Advances, 2015, 1(8): e1500257.

[15] O'Carroll D, Lieberwirth I, Redmond G. Microcavity effects and optically pumped lasing in single conjugated polymer nanowires[J]. Nature Nanotechnology, 2007, 2(3): 180 – 184.

[16] Zhao Y S, Peng A D, Fu H B, et al. Nanowire waveguides and ultraviolet lasers based on small organic molecules [J]. Advanced Materials, 2008, 20(9): 1661 – 1665.

[17] Yoon S M, Lee J, Je J H, et al. Optical waveguiding and lasing action in porphyrin rectangular microtube with subwavelength wall thicknesses[J]. ACS Nano, 2011, 5(4): 2923 – 2929.

[18] Yu J C, Cui Y J, Xu H, et al. Confinement of pyridinium hemicyanine dye within an anionic metal-organic framework for two-photon-pumped lasing[J]. Nature Communications, 2013, 4: 2719.

[19] Yan Y L, Zhao Y S. Organic nanophotonics: From controllable assembly of functional molecules to low-dimensional materials with desired photonic properties[J]. Chemical Society Reviews, 2014, 43(13): 4325 – 4340.

[20] Zhang W, Yao J N, Zhao Y S. Organic micro/nanoscale lasers [J]. Accounts of Chemical Research, 2016, 49(9): 1691 – 1700.

Chapter 2

共轭高分子光伏材料

姚惠峰，侯剑辉，李永舫

2.1 共轭高分子光伏材料简介

　　光伏电池是国家绿色能源战略的重要组成部分,以硅或其他Ⅲ—Ⅳ族无机半导体为吸光材料的太阳能电池已经广泛地应用于日常生活、工业生产及太空探索等各个领域。有机光伏电池是采用有机半导体材料作为光活性物质的新一代光伏技术,它具有轻薄柔、低成本溶液加工、可以制备成半透明器件等突出优势,得到了科学界和工业界的极大关注。如图2-1所示,有机光伏电池的结构比较简单,由光活性层、电荷(电子和空穴)传输层和电极构成。不同于无机半导体吸光后直接产生自由电荷,有机半导体材料介电系数较低,吸光后产生的是由库仑力束缚的激子(电子-空穴对),需将p型有机半导体(给体)和n型有机半导体(受体)组成异质结,依靠给体-受体之间的能极差克服激子束缚能,以实现激子的电荷分离,因此有机光伏电池的光活性层通常包括给体和受体两种材料。

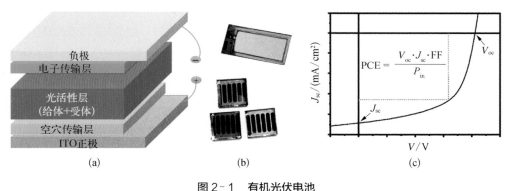

图2-1　有机光伏电池

(a) 器件示意图;(b) 实物图;(c) 电流-电压曲线

　　近年来,得益于新材料的发展,有机光伏电池领域取得了众多令人瞩目的研究进展,能量转化效率(power conversion efficiency, PCE)已经达到19%[1],显现了广阔的应用前景。其中,高分子光伏材料在该领域发展中起着至关重要的作用。例如,在早期研究中,富勒烯衍生物是典型的电子受体材料,设计与之光谱、能级相匹配的高分子给体是主要的研究方向,材料体系也从聚噻吩类均聚物逐渐发展到具有分子内推拉电子效应的给体-受体(D-A)型交替共聚物,基于高分子给体和富勒烯受体的有机光伏电池,最高取得了超过11%的PCE[2]。自2015年起,非富勒烯如ITIC[3]和Y6[4]快速崛起,其表现出比富勒烯衍生物更加优异的光谱和能级特性,因此逐渐成为高效率有机光伏电池中常用的受体材料,而如何设计与之良好匹配的高分子给体材料成为研究的重点。在本章中,我们将以有机光伏领域发展为主线,重点介绍高分子光伏材料在不同阶段中的作用,并简要探讨当前的研究前沿及面临的挑战。需要说明的是,限于篇幅,在此我们仅讨论光活性层中的高分子给体和受体材料,并不涉及高分子电荷传输层材料。

2.1.1 分子设计原则

传统的高分子材料如聚乙烯、聚苯乙烯等,在化学键构成上,主链通常以单键为主,因此表现出绝缘体的特征。而共轭高分子光伏材料是一类有机半导体材料,它们的主链都是由单双键交替的共轭骨架组成的,其中具有离域特性的 π 电子赋予了其半导体的性质。因此,在设计高分子光伏材料时,如何调控 π 电子是主要考虑的内容。为了获得优异的光伏性能,高分子光伏材料需要满足以下几个条件[5]:① 具有宽而强的吸收光谱,这是能够将光子高效转化为电子的前提,其与电池器件中的短路电流密度(short-circuit current density,简称 J_{sc})密切相关;② 与光活性层中另一组分(受体或给体)相匹配的电子能级,在较小的能量损失下获得高效电荷生成,通常给体的最高占据分子轨道(highest occupied molecular orbital,HOMO)能级与受体最低未占据分子轨道(lowest unoccupied molecular orbital,LUMO)能级间的差值决定了电池器件开路电压(open-circuit voltage,V_{oc})的最大值;③ 合适的分子间聚集,在满足良好溶液加工性的前提下,具有较高的电荷迁移率(给体需要具有高的空穴迁移率、受体需要具有高的电子迁移率);④ 与另一组分共混时,需要形成具有良好的纳米尺度相分离的互穿网络形貌,从而促进电荷传输并抑制复合。③和④都对电池器件的填充因子(fill factor,FF)有直接的有影响。电池的 PCE $= \dfrac{V_{oc} \cdot J_{sc} \cdot \mathrm{FF}}{P_{in}}$,其中 P_{in} 为入射太阳光的功率。这里所讨论的高分子光伏材料的各种特性都是相互影响的,吸收光谱的变化必定伴随着电子能级的调整,分子间聚集模式的改变也一定影响着形貌和电荷传输性能。因此在设计新型高分子光伏材料时,需要综合考虑这些要求。

在高分子光伏材料的设计中,D-A 型交替共聚是一种最有效调制光谱、能级等特性的分子设计策略。为了充分地吸收光源(本章中都指的是太阳光)辐射的光子,共轭高分子材料不仅要有较高的吸收系数,而且在与受体或给体组合成光活性层时,需要有互补的吸收光谱范围。例如,富勒烯衍生物如 $PC_{61}BM$ 和 $PC_{71}BM$ 的吸收光谱主要在

300～600 nm，当其作为受体材料时，设计窄带隙共轭高分子给体材料在很长的时间里都是主要的研究内容之一。自 2003 年左右，设计 D-A 型交替共聚物逐渐成为高分子给体设计的主要方法[6]，调控从 D 到 A 的电子转移，可以有效地降低共聚物的带隙，其原理很容易从分子轨道杂化理论得以理解（图 2-2）：D 单元和 A 单元的前线轨道在成键时发生重排，新的 LUMO 低于 D 单元和 A 单元，而新的 HOMO 则高于 D 单元和 A 单元，从而降低了带隙。通过构筑单元的合理选择，可以实现该类聚合物大范围的带隙调节。对于近年来发展的窄带隙非富勒烯受体，与之匹配的高效率的高分子给体通常是宽带隙的。除此之外，很多研究结果表明，除了光谱和能级的匹配之外，光活性层的形貌也对电池性能有重要的影响，这就要求高分子给体还需要具有一定的聚集特性。

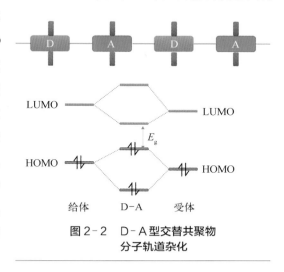

图 2-2　D-A 型交替共聚物分子轨道杂化

2.1.2　制备方法

当前，高分子光伏材料制备主要采用的是过渡金属催化的交叉偶联反应，最常用的有 Stille 偶联和 Suzuki 偶联。如图 2-3 所示，Stille 偶联反应是芳基卤化物（通常是溴化物和碘化物），与等当量的金属芳基化合物（以三甲基或三丁基锡化合物为主），在 Pb 催化剂［如 Pb(PPh$_3$)$_4$］条件下发生缩合，这种反应属于逐步聚合，因此制备高分子

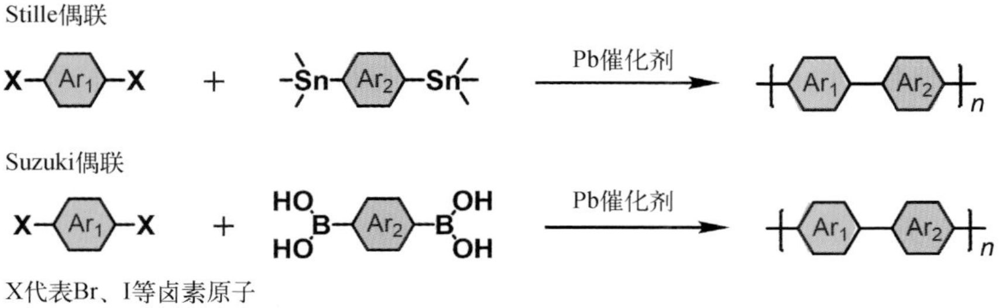

Stille偶联

$$X-Ar_1-X \quad + \quad -Sn-Ar_2-Sn- \quad \xrightarrow{\text{Pb催化剂}} \quad \left[Ar_1-Ar_2 \right]_n$$

Suzuki偶联

$$X-Ar_1-X \quad + \quad \begin{matrix} HO \\ HO \end{matrix}B-Ar_2-B\begin{matrix} OH \\ OH \end{matrix} \quad \xrightarrow{\text{Pb催化剂}} \quad \left[Ar_1-Ar_2 \right]_n$$

X代表Br、I等卤素原子

图 2-3　典型的 D-A 型交替共聚物的制备方式

光伏材料对单体的纯度和等官能团数有较高的要求。需要指出的是,有些有机锡化物稳定性较差,在酸性条件下易分解,难以通过常规柱层析提纯。另外,该类化合物具有较大的毒性,使得宏量制备成为基础研究和产业应用中都必须要面对的难题。相比之下,Suzuki偶联反应采用硼化物(硼酸或硼酸酯)取代有机锡试剂,一定程度上提高了高纯度单体的可制备性,但该反应需要碱参与,如碳酸钠、碳酸铯等,所以很多聚合反应是在芳香性溶剂和水共存的非均相条件下进行的,这对反应过程的控制提出了更高的要求。

除了以上两种反应之外,研究人员还探索了其他方法制备高分子光伏材料。例如,过渡金属催化的碳-氢键直接芳基化是近年来发展的不饱和碳-碳成键新方法[7],该方法具有简化合成步骤、减少有害副产物等优点。近期,黄辉等[8]采用了碳-硫键活化来制备聚合物半导体材料,该方法展现了更快的聚合速率和更少的自偶联缺陷。但是,这些聚合方法也面临着反应活性低、易发生支化和交联副反应等缺点。因此,这些方法目前仅用于特殊材料体系的研究,顶尖效率材料的制备还鲜有采用。

高分子光伏材料的性能不仅对分子量及其分布有较强的依赖性,也对杂质的含量和种类十分敏感。多数研究结果表明,在满足优异加工性和良好形貌的基础上,较高的分子量可以促进电荷传输,有助于提高光伏性能。理论上来讲,通过逐步聚合方式合成,高分子材料的分子量分布指数(重均分子量与数均分子量之比)应该为2,但很多光伏材料报道的结果具有一定的偏差,这或许与反应官能团活性随分子量大小变化,以及催化剂活性随反应进行而变化等因素有关,还需要进一步的研究。

另外,高分子光伏材料的纯化过程对其性能也有重要的影响,当前采用最多的方法是索氏提取法,通常的操作步骤是:将完成反应的聚合物沉降到不良溶剂(如甲醇)中,固体烘干后,依次用甲醇、乙醇、异丙醇、丙酮、石油醚等溶剂进行清洗以除去未反应单体、小分子量寡聚物及催化剂等杂质,然后用氯仿或芳香性溶剂溶解后收集,最后浓缩聚合物溶液,沉降并干燥。除此之外,也有采用快速柱层析提纯高分子光伏材料的方法,其操作相对简单,步骤与常规的化合物柱层析十分相似:将聚合物溶解后,快速经过硅胶柱以除去催化剂等杂质,然后浓缩后沉降并干燥。在具体的操作中,哪种方法对未反应单体、催化剂,以及寡聚物等杂质的提纯效果更加优异,并没有确定的结论,如何选择还主要综合考虑材料的溶解性、聚集性,以及是否具有强极性官能团等特点。这里要强调的是,高分子光伏材料合成和提纯过程,对实验的条件,包括单体的纯度、催化剂的质量和用量、溶剂、反应浓度和温度、提纯工艺等,都有较高的要求,这就造成了高分子光伏材料具有一定的批次差异性。因此,发展可控的材料制备技术,设计具有低批次差异的材料体系，仍是高分子光伏材料制备中一个重要的研究方向。

2.2　富勒烯型有机光伏电池中的共轭高分子给体材料

富勒烯是碳的一类同素异形体，具有独特的物理和化学特性，在材料科学、电子学和纳米技术等众多领域有广阔的应用。在有机光伏电池中，富勒烯分子 C_{60} 和 C_{70} 经过化学修饰的衍生物 $PC_{61}BM$、$PC_{71}BM$、Bis-$PC_{61}BM$ 和 $IC_{61}BA$ 等[9]（图 2-4），因具有良好的溶液加工性、优异的各向同性电荷传输能力，以及可以与给体材料形成良好相分离形貌的特点，成为典型的电子受体材料，在领域发展中起到了关键的作用。其中，比较有代表性的是 $PC_{61}BM$ 和 $PC_{71}BM$，它们分别是苯基丁酸甲酯取代的 C_{60} 和 C_{70}，相比之下，$PC_{71}BM$ 比 $PC_{61}BM$ 在可见光谱具有更红的吸收，因而在获得高效率有机光伏电池上更加有优势。从化学结构上来讲，富勒烯分子可反应的位点较少，较难通过各种化学官能团修饰调控光谱和能级等特性。比较成功的例子有双取代的富勒烯，如 Bis-PCBM[10] 和 ICBA[11,12] 等。相比之下，双茚取代的 ICBA 具有比 PCBM 高出 0.17 eV 的 LUMO 能级，因此在电池中获得了更高的 V_{oc}，当采用经典高分子材料聚（3-己基噻吩）（P3HT）作为给体时，$IC_{61}BA$ 和 $IC_{71}BA$ 的光伏器件分别取得了 6.48%[13] 和 7.34%[14] 的 PCE。

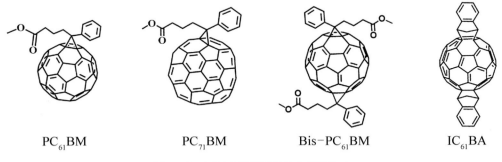

| $PC_{61}BM$ | $PC_{71}BM$ | Bis-$PC_{61}BM$ | $IC_{61}BA$ |

图2-4　几种富勒烯受体的化学结构式

为了与富勒烯受体搭配制备有机光伏电池，研究人员开发了多种共轭高分子光伏给体，这些材料按分子骨架结构可以分为两类：一类是以均聚物为代表的弱分子内推拉电子作用的共轭高分子光伏给体材料；另一类是具有明显分子内推拉电子特征的 D-A

型交替共轭高分子光伏给体材料，以下就几类典型的高分子材料作简单的介绍。

2.2.1 弱分子内推拉电子作用的共轭高分子光伏给体材料

1995 年，余刚等在研究本体异质结型有机光伏电池时，所采用的给体材料是聚对亚苯基乙烯（PPV）的衍生物 MEH－PPV[15]。如图 2－5 所示，MEH－PPV 由双烷氧苯基和乙烯基交替构成，由于两个单元都具有富电子，分子内电荷转移作用并不显著，其吸收光谱的带边（λ）在 550 nm 左右，光学带隙（$E_g = 1\ 240/\lambda$）较大。为了优化这类材料的吸收光谱和分子能级，研究人员通过改变苯环上取代基的类型，采用烷硫基[16]或具有更大共轭结构的噻吩烷基[17]等取代原来的烷氧基，设计并报道了多种 PPV 的衍生物，如 MEHT－PPV 等。其中，将乙烯基替换为炔基，并引入三苯胺等其他官能团的高分子材料 PPV－P1[18]与 PCBM 受体共混制备的电池器件，最高可以获得 4%左右的 PCE。

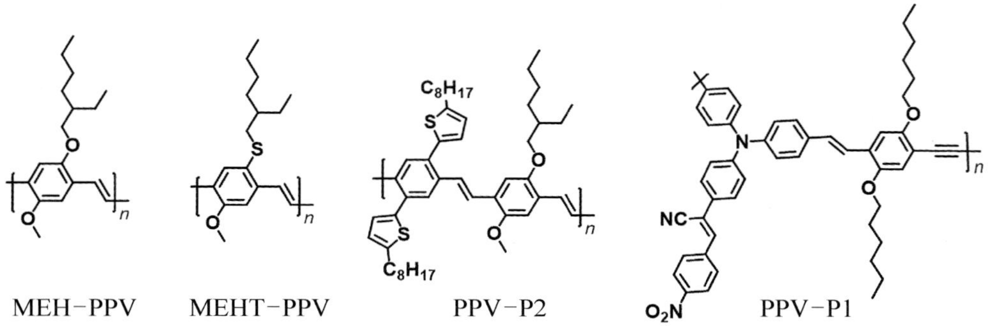

MEH－PPV　　MEHT－PPV　　PPV－P2　　PPV－P1

图 2－5　聚［2－甲氧基－5－（2－乙基己氧基）－1，4－苯撑乙烯撑］（MEH－PPV）及几种衍生物的化学结构式

聚噻吩是另一类典型的高分子光伏材料，在基于富勒烯受体的有机光伏领域发展的过程中起着至关重要的作用，其中 P3HT 是极具代表性的给体材料。2004 年，Brabec 等[19]将基于 P3HT 和 PCBM 组合的光伏电池效率提高到了 3.85%，是当时有机光伏领域的最高值，引起了科研人员极大的兴趣。随后很多关于器件物理、光物理和器件加工方法的研究都是基于该给受体体系展开的。如图 2－6 所示，从结构上来讲，烷基噻吩的 2 位和 5 位具有不对称性，如果分别称为“头－Head，简称 H”和“尾－Tail，简称 T”，则聚合物主链中理论上有 4 种链接方式：HT－HT、HH－TH、TT－HT 和 TT－HH。不同的链接会影响聚合物分子间的聚集，导致迁移率、能级和光谱等特性的变化，一般来说，具有特定排列结构的规整聚合物具有更加优异的性能。例如，2006 年，Kim 等[20]

研究发现增加 P3HT 的规整度可以显著提高聚合物分子的自聚集行为，从而增强结晶性并提高空穴迁移率。当区域规整度从 90.7% 提高到 95.2% 时，相同条件下制备的器件的 PCE 从 0.7% 提高到了 2.4%。通过进一步提高规整度，并结合膜厚的调制和退火的处理，他们将 P3HT：PCBM 器件的 PCE 提高到了 4.4%[21]。研究人员开发了多种制备区域规整结构聚噻吩的方法，例如 MaCullough 法[22]、Grim 法[23] 和 Rieke 法[24,25]，常规的 Stille 偶联和 Suzuki 偶联也可以用来制备规整的聚噻吩。另外，除了从结构上提高区域规整度之外，研究人员还研究了通过控制光活性层薄膜形成过程来提高 P3HT 的结晶性。例如，李刚等[21] 采用低转速旋涂慢增长的方式制备含 P3HT 和 PCBM 的薄膜，该薄膜具有更加平衡的电荷传输及更强的吸收性能，相应器件的 PCE 可达到 4.4%。

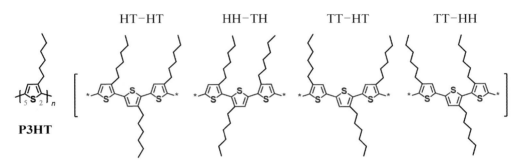

图 2-6　聚噻吩结构及聚合物链内 4 种可能的排列方式

为了获得更加优异的性能，研究人员开发了多种化学修饰方法来调节聚噻吩类给体材料的吸收光谱、分子能级及聚集形貌等。如图 2-7 所示，将 P3HT 中 3 位的己基替换为己基烷氧基[26]，可以将吸收光谱的带边从 600 nm 左右红移到近 800 nm，这显著提高了材料对太阳光的吸收，但是聚-3 己氧基噻吩（P3HOT）的 HOMO 能级比 P3HT 高出 0.5 eV，导致相应电池器件的 V_{oc} 大幅降低。相比之下，将己基替换为己基烷硫基时，可以在略微降低 HOMO 能级的前提下红移吸收光谱，展现了更高性能的潜力。但遗憾的是，相应的光伏器件并未获得突出的光伏效率。因为 P3HT 的己基侧链本身具有弱的给电子特性，降低它与主链噻吩的比例，有望降低 HOMO 能级，同时为了保持良好的溶液加工性，需要将烷基链增大。2009 年，侯剑辉等[27] 设计制备了 P3HDTTT 的聚合物，它在吸收光谱上与 P3HT 十分相似，但其 HOMO 能级比 P3HT 低 0.4 eV。在相应的电池中，P3HDTTT 获得了 0.82 V 的 V_{oc}，而 P3HT 器件的 V_{oc} 一般在 0.6 V 左右。

此外，将拉电子官能团连接到噻吩单元上，同样可以达到降低 HOMO 能级的作用。

例如,陈红征等[28]和李永舫等[29]分别将酯基引入到噻吩单元,并与不同数量的噻吩聚合,制备了多个高分子光伏材料,如 PT-C1 和 PT-C3 等,这些材料的 HOMO 能级普遍比 P3HT 低 0.2 eV 以上,与 PCBM 共混制备的光伏电池在 V_{oc} 上更具优势。2014 年,侯剑辉等[30]设计合成了以四联噻吩为主链重复单元的聚合物 PDCBT,其中两个相邻的噻吩上引入了酯基基团,使其 HOMO 能级降低至 -5.26 eV,比 P3HT 低 0.36 eV。以 PDCBT 和 PC$_{71}$BM 为光活性层制备的光伏电池,PCE 达到了 6.9%,具体参数 V_{oc} 为 0.91 V,J_{sc} 为 11.0 mA/cm^2,FF 为 0.72;而基于 P3HT 的器件经过优化后的 PCE 仅为 3.9%,具体参数 V_{oc} 为 0.59 V,J_{sc} 为 9.6 mA/cm^2,FF 为 0.69。

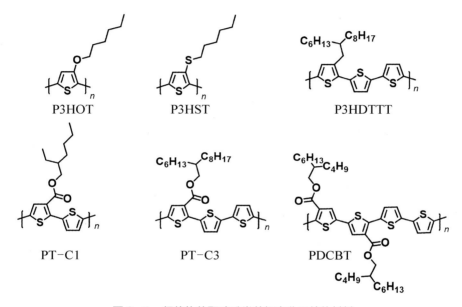

图 2-7　经修饰的聚噻吩类共轭高分子给体材料

为了增强聚噻吩类材料的吸收性能,侯剑辉和李永舫等发展了带二维共轭支链的聚噻吩类共轭高分子给体材料(图 2-8)。2006 年,他们[31]将苯乙烯和二连苯乙烯引入到聚噻吩上后,发现这类材料(如 PEHPVT 和 PT4)在紫外区 300~400 nm 处会多出一个属于共轭支链的特征吸收峰,其强度可以通过控制共轭支链噻吩在聚合物链中的含量进行有效调节。随后,他们进一步将苯乙烯替换为噻吩乙烯[32],详细研究了二维共轭支链在调控 2DPT 类聚合物光谱特性中的应用,该类高分子给体材料与富勒烯衍生物制备的光伏电池取得了比较好的结果。更重要的是,二维共轭支链的方法逐渐发展成为高效率光伏材料设计中非常有效的分子设计策略。

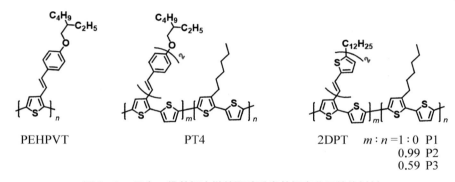

PEHPVT　　　　　　　PT4　　　　　2DPT　　$m:n=1:0$　P1
　　　　　　　　　　　　　　　　　　　　　　　　　0.99　P2
　　　　　　　　　　　　　　　　　　　　　　　　　0.59　P3

图 2‑8　具有二维共轭支链的聚噻吩类共轭高分子给体材料

2.2.2　D‑A 型交替共轭高分子光伏给体材料

在应用于有机光伏电池之前,一些简单结构的 D‑A 型交替共聚物已经被报道,研究人员探索了分子内电荷转移作用对该类高分子光学和电化学性质的影响,有些高分子材料被应用于有机电致发光器件中,取得了良好的性能。例如,2002 年,曹镛等[33]制备了基于芴和 4,7‑二噻吩基苯并噻二唑为主链的无规聚合物 PFO‑DBT(化学结构式如图 2‑9 所示),并研究了其作为红光材料的发光性能。2003 年,Andersson 等[34]制备了基于芴和 2,7‑噻吩基苯并噻二唑的 D‑A 型交替共聚物 PFDTBT,其光学带隙约为 1.9 eV,并与富勒烯衍生物 $PC_{61}BM$ 共混制备了有机光伏电池,取得了 2.2% 的 PCE,具体参数 V_{oc} 为 1.04 V,J_{sc} 为 4.66 mA/cm^2,FF 为 0.46。随后,D‑A 型交替共聚物逐渐得到广泛的研究。研究人员开发了多种 D 单元和 A 单元,用于高分子光伏材料的构筑,取得了众多的成果,极大地推动了有机光伏电池领域的发展。经过多年的积累,有数不胜数的 D‑A 型高分子光伏给体材料被研究报道,下面我们将通过一些代表性例子的讨论,着重介绍共轭高分子光伏材料分子设计的主要方法,鉴于篇幅所限,有众多性能优异的材料在这里并不能展开讨论。

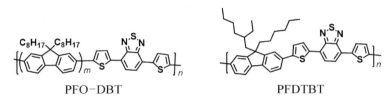

PFO‑DBT　　　　　　　　　　PFDTBT

图 2‑9　基于芴和噻吩基苯并噻二唑类聚合物的化学结构式

1. 基于苯并噻二唑和芴、噻吩环戊二（硅）烯、茚达省并二噻吩等单元的 D‐A 共聚物

苯并噻二唑（BT）是一种十分常见的缺电子单元,广泛地应用于有机半导体分子的构筑中。从化学结构的角度,BT 具有多重的修饰方法:一方面,它的硫原子（S）可以被其同族元素氧（O）和硒（Se）取代,也可以被氮原子（N）取代,分别形成苯并恶二唑、苯并硒二唑和苯并三氮唑;另一方面,其苯环上 5 位和 6 位的氢原子（H）可以取代为卤素原子或烷氧基基团等。基于 BT 单元及类似衍生物的共轭高分子（图 2‐10）构成了一类有特色的有机半导体材料,在有机光伏电池中起着重要的作用。对于 BT 和芴的 D‐A 型交替共聚物,烷基侧链的优化可以改进聚合物的溶解性和聚集态形貌,相应光伏电池的 PCE 随之提高到 4.5%[35]。2011 年,薄志山等[36]设计了基于烷氧基取代 BT 和乙烯基芴为主链的聚合物 PAFDTBT,烷氧基的引入可以改善分子主链的平面性,相应光伏器件的 PCE 为 6.2%。将 S 替换为 Se 后,苯并硒二唑的 D‐A 型交替共聚物比基于 BT 的类似物具有更红的吸收光谱和更高的 HOMO 能级,陈军武和曹镛等[37]基于芴和苯并硒二唑制备了聚合物 PFO‐DBSe,并研究了其在发光和光伏器件中的应用。

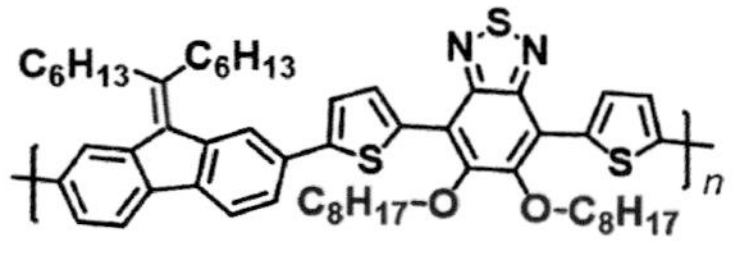

PAFDTBT

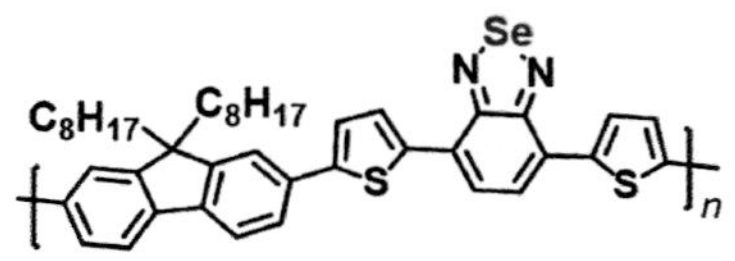

PFO‐DBSe

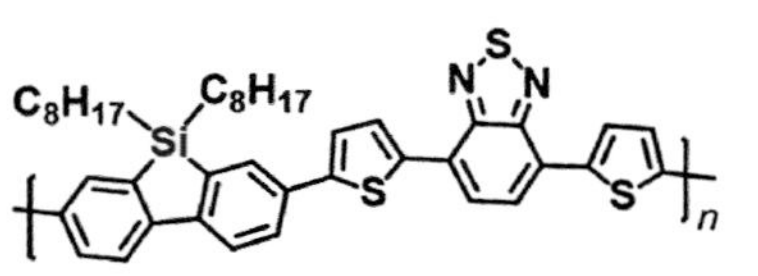

PsiF‐DTBT

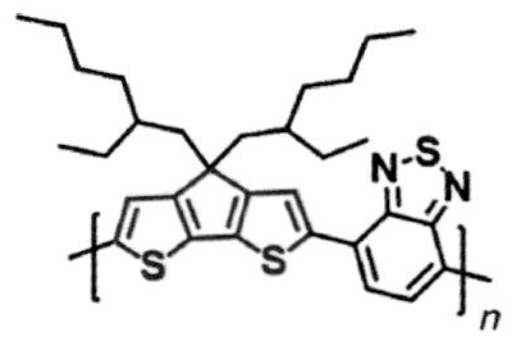

PCPDTBT

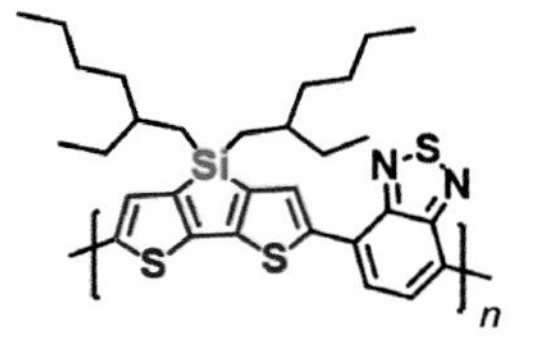

PSBTBT

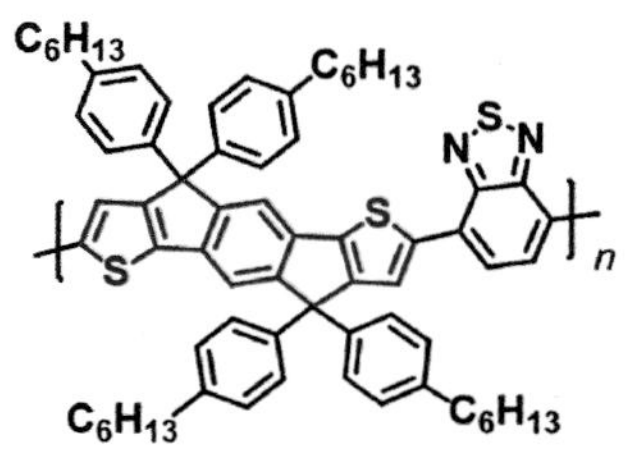

a‐PTPTBT

图 2‐10　基于苯并噻二唑及衍生物和芴、噻吩环戊二烯等单元的共轭高分子给体光伏材料

对于芴单元来说，同样有多样的化学修饰方法。一方面，将芴单元对称中心的 sp³ 碳替换为硅原子 Si，即为硅芴，因为 C—Si 键键长大于 C—C 键，从而降低了烷基链对共轭主链的位阻作用，使得基于硅芴的聚合物通常有更强的分子间堆积和更高的空穴迁移率。在发光性能上，聚芴和聚硅芴都是性能优异的蓝光聚合物，相比之下，硅芴聚合物有更高的发光效率和更好的热稳定性[38,39]。2008 年，曹镛等[40]制备了基于硅芴和 BT 的聚合物 PsiF‑DTBT，其吸收光谱比芴基类似物有明显的红移，在光伏器件中获得了 5.4% 的 PCE。

另一方面，将芴单元中的苯环替换为噻吩即为噻吩环戊二烯，其不仅具有更强的给电子性，也因良好的平面性使得相关材料展现出了较高的迁移率。2006 年，Brabec 等[41]制备了基于噻吩环戊二烯和 BT 的 D‑A 型交替共聚物 PCPDTBT，其吸收光谱拓展到了 850 nm，是典型的窄带隙聚合物，基于 PCBM 的光伏器件最初获得了 3.2% 的 PCE。随后，他们详细研究了高沸点添加剂（如二辛硫醇[42]和二碘辛烷（DIO）[43]等）在促使聚合物和 PCBM 间形成良好相分离形貌中的作用，显著地提高了器件的 J_{sc} 和 FF，将该体系的 PCE 提高至 5.1%，这种添加剂改善本体异质结形貌的方法逐渐发展成一种常规的器件优化工艺。2008 年，侯剑辉和杨阳等[44,45]将噻吩环戊二烯中对称中心的 sp³ 碳替换为硅原子，并基于此制备了 D‑A 型交替共聚物 PSBTBT，相比碳基的聚合物，基于硅的聚合物具有更强的分子间堆积，因此具有更加优异的空穴迁移率，相应的电池器件获得了 5.1% 的 PCE。引达省并二噻吩（IDT）是一种由苯和噻吩稠合的五环结构，具有刚性的平面和较好的电子离域，作为给体单元在构建 D‑A 型交替共聚物中也有广泛的应用。例如，2010 年，Ting 等[46]报道了基于 IDT 和 BT 的 D‑A 型交替共聚物 a‑PTPTBT，其光学吸收带边在 750 nm 左右，在光伏器件中可以获得 5.4% 的 PCE。IDT 和类似结构的单元不仅构建了多样的高分子给体材料，在非富勒烯受体小分子（如 ITIC）及高分子受体材料中也有重要的应用，后续我们将会进一步讨论。

2. 基于苯并二噻吩和噻吩并噻吩的 D‑A 共聚物

苯并二噻吩（BDT）单元具有高度的平面性，是有机光伏分子中十分重要的构筑单元，相关的高分子或小分子材料通常都具有较高的空穴传输能力，当前绝大多数顶尖效率的光伏器件都是基于 BDT 类高分子给体制备而成的[47,48]。2008 年，侯剑辉等[49]将 BDT 类高分子材料引入有机光伏电池的制备中，他们将烷氧基取代的 BDT 与不同的受体单元共聚设计合成了一系列聚合物（图 2‑11），实现了吸收光谱和能级分布很大范围内的有效调制，如表 2‑1 所示，光学带隙从 1.05 eV 到 2.13 eV，HOMO 能级从 −4.56 eV 到 −5.16 eV，展示了该类高分子材料用在光伏器件中的优势。

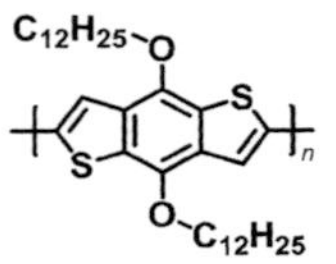
H2
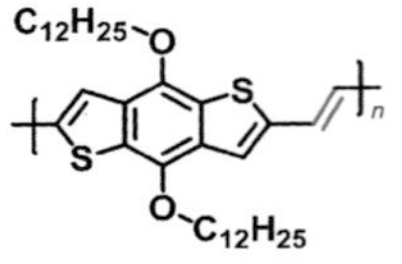
H3
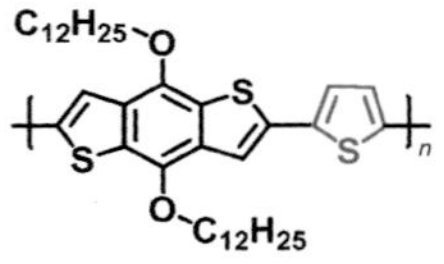
H6
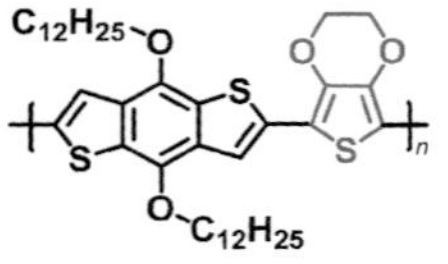
H8
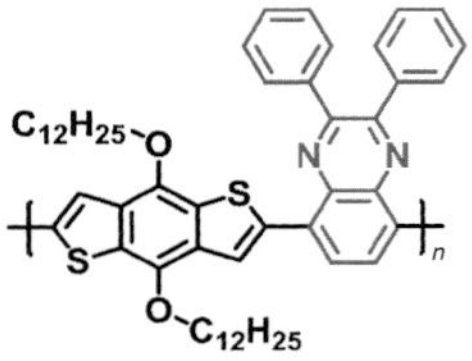
H1
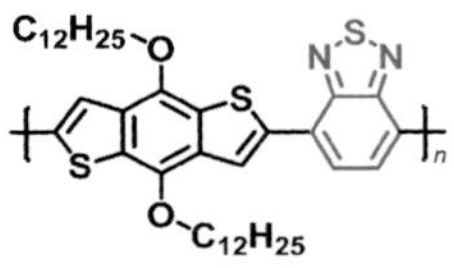
H7
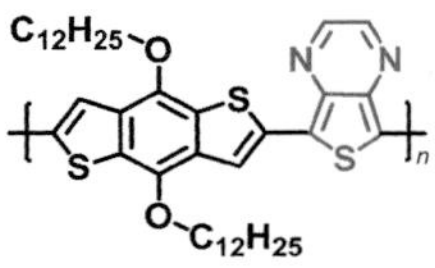
H9
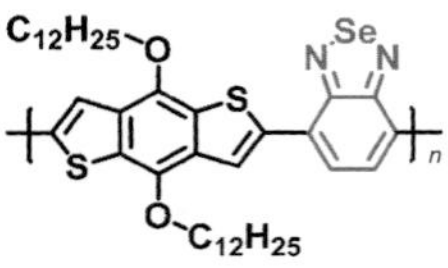
H11

图 2-11 早期的苯并二噻吩类共轭高分子给体光伏材料

表 2-1 早期 BDT 类共轭高分子给体材料的光学带隙、分子能级和光伏参数

高分子材料	E_g^{opt} /eV	HOMO /eV	V_{oc} /V	J_{sc} /(mA/cm²)	FF /%	PCE /%
H2	2.13	−5.16				
H3	2.03	−5.07	0.56	1.16	38	0.25
H6	2.06	−5.05	0.75	3.78	56	1.60
H8	1.97	−4.56	0.37	2.46	40	0.36
H1	1.63	−4.78	0.60	1.54	26	0.23
H7	1.70	−5.10	0.68	2.97	44	0.90
H9	1.05	−4.65	0.22	1.41	35	0.11
H11	1.52	−4.88	0.55	1.05	32	0.18

2009 年，Yu 等[50,51]将烷氧基 BDT 给体单元与酯基修饰的噻吩并[3,4-*b*]噻吩(TT)受体单元共聚，并通过改变 BDT 的烷氧基侧链类型、酯基 TT 的种类，以及氟化 TT 的方法，制备了 PTB1～PTB6 等一系列 D-A 型交替共聚物(PTB1 的化学结构式如图 2-12 所示)，其中 PTB4 在光伏器件中最高取得了 6.1%的 PCE。含吸电子取代基的 TT 是一类典型的受体单元，其醌式结构的特征使该类聚合物具有较红的吸收光谱，带边通常在 750 nm 左右，是当时性能优异的窄带隙材料。为了降低该类聚合物的 HOMO 能级，提高相应器件的 V_{oc}，侯剑辉等[52]采用拉电子能力更强的羰基取代 TT 上的酯基，并进一步结合氟化的方式，设计制备了 PBDTTT-E、PBDTTT-C 和 PBDTTT-CF 等共轭聚合物，其 HOMO 能级从 −5.01 eV 逐渐降低至 −5.12 eV 和 −5.22 eV，使光伏器件的 V_{oc}从 0.62 V 逐步增加到 0.7V 和 0.76 V，PCE 也从 5.15%提高到 6.58%和 7.73%，是当时世界上最高的光伏效率，且得到了美国可再生能源实验室的认证(6.77%)。与此

同时，Yu 等[53]进一步优化烷氧基 BDT 和酯基 TT 的烷基类型制备了 PTB7，其与 PC_{71} BM 共混的光伏器件取得了 7.4% 的 PCE，具体参数 V_{oc} 为 0.74 V，J_{sc} 为 14.50 mA/cm^2，FF 为 0.69，该材料被报道后引起了广泛的研究兴趣。例如，2012 年吴宏斌等[54]采用 PFN 和 MoO_3 分别作为电子传输层和空穴传输层制备了倒置（又称反向）光伏电池，将基于 PTB7：PC_{71} BM 组合的光伏效率提高到了 9.2%。2015 年，葛子义等[55]通过有机非共轭小分子界面材料的优化，在正向器件中取得了 10% 以上的 PCE。

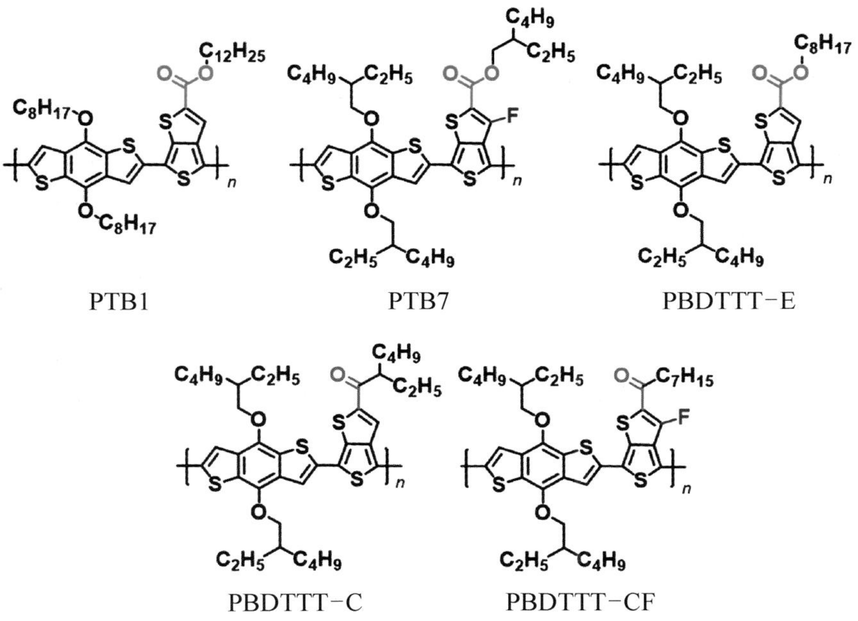

图 2-12　基于烷氧基苯并二噻吩和噻吩并［3，4-b］噻吩的共轭高分子给体光伏材料

为优化 BDT 类高分子给体光伏材料的性能，侯剑辉和霍利军等进一步将发展的二维共轭支链概念引入材料设计中[48]。他们将 BDT 单元上的烷氧基替换为噻吩烷基[56]，增加了聚合物的共轭面积，一方面有助于增强分子间排列，从而提高电荷迁移率；另一方面，吸收光谱会发生红移，HOMO 能级也会有一定的降低，这些变化都有利于光伏电池参数的提高。例如，将聚合物 PBDTTT-E 和 PBDTTT-C 中的烷氧基替换为烷基噻吩后，新聚合物 PBDTTT-E-T 和 PBDTTT-C-T（化学结构式如图 2-13 所示）的吸收光谱发生了明显的红移，使得相应电池器件的 J_{sc} 增加了 2~3 mA/cm^2，另外聚合物的空穴迁移率也有约一个数量级的提高。基于 PBDTTT-C-T 的电池器件取得了最高 7.59% 的 PCE，具体参数 V_{oc} 为 0.74 V，J_{sc} 为 17.48 mA/cm^2，FF 为 0.59，这种材料因具有优异的性能，支撑了众多有关器件制备工艺和物理机理等相关工作的研究。例如，2012 年，Choy 等[57]通过器件结构的优化，将基于 PBDTTT－C－T 光伏器件的 PCE 提高到 8.79%。

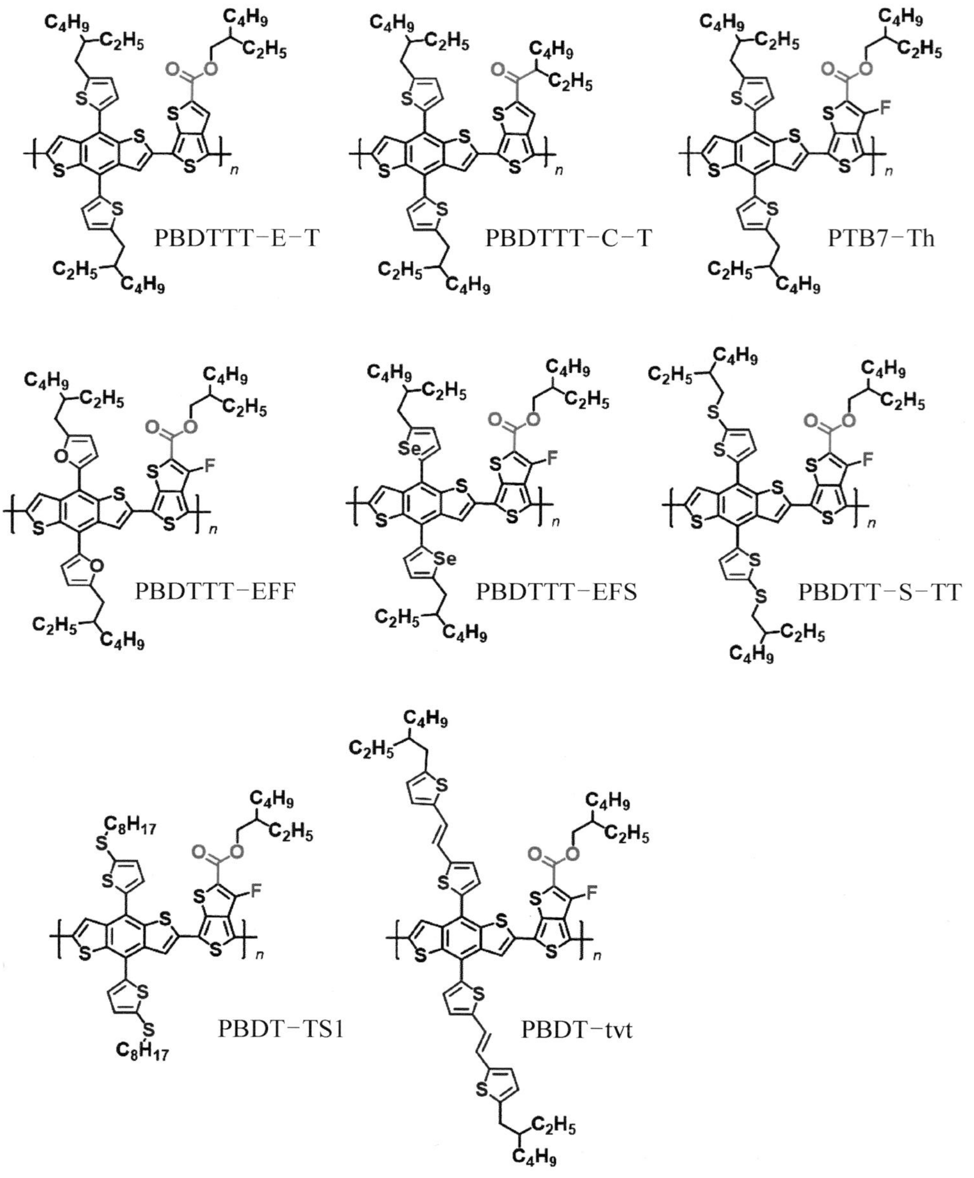

图 2-13　基于烷氧基苯并二噻吩和噻吩并［3，4-b］噻吩的共轭高分子给体光伏材料

2013 年，Chen 等[58]将氟代酯基 TT 单元与噻吩基 BDT 共聚制备了 PTB7－Th，其吸收光谱比 PTB7 有明显的红移，相应的光学带隙降低 0.05 eV，HOMO 能级为

－5.22 eV。当与 $PC_{71}BM$ 共混制备反向器件时，结合界面层的优化，取得了 9.35% 的 PCE，具体参数 V_{oc} 为 0.80 V，J_{sc} 为 15.73 mA/cm²，FF 为 0.74。随后，为了探索其他二维共轭支链对 BDT 类聚合物性能的影响，侯剑辉等[59]采用呋喃和硒吩替代噻吩，与氟代酯基 TT 制备了聚合物 PBDTTT－EFF 和 PBDTTT－EFS。从 BDT 和二维支链间的位阻效应上来讲，呋喃与 BDT 的二面角最小，具有最高的共轭作用，使得相应聚合物 PBDTTT－EFF 的吸收光谱略有红移，但是其 HOMO 能级比另外两种材料都高，相应的 PCE 仅为 5.28%，具体参数 V_{oc} 为 0.69 V，J_{sc} 为 11.77 mA/cm²，FF 为 0.65。相比之下，以噻吩和硒吩为共轭支链的聚合物光伏性能差异不大，PCE 分别为 9% 和 8.78%。为了进一步提高该类聚合物光伏性能，李永舫[60]和侯剑辉[61]等分别将作为二维共轭支链的烷基噻吩替换为烷硫基噻吩，利用硫原子 3d 空轨道的拉电子效应降低 HOMO 能级，将相应电池器件的 PCE 提高到了 9.48%。另外，姚惠峰和侯剑辉等[62]进一步将 BDT 共轭支链的长度拓展成烷硫基噻吩乙烯噻吩，设计制备了聚合物 PBDT－tvt，其所具有的二维共轭支链的特征吸收极大地弥补了该类材料在短波段吸收的不足。

鉴于 BDT 类高分子光伏材料优异的性能，研究人员也发展了多种基于 BDT 的衍生物单元及相应的共轭高分子给体材料（图 2-14）。例如，侯剑辉等[63,64]将 BDT 单元中的噻吩替换为呋喃，设计制备了基于苯并二呋喃（BDF）的 D－A 型交替共聚物，因为氧

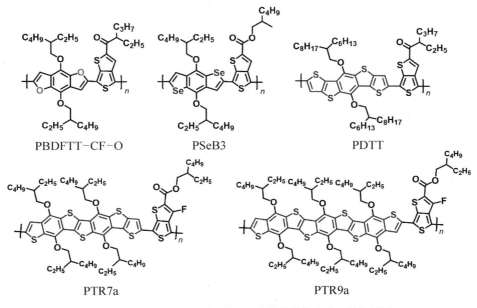

图 2-14 基于苯并二噻吩单元衍生物的共轭高分子给体材料

原子比硫原子具有更强的电负性和较小的尺寸,使得 BDF 单元具有更好的平面性和更强的给电子性。然而,在光伏器件中,BDF 类聚合物通常因为较高的 HOMO 能级,V_{oc} 较低,导致 PCE 并没有突破。采用类似的思路,也可以将噻吩替换为硒吩[65],有关的聚合物也被应用于光伏器件中。另外,拓展 BDT 的稠环结构也是一个比较成功的思路,2012—2013 年,侯剑辉等[66,67]在 BDT 的两侧分别再稠合了一个噻吩,设计制备了 DTBDT 单元,基于此的聚合物具有更线性的主链构象,容易形成有序的分子间排列,增强了结晶性,在器件中表现出更高的电荷传输和光伏性能。此外,研究人员也发展了 BDT 为核心的复杂多元稠环结构[68],但该类材料因合成极具挑战,光伏性能的提升面临很大的困难。

3. 基于苯并二噻吩和苯并噻二唑、苯并三氮唑等结构的 D-A 共聚物

基于 BDT 和 BT 的 D-A 型交替共聚物也是一类重要的中宽带隙高分子光伏材料(图 2-15)。2010 年,第一个二维共轭噻吩基 BDT 的聚合物 PBDTTBT[69]就是与 BT 受体单元共聚而成的,为了满足溶解性的要求,BDT 的 2 位、4 位都有烷基链修饰,该聚合物的吸收光谱带边在 700 nm 左右,HOMO 能级较低,为 -5.31 eV。在电池器件中,取得了 5.66% 的 PCE,具体参数 V_{oc} 为 0.92 V,J_{sc} 为 10.7 mA/cm²,FF 为 0.58。2013 年,张茂杰和

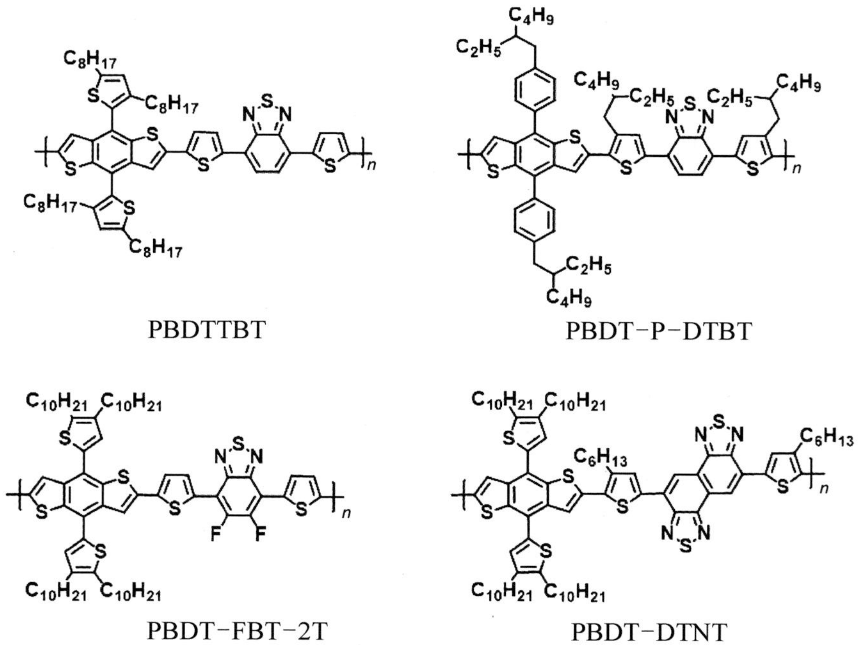

PBDTTBT　　　　　　　　　　　PBDT-P-DTBT

PBDT-FBT-2T　　　　　　　　　　PBDT-DTNT

图 2-15　基于苯并二噻吩和苯并噻二唑的共轭高分子给体光伏材料

侯剑辉等[70]将苯基引入到 BDT 单元上,并与 BT 共聚制备了 PBDT-P-DTBT,由于苯基比噻吩更缺电子,使得该类聚合物的 HOMO 能级进一步降低至 -5.35 eV,相应器件取得了 8.07% 的 PCE。此外,氟代的 BT 单元具有更强的拉电子能力,在有机光伏材料中的应用也十分广泛。段春辉和 Janssen 等[71]制备了基于 3,4-双烷基噻吩 BDT 和氟代 BT 的 D-A 型交替共聚物 PBDT-FBT-2T,得益于其优异的空穴传输能力,相应的光伏器件可以在较大的活性层厚度范围内取得优异的光伏效率,这对于叠层电池中前电池的优化是有帮助的,因此他们也探索了该类聚合物在叠层电池中的应用,取得了不错的结果。2011 年,黄飞和曹镛等[72]将两个 BT 结构耦合设计了 NT 单元,不仅拓展了 BT 的共轭面积,有助于增强分子间排列,也具有更强的拉电子能力。相比 BDT 和 BT 的聚合物,基于 NT 和 BDT 的 D-A 型交替共聚物 PBDT-DTNT 具有更红的吸收光谱,光学带隙从 1.73 eV 降低至 1.58 eV,在电池器件中取得了 6% 的 PCE。

苯并三氮唑(BTA)与 BT 结构类似,是一种相对较弱的拉电子受体单元,其氮原子上的烷基链可以显著提高相应聚合物的溶解性,基于 BDT 和 BTA 的 D-A 型交替共聚物也是一类重要的中宽带隙高分子给体材料(图 2-16)。2010 年,You 等[73]制备了基于烷基 BDT 和 BTA 的 D-A 型交替共聚物,并研究了 BTA 的氟化对该类聚合物性能的影响。

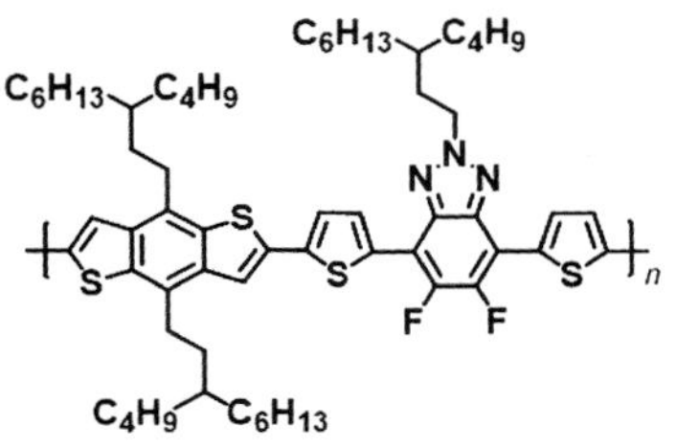

FTAZ 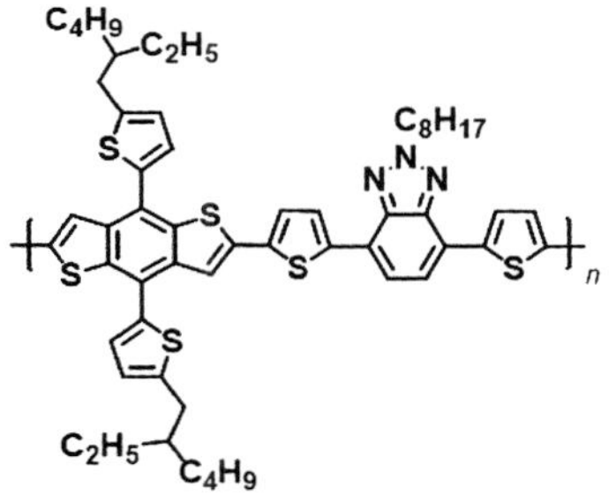   J50

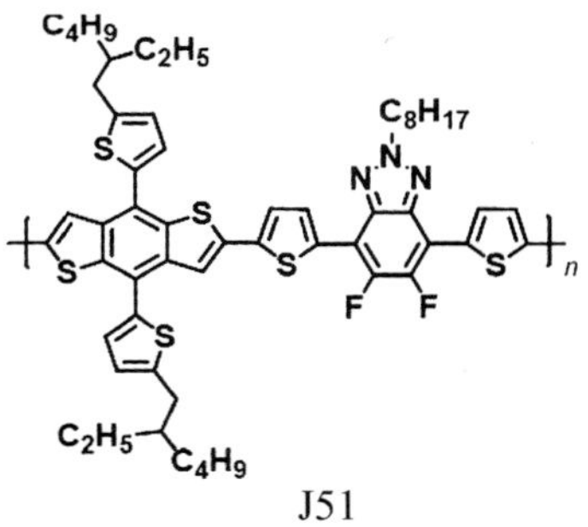

J51 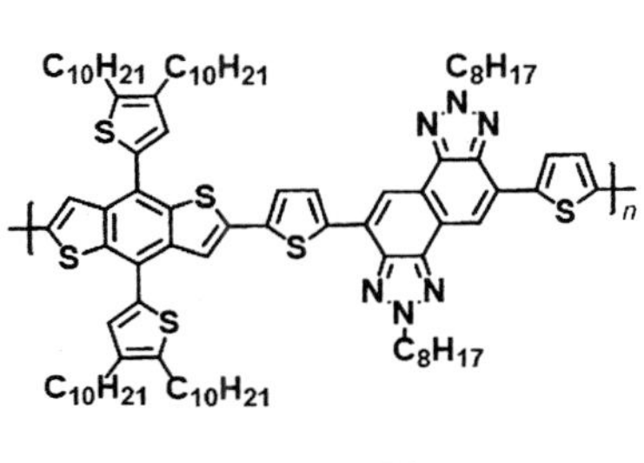   TZNT-P2

图 2-16　基于苯并二噻吩和苯并三氮唑的共轭高分子给体光伏材料

结果表明,含氟和不含氟聚合物的吸收光谱十分相似,光学带隙都为 2.0 eV,但是氟化提升了分子间堆积,从而提高了材料的吸收系数。另外,含氟材料具有更高的空穴迁移率和更低的 HOMO 能级,使得相应器件取得了更高的光伏参数,最高获得了 7.1% 的 PCE,具体参数 V_{oc} 为 0.79 V,J_{sc} 为 11.83 mA/cm²,FF 为 0.73。值得注意的是,该类聚合物可以在较大的活性层厚度范围内保持良好的效率,膜厚为 1 μm 时,PCE 依然达到 5.6%。2012 年,闵杰和李永舫等[74]采用二维共轭支链的噻吩基 BDT 取代烷基 BDT 分别与不含氟和含氟的 BTA 单元共聚,制备了 PBDT - HBTA 和 PBDT - FBTA(又称 J50 和 J51)。其中,基于 PBDT - FBTA 的光伏器件在膜厚为 190 nm 的条件下,取得了 6% 的 PCE,具体参数 V_{oc} 为 0.75 V,J_{sc} 为 11.9 mA/cm²,FF 为 0.67,该体系高分子给体材料在非富勒烯型有机光伏电池中也取得了非常好的结果,我们将在后面具体讨论。2013 年,黄飞和曹镛等[75]也采用 NT 稠合类似的方法,将两个 BTA 稠合在一起,设计了 TZNT 单元和相应的聚合物 TZNT - P2,该电池器件获得了 7.11% 的效率。

2010 年,国内外的多个课题组报道了基于 BDT 和噻吩并吡咯二酮(TPD)相关的高分子给体光伏材料(图 2 - 17)[76-79]。TPD 上的酰亚胺结构具有较强的拉电子能力,氮原子上的烷基链可以有效地提升相应材料的溶解性。基于烷氧基 BDT 和 TPD 的聚合物具有较

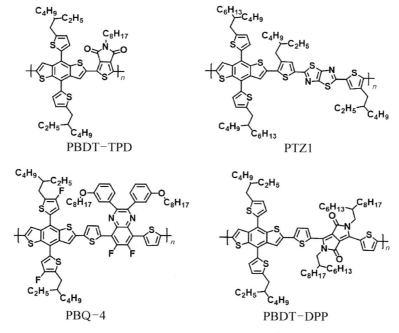

图 2 - 17　基于苯并二噻吩和噻吩并吡咯二酮的共轭高分子给体光伏材料

宽的带隙,吸收光谱带边在 680 nm 附近,由于其 HOMO 能级较低,相应电池的 V_{oc} 普遍较高。Beaujuge 等[80]系统地优化了 BDT 和 TPD 单元上柔性侧链的类型,并研究了其对光伏性能的影响,他们发现基于支链烷基 BDT 和直链烷基 TPD 的聚合物具有最优的性能,PCE 最高可达 8.5%,具体参数 V_{oc} 为 0.97 V,J_{sc} 为 12.6 mA/cm²,FF 为 0.7。2013 年,马万里等[81]制备了基于噻吩基 BDT 和 TPD 的 D-A 型交替共聚物 PBDT-T-TPD,其 HOMO 能级较低(-5.61 eV),因此在电池器件中取得了 1 V 的 V_{oc},这在当时是非常高的电压数值,其他参数 J_{sc} 为 9.79 mA/cm²,FF 为 0.63,PCE 为 6.17%。

噻唑也是一种相对缺电子的单元,其衍生物噻唑联噻唑和噻唑并噻唑也常被用作受体单元以构建 D-A 型高分子给体光伏材料。例如,张茂杰和李永舫等[82]制备了基于噻吩基 BDT 和噻唑并噻唑的聚合物 PTZ1,它是一种典型的宽带隙材料,光学带隙为 1.97 eV,HOMO 能级为 -5.31 eV,相应的电池器件取得了 0.94 V 的 V_{oc} 和 7.7% 的 PCE。另外,他们还探索了 PTZ1 器件作为前电池在叠层电池中的应用,获得了 10% 以上的 PCE。苯并吡嗪也是一类常见的弱拉电子受体单元,其与 BDT 结合的 D-A 型交替共聚物,通常具有较宽的带隙。例如,侯剑辉等[83]基于噻吩基 BDT 和苯并吡嗪制备了一系列共聚物,并研究了给受体单元氟修饰对分子能级的协同调制作用,结果表明分别在 BDT 和苯并吡嗪上引入氟原子,对能级的降低有叠加的作用。在光伏器件性能上,得益于最低的 HOMO 能级,含四个氟原子的 PBQ-4 取得了最高的 PCE。

吡咯并吡咯二酮(DPP)也是一类重要受体单元,其酰胺结构赋予了该单元较强的拉电子能力,广泛地应用于构建窄带隙有机半导体材料,包括高分子和小分子。2012 年,杨阳等[84]制备了基于噻吩基 BDT 和 DPP 的 D-A 型交替共聚物,其吸收光谱带边约为 850 nm,HOMO 能级为 -5.3 eV,在光伏器件中取得了 6.5% 的 PCE,具体参数 V_{oc} 为 0.74 V,J_{sc} 为 13.5 mA/cm²,FF 为 0.65。另外,他们采用 P3HT∶ICBA 作为前电池,PBDTT-DPP∶PCBM 作为后电池,制备了双结叠层电池,取得了 8.62% 的 PCE,是当时该领域的最优结果[85]。鉴于 DPP 单元在构建窄带隙有机半导体中的独特优势,除了与 BDT 共聚之外,研究人员也发展了 DPP 和其他给体单元组合的共聚物[86]。例如,2009 年,Janssen 等[87]制备了基于 DPP 和噻吩的聚合物 DPP3T,该材料在有机场效应晶体管器件中展现了平衡的双极性传输,迁移率在 10^{-2} cm²/(V·s)量级,其吸收光谱带边约为 900 nm,是典型的窄带隙高分子光伏材料,在光伏电池中取得了 4.7% 的 PCE,具体参数 V_{oc} 为 0.65 V,J_{sc} 为 11.8 mA/cm²,FF 为 0.6。通常 DPP 类材料具有较强的分子间聚集特性,因此形貌的调控对于提升光伏性能是非常重要的。2012 年叶龙和侯剑辉等[88]采用三元溶剂的方法,优化了活性层相区的尺寸和纯度,进一步将基于该材料体系电池器件的 PCE 提高到 6.71%。另外,李韦伟和 Janssen 等[89]通过引入二噻吩并吡咯作为强给电子单元,与硒吩 DPP 共聚,制备了吸收光谱拓展到 1 100 nm 的超窄带隙 D-A 型交替共聚物,在电池中获得了高达 23 mA/cm² 的 J_{sc},但是该材料的 V_{oc} 较低,仅为 0.44 V,导致其 PCE 并不突出(5.3%)。

4. 苯并噻二唑与四联噻吩的 D-A 共聚物

基于 BT 和四联噻吩的 D-A 型交替共聚物(BT-4T)也是一类典型的共轭高分子给体光伏材料,在制备高效率有机光伏电池中有重要的应用。2011 年,Chen 等[90]设计了基于 4,4′-双(2-辛基十二烷基)-2,2′-联噻吩和 4,7-二噻吩基 BT 的聚合物 POD2T-DTBT,并探究了其在有机场效应晶体管和有机光伏电池中的应用,分别取得了 0.2 cm²/(V·s) 的空穴迁移率和 6.26% 的 PCE。2012 年,Osaka 和 Takimiya 等[91]将含 2-辛基十二烷基侧链移到近 BT 的两侧,制备了 PBTz4T,另外他们也将 BT 替换为 NT,制备了其类似共聚物 PNTz4T(图 2-18)。相比之下,PNTz4T 在器件中取得了 0.56 cm²/(V·s) 的空穴迁移率和 6.3% 的 PCE,而 PBTz4T 的空穴迁移率和 PCE 分别为 0.074 cm²/(V·s) 和 2.6%。

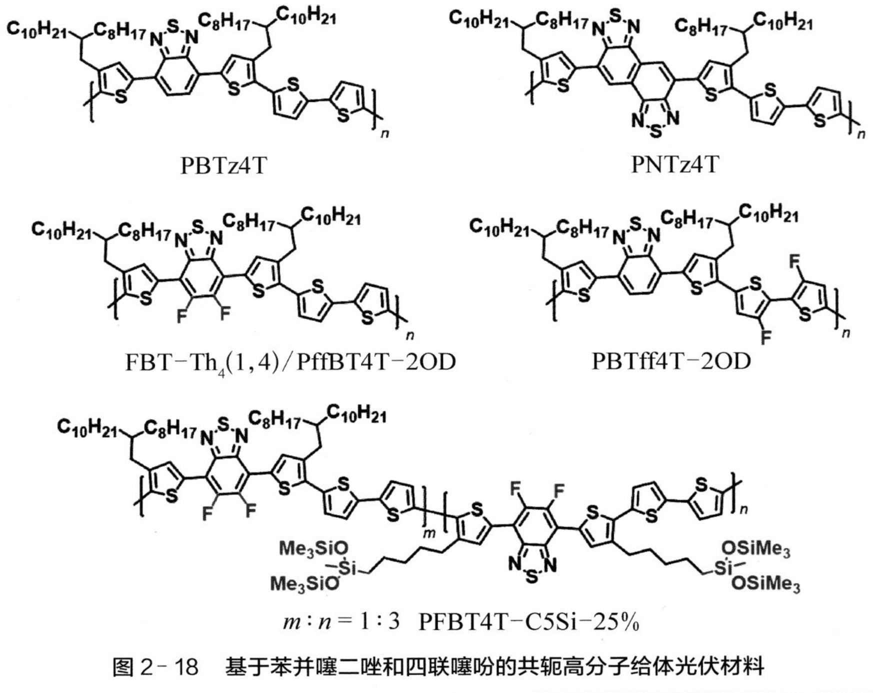

图 2-18 基于苯并噻二唑和四联噻吩的共轭高分子给体光伏材料

2014 年,陈军武等[92]将氟代 BT 应用到该体系聚合物中,制备了 FBT - Th₄(1,4),该聚合物具有较强的链间聚集特性,吸收光谱表现出强烈的温度依赖特性,在室温条件下,溶液的吸收与薄膜的吸收相差不大,吸收光谱带边在 750 nm 左右,而当加热到 80℃时,溶液颜色从蓝色变为红色,吸收发生明显蓝移,相应的电池器件中,在膜厚为 230 nm 时取得了最优的 PCE(7.64%),具体参数 V_{oc} 为 0.76 V,J_{sc} 为 16.2 mA/cm²,FF 为 0.62;当膜厚达到 440 nm 时,PCE 依然保持在 6.53%。2014 年,颜河等[93]也报道了基于氟代 BT 和四联噻吩的聚合物,通过器件制备工艺的优化(基底预热、热溶热甩),将该体系聚合物的 PCE 提高到了 10.5%,具体参数 V_{oc} 为 0.77 V,J_{sc} 为 18.4 mA/cm²,FF 为 0.74,这是单结有机光伏电池 PCE 首次突破 10%。同时,他们也细致地优化了噻吩上烷基链的种类或将 BT 上的氟原子转移到联噻吩上,制备了一系列的 D - A 共聚物,取得了相似的光伏性能。2016 年,颜河等[2]进一步优化该体系聚合物的烷基侧链大小,制备了 PffBT4T - C₉C₁₃,采用不含卤素的芳香溶剂组合(三甲苯和苯基萘)制备了 PCE 为 11.7% 的光伏器件。2017 年,陈军武等[94]将硅氧烷封端的烷基链引入 BT - 4T 聚合物中,以调制高分子间聚集特性以及与受体间的共混性,其中含 25% 硅氧烷的三元共聚物 PFBT4T - C5Si - 25% 在电池器件中取得了最高 11.09% 的 PCE,且在活性层厚度增加至 600 nm 时,PCE 依然保持在 10.15%。

2.3 非富勒烯型有机光伏电池中的共轭高分子材料

富勒烯衍生物受体材料在推动有机光伏电池发展中起着至关重要的作用,但是富勒烯受体也有本征的缺点,如分子结构难修饰、能级难调控、吸收范围窄且强度弱、形貌和器件稳定性差等。因此,发展新型的受体材料一直是有机光伏领域中重要且极具挑战的研究内容之一。2015 年以前,非富勒烯受体主要以苝二酰亚胺(PDI)和萘二酰亚胺(NDI)类分子为主[95],由于该类材料具有严重的聚集,调控其与给体混合后的活性层形貌存在很大的挑战,相应光伏电池的效率并没有非常大的突破。2015 年,占肖卫等[3]报道了以茚二噻吩并噻吩(DTIDT)为给体单元核心、氰基茚酮为受体端基的 A - D - A 型窄带隙小分子受体 ITIC,揭开了非富勒烯受体材料高速发展的序幕。随后,研究人员通过改变稠环给体核、调制端基拉电子能力、优化 π 桥及侧链等策略,发展了众多非富勒烯受体,极大地推动了有机光伏电池领域的发展。"基于非富勒烯受体的聚合物太阳能电池"被评为 2016 年化学与材料科学领域 10 个热点前沿中第一位,该学术热潮主要由中国科学家引领。在 2019 年初,邹应萍等[4]报道了新型高效率的 A-DA′D-A 型窄带隙非富勒烯受体 Y6,再次推动了有机光伏电池效率的大幅提高。

针对窄带隙非富勒烯受体材料的发展,如何针对性地匹配高分子给体或设计新型的高分子给体,对于提升有机光伏电池的效率起着关键的作用[96]。首先,从吸收光谱互补的角度来讲,由于窄带隙非富勒烯受体的吸收光谱普遍较红,宽带隙的高分子给体理论上具有更好的吸收互补性。其次,非富勒烯受体是平面性分子,具有各向异性的电荷传输特性,大多数结果表明,具有增大共轭平面的高分子给体材料会取得更好的光伏性能。比如,采用具有二维共轭支链的 BDT 聚合物通常比烷氧基 BDT 的类似物具有更高的效率。再次,为了能形成良好的给受体相分离,具有自聚集特征的聚合物在光活性层中更加容易满足形貌的要求。在这部分内容中,我们将重点介绍了几类能与非富勒烯受体组合取得突出光伏性能的高分子给体材料,其中一些材料在富勒烯型有机光伏电池研究中已被报道,一些是针对非富勒烯受体而优化或设计的新型给体材料。

另外,n 型高分子材料在光电领域也有着长期的发展历程,在有机光伏电池中占据着十分重要的地位。基于聚合物给体和聚合物受体的全聚合物光伏电池在柔韧性和稳定性等方面具有突出优势,因此在可穿戴和便携式能源器件上有重要应用前景。近年来,该领域取得了诸多重要的研究进展,引起了研究人员的广泛兴趣,在中国工程院发布的《全球工程前沿 2021》中,"高性能聚合物受体及其在柔性全聚合物太阳能电池中的应用"入选"化工、冶金与材料领域 Top11 工程研究前沿",本节我们也将简要地介绍这类共轭高分子光伏材料。

2.3.1 宽带隙共轭高分子给体光伏材料

共轭高分子给体 PBDB-T 及其衍生物在非富勒烯型有机光伏电池的研究中起着举足轻重的作用,屡次获得世界最高结果[97]。2012 年,侯剑辉等[98]首次将噻吩基 BDT 和苯并[1,2-c:4,5-c′]二噻吩-4,8-二酮(BDD)单元共聚制备了 PBDB-T(图 2-19),其吸收光谱主要在 300~680 nm,HOMO 能级为 -5.23 eV。值得注意的是,该聚合物溶液的吸收光谱特性具有高度的温度依赖性,在 30℃和 90℃时分别呈现为蓝色和红色,表明该聚合物具有较强的分子聚集效应。当与富勒烯衍生物 PCBM 组合制备光伏器件时,不同的加工温度过程对活性层薄膜的形貌以及电池效率有明显的影响:聚合物在 30℃溶解后直接成膜时,光伏器件的 PCE 为 6.67%;而当将聚合物加热到 90℃后冷却至 30℃,然后再成膜时,聚合物在降温过程中会发生聚集,使活性层中聚合物相区过大,导致 PCE 降低至 4.72%。这种聚合物的溶液预聚集特性虽然对富勒烯型器件的性能有负面影响,但是正好可以解决非富勒烯受体与给体因结构相似导致互混严重的问题(给受体都是具有 D-A 特征的平面型分子,强极性官能团的使用使分子间作用力较大,导致没有明显的相分离),这为非富勒烯受体和聚合物给体组成的光活性层提供了良好形貌的保障[99]。

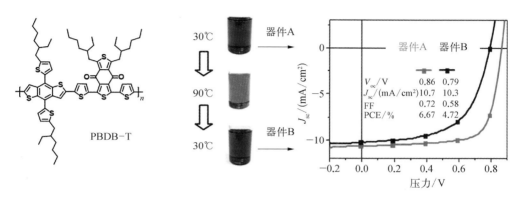

图 2-19　共轭高分子给体溶液中预聚集效应对富勒烯型器件光伏性能的影响

2015 年,叶龙和侯剑辉等[100]采用 PBDB-T 及其烷氧基 BDT 的类似聚合物 PBDB-BDD,分别与富勒烯 PCBM 或非富勒烯聚合物受体 N2200 共混制备了光伏器件,详细地研究了给体、受体分子取向对电荷传输以及电池性能的影响,揭示了二维共轭支链对基于各向异性电荷传输特性的非富勒烯型光伏电池性能的重要作用。基于烷氧基 BDT 的聚合物仅获取得了 2.4% 的 PCE,而基于噻吩共轭支链的电池器件获得了 5.8% 的 PCE。在首次报道 ITIC 时,占肖卫等[3]采用的给体是聚合物 PTB7-Th,电池器件的 PCE 为 6.8%,具体参数 V_{oc} 为 0.81 V,J_{sc} 为 14.21 mA/cm²,FF 为 0.59。随后,侯剑辉等[101]将 PBDB-T 与 ITIC 组合,一举将非富勒烯型有机光伏电池的 PCE 提高到 11% 以上,引起了领域内研究人员的广泛关注。之后,电池效率的屡次突破大都基于该体系的高分子给体材料。例如,2017 年,姚惠峰和侯剑辉等[102]协同优化了聚合物给体 PBDB-T 和非富勒烯 ITIC:将氟原子引入 ITIC 的氰基茚酮端基中,设计合成了 IT-4F;结合烷硫基和氟修饰制备了聚合物 PBDB-T-SF。相比原组合,基于新组合材料的电池器件在 V_{oc}、J_{sc} 和 FF 上都有提高,PCE 突破了 13%,且得到了第三方机构的认证。

张茂杰和侯剑辉等[103]为了降低 PBDB-T 的 HOMO 能级,将氟原子引入 BDT 的噻吩共轭支链上,设计制备了 PBDB-TF(又称 PM6)(图 2-20),他们分别与 IT-4F 共

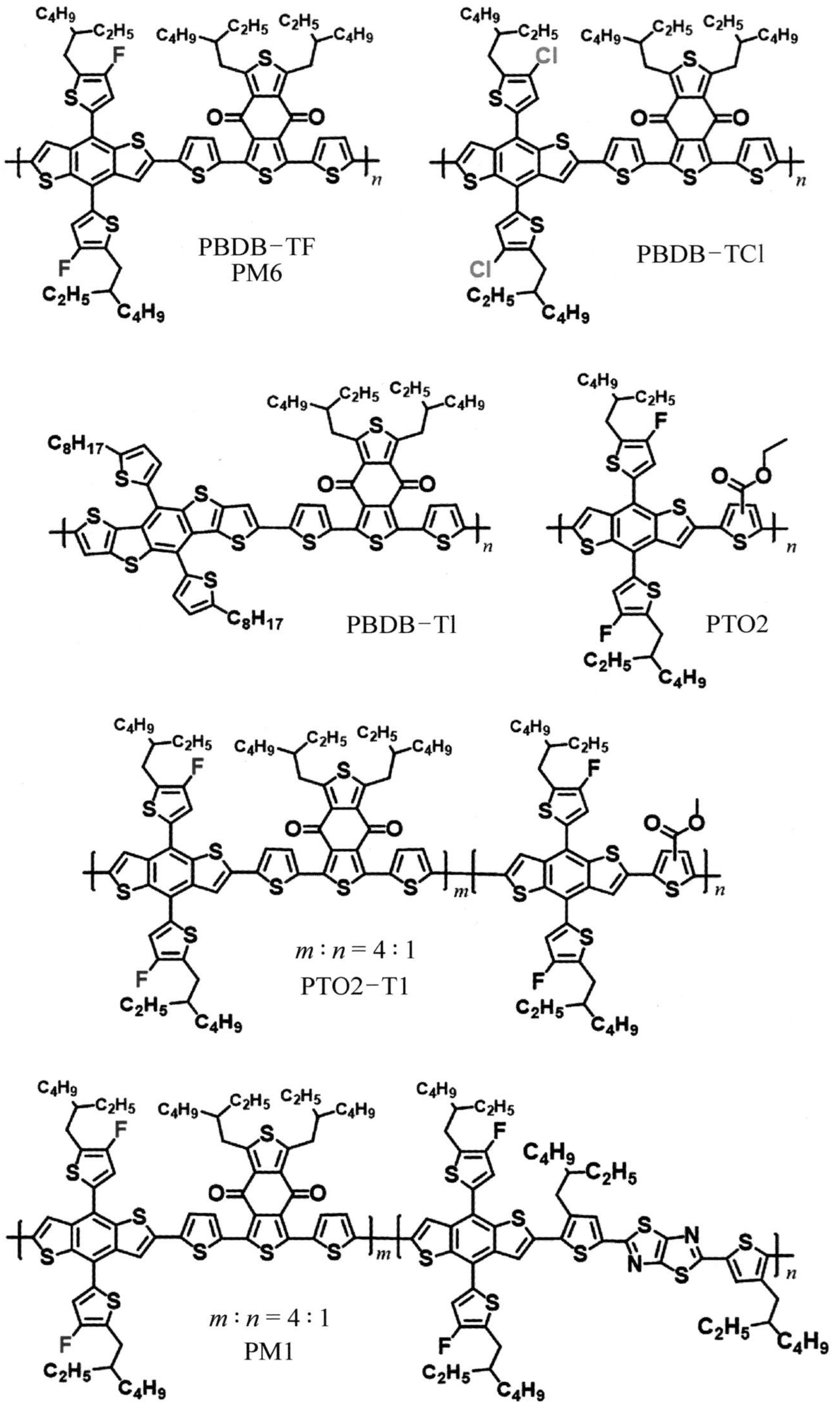

图 2-20　BDT 类衍生高分子给体光伏材料

混,制备了 PCE 大于 13.5％的电池器件[104,105]。含氟的噻吩基 BDT 单元在高效率有机光伏分子中的应用十分广泛,但是其合成步骤较长,特别是涉及条件苛刻且收率较低的卤素交换反应,导致其成本较高,因此发展其他降低 HOMO 能级的方法也是十分重要的。2018 年,侯剑辉[106]和张茂杰[107]等分别将 PBDB－TF 上的氟原子替换为氯原子,报道了氯化的聚合物 PBDB－TCl,由于 3－氯噻吩修饰的 BDT 单元在合成上更加容易,因此大幅降低了合成的难度[108]。另外,由于氯原子具有 3d 空轨道,使其在电负性低于氟原子的前提下,具有更强的拉电子能力,致使 PBDB－TCl 的 HOMO 能级比 PBDB－TF 还低,基于 PBDB－TCl 的电池器件可以取得略高的 V_{oc}(0.86 V),PCE 提高到了 14.4％。

2015 年,霍利军和孙艳明等[109]制备了基于 DTBDT 和 BDD 的聚合物 PDBT－T1,并与富勒烯受体共混作为光活性层制备了 PCE 为 9.74％的光伏器件。随后,孙艳明等将 PDBT－T1 与王朝晖等发展的苝酰亚胺类非富勒烯受体 SdiPBI－S[110]、SdiPBI－Se[111] 和 TPH－Se[112]等组合,在光伏器件中获得了 7％～9％的 PCE。他们也研究了 PDBT－T1 与 ITIC 类受体如 ITIC－Th 组合的光伏性能,进一步将 PCE 提高到了 9.6％[113]。鉴于 BDT 及衍生物与 BDD 组合可以获得优异的光伏性能,研究人员也发展了三元共聚的策略,精细地调控该类聚合物光谱、能级等特性。2019 年,姚惠峰和侯剑辉等[114]采用酯基噻吩为受体单元与 BDT 共聚设计合成了 D－A 型交替共聚物 PTO2,并分别与富勒烯 PCBM 和非富勒烯 IT－4T 组合制备了器件,得益于 PTO2 较低的 HOMO 能级,相应的非富勒烯型电池取得了 0.91 V 的 V_{oc},与活性层带隙间的损失仅为 0.67 V,PCE 也因此提高到了 14.7％。此外,为了探索这种低能量损失下高效电荷生成的分子机制,他们深入研究了给受体材料的分子静电势,提出了分子间静电作用促进有机光伏电池中电荷生成的新机理,这对于通过新材料设计进一步提高电池效率具有重要的意义。随后,他们将酯基噻吩单元作为第三组分引入 BDT 和 BDD 的共聚物中,通过控制其含量,可以有效地将吸收光谱从 600 nm 左右移动到接近 700 nm,当酯基噻吩含量为共轭主链受体总组分的 20％时,可以与非富勒烯受体 IT－4F 共混获得最优的光伏性能,电池器件的 PCE 突破了 15％[115]。类似地,张茂杰和颜河等[116]将噻唑并噻唑作为第三组分引入 BDT－BDD 聚合物中,当噻唑并噻唑含量同样为 20％时,聚合物 PM1 与 Y6 共混的电池器件取得了 17.6％的 PCE。

在富勒烯型有机光伏电池讨论部分,我们已经介绍了李永舫等发展的基于 BDT 和 BTA 的共聚物 J50 和 J51,该系列聚合物在非富勒烯型电池器件中也取得了众多重要的研究进展[117]。2015 年,张志国和李永舫等[118]将 J50 和 J51 分别与聚合物受体 N2200

共混制备了全聚合物有机光伏电池,得益于含氟聚合物更低的 HOMO 能级,J51 的器件取得了 8.27％的 PCE,是当时全聚合物太阳电池的最高效率。该系列聚合物的吸收光谱都在 650 nm 左右,与窄带隙非富勒烯受体的光谱十分互补,当 J51 和 ITIC 共混时,电池器件的 J_{sc} 比基于 N2200 的器件有显著的增加,PCE 从而提高到了 9.26％[119]。考虑到 J51 的 HOMO 能级(-5.26 eV)还不够低,电池器件的 V_{oc} 仅为 0.82 V,还有极大的提升空间,他们采用侧链工程系统地发展了 J61[120]、J71[121]、J81[122] 和 J91[123] 的系列聚合物(图 2-21),将其 HOMO 能级逐渐降低至 -5.5 eV。

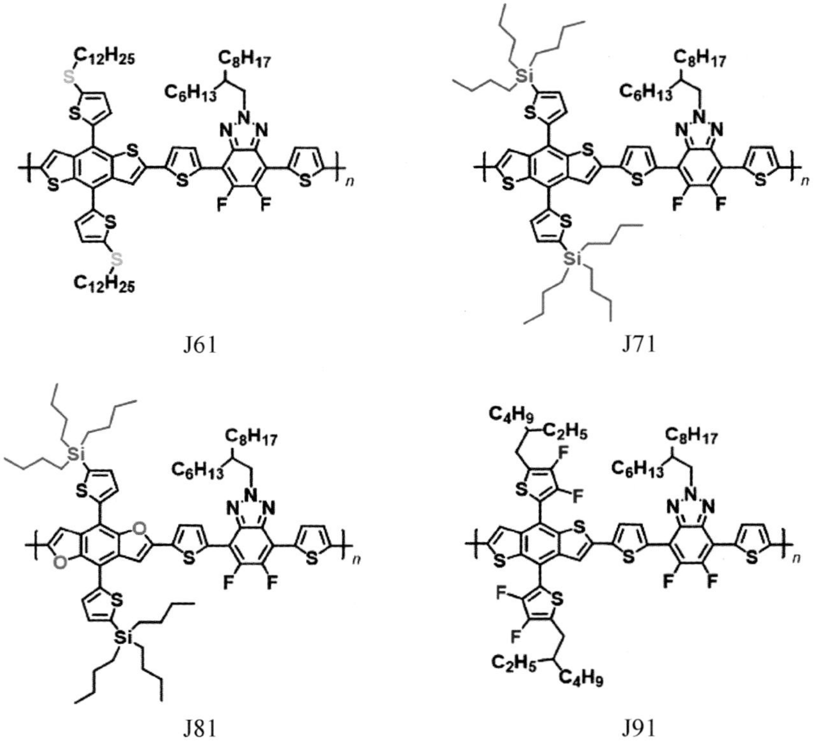

图 2-21 J61、J71、J81、J91 系列共轭高分子给体光伏材料

下面我们详细介绍该系列聚合物的主要特点:J61 采用的烷硫基修饰的噻吩 BDT,它不仅降低了 HOMO 能级(-5.32 eV),也使光谱有一定的红移,另外 J61 的分子排列方式平行于电极基底,更有利于电荷的传输,基于 J61 和 ITIC 的电池器件取得了 0.9 V 的 V_{oc} 和 9.52％的 PCE;J71 采用的是三甲基硅烷取代的 BDT,由于硅原子(Si)与芳香体系的轨道相互作用,使得 HOMO 能级进一步降低至 -5.40 eV,另外由于 Si—C 键较长,可以促使聚合物具有更强的分子堆积效应,在与 ITIC 共混的电池器件中,V_{oc} 进一步提

升至 0.94 V，PCE 也达到了 11.41%；J81 主要是将 J71 中的 BDT 单元替换为 BDF，其 HOMO 能级为 −5.43 eV，当其与 ITIC 及其类似物 *m*−ITIC 分别组合制备器件时，V_{oc}都约为 0.95 V，PCE 分别为 10.6%和 11.05%；J91 采用的是双氟代噻吩支链的 BDT 单元，其合成制备极具挑战，由于氟原子的强拉电子能力，聚合物的 HOMO 能级降低至 −5.5 eV，在与 *m*−ITIC 制备电池中，获得了高达 0.984 V 的 V_{oc}，PCE 为 11.63%。该系列聚合物不仅在有机光伏电池效率上取得了不断的提升，更提供了能带结构系统性优化的案例，对高性能有机光伏材料的设计具有重要意义。

应磊和黄飞等设计了酰亚胺化的 BTA 单元及系列 D−A 型交替共聚物，在非富勒烯型有机光伏电池中也取得了突出的结果。2016 年，他们报道了基于噻吩基 BDT 和酰亚胺化的 BTA 制备的聚合物 PTzBI（图 2−22）[124]，其吸收光谱的带边在 700 nm 以内，是典型的宽带隙材料，酰亚胺功能团的引入有助于能级的降低，其与富勒烯 PCBM 制备的器件，取得了不错的结果。随后，他们将该聚合物与 ITIC 组合，在光伏器件中取得了

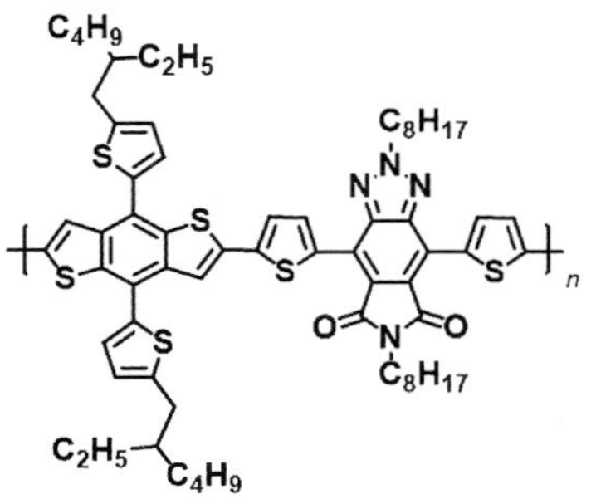

PTzBI

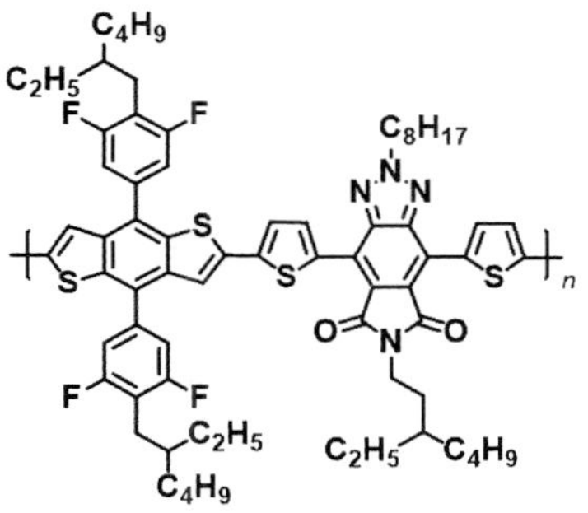

P2F−EHp

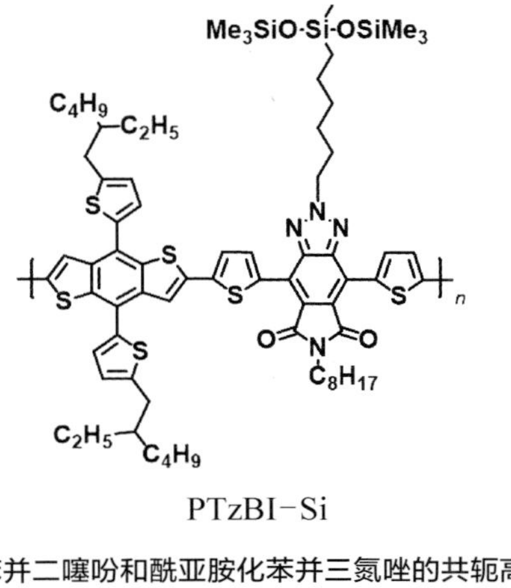

PTzBI−Si

图 2−22　基于苯并二噻吩和酰亚胺化苯并三氮唑的共轭高分子给体光伏材料

10.24%的PCE,该器件也表现了较好的热稳定性[125]。为进一步降低能级,他们采用双氟苯侧链BDT,设计制备了聚合物P2F-EHp,并通过烷基链优化精细调控了材料的分子聚集行为,与IT-4F共混在0.05 cm²的电池上时,实现了12.96%的PCE,当电池的光活性面积增大到1 cm²时,依然获得了12.25%的PCE[126]。2019年,他们将P2F-EHp与Y6匹配,进一步将PCE提高到了16%以上[127]。该体系聚合物在全聚合物太阳能电池中也有非常好的应用,基于PTzBI和N2200的器件可以采用非卤溶剂甲基四氢呋喃制备,PCE超过9%[128]。为了改善活性层形貌,他们在PTzBI上引入硅氧烷基侧链,制备了PTzBI-Si[129],将与N2200匹配电池器件的PCE提高到10%以上,然后他们通过环境友好类溶剂环戊基甲醚来制备电池器件,进一步将PCE提高到了11%[130]。

除以上介绍的聚合物,还有众多宽带隙共轭高分子给体光伏材料在非富勒烯型有机光伏电池中都取得了十分优异的性能,例如,彭强等[131]发展的基于噻二唑基团的PBDT-TDZ,丁黎明等[132]发展的D18等(图2-23),这些宽带隙聚合物材料都可以与非富勒烯进行良好的能级匹配,并形成良好的共混形貌,限于篇幅,这些优异的高分子光伏材料在这里就不一一介绍。

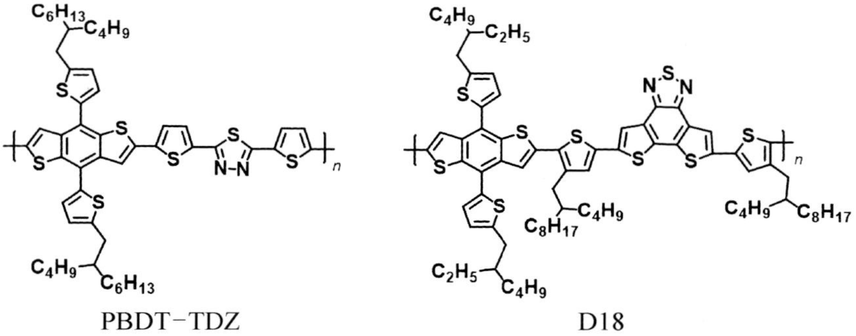

PBDT-TDZ   D18

图2-23 其他宽带隙共轭高分子给体光伏材料

2.3.2 窄带隙共轭高分子受体光伏材料

在最早期本体异质结型有机光伏电池的研究中,Heeger[133]和Friend[134]等采用CN-PPV(图2-24)作为聚合物受体、MEH-PPV作为聚合物给体,分别制备了全聚合物太阳电池器件,其中CN-PPV中氰基的引入显著地增强了拉电性并降低了分子能级,使其具有受体的功能。

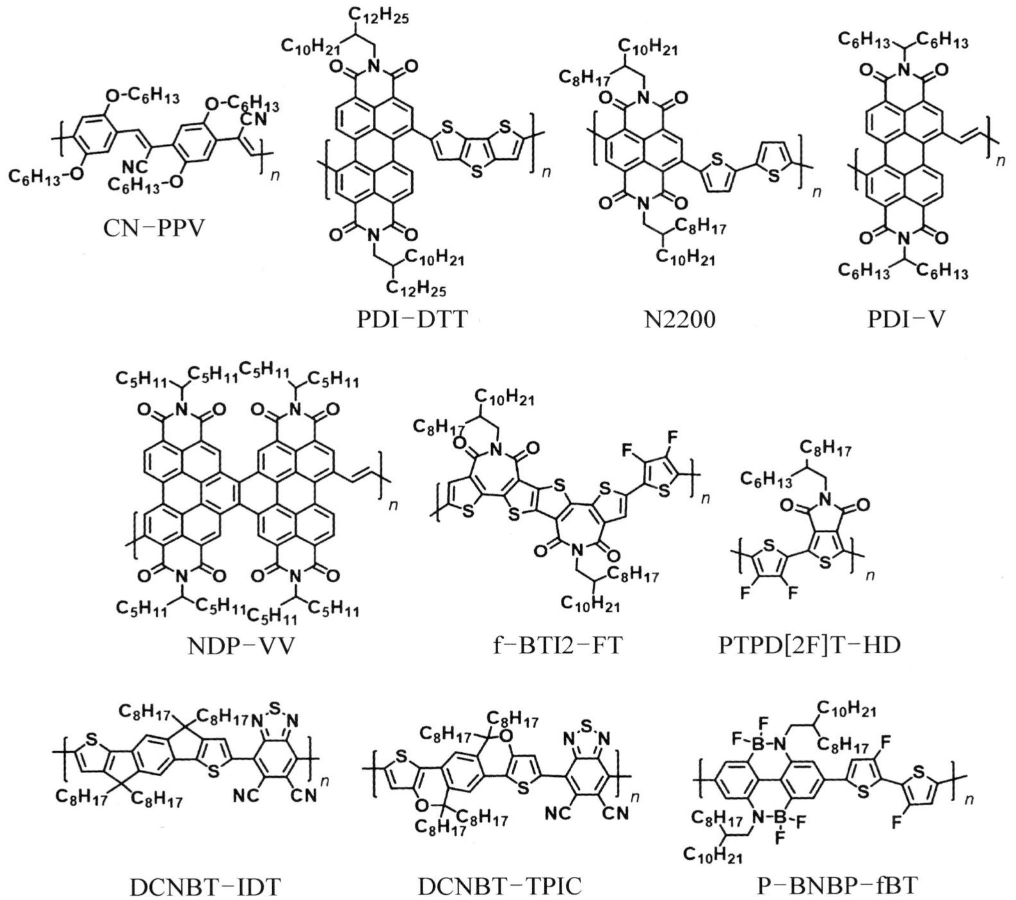

图 2-24　一些窄带隙共轭高分子受体光伏材料

基于 PDI 或 NDI 单元的 D-A 型交替共聚物是一类十分重要的高分子受体材料，通常具有较高的电子迁移率和较红的吸收光谱。2007 年，占肖卫等[135]设计了基于 PDI 和二噻吩并噻吩的聚合物 PDI-DTT（图 2-24），并与李永舫等发展的二维共轭支链聚噻吩共混制备了全聚合物光伏电池，取得了超过 1% 的 PCE。颜河等[136]报道了基于 NDI 和二联噻吩的聚合物 N2200，展示了较高的电子迁移率，该聚合物受体在全聚合物光伏电池中取得了较多的研究，在前面内容中我们已有介绍。赵达慧等将 PDI 以及稠合的双 PDI 与乙烯共聚制备了 PDI-V[137]和 NDP-V[138]，与 PTB7-Th 共混制备了电池器件，分别取得了 7.6% 和 8.48% 的 PCE。

除 PDI 和 NDI 之外，研究人员也发展了多种含酰亚胺类拉电子基团并应用于聚合物受体材料的构建。例如,郭旭岗等[139]发展了一系列基于双噻吩酰亚胺基团的聚合物受体材料,其具有更大的共轭平面和优异的电子传输特性,在全聚合物光伏电池器件中取得了优异的性能。他们将两个双噻吩酰亚胺稠合并与3,4-二氟噻吩共聚,制备了f-BTI2-FT,在电池器件中获得了1.04 V的V_{oc}和6.85%的PCE[140]。另外,含酰亚胺的TPD单元因具有较强的拉电子能力也被用于聚合物受体分子中,Beaujuge等[141]为了降低TPD类聚合物的分子能级,将3,4-二氟噻吩引入,设计制备了聚合物受体PTPD[2F]T-HD,与PTB7-Th给体共混制备了PCE为4.4%的光伏器件。

酰亚胺基高分子光伏材料在长波区域的吸收存在明显的瓶颈,很少能超过800 nm,而且在该区域的吸光系数偏低。为了改善该类材料的吸收特性,郭旭岗等[142]基于氰基BT单元与给电子性的IDT单元共聚,增强分子内电荷转移作用,设计制备了D-A型交替共聚物DCNBT-IDT,其吸收光谱带边在850 nm左右,随后他们进一步将C—O键插入IDT中,这显著提升了给电子性[143],使相应聚合物的吸收光谱带边拓宽到950 nm左右,是典型的窄带隙聚合物受体材料,基于BDT-TT的聚合物PBDTTT-E-T作为给体的电池器件取得了10.22%的PCE。

除了以上介绍的采用酰亚胺和氰基基团构建n型高分子半导体的方法,刘俊等[144]发展了基于硼—氮配位键(B←N)的聚合物受体材料体系,通过分子设计系统地调节了硼氮配位键高分子的吸收光谱、电子能级、载流子迁移率等特性。例如,他们将双B←N桥链的联吡啶与3,3-二氟-联噻吩共聚制备了聚合物P-BNBP-fBT(图2-24),将其与给体PTB7-Th匹配,所制备的电池器件可以取得6.26%的PCE[145]。

鉴于ITIC和Y6等非富勒烯受体十分优异的光伏性能,研究人员也发展了将该类型小分子受体高分子化的聚合物受体设计思路(图2-25),并基于此制备了效率突出的全聚合物光伏电池。2017年,张志国和李永舫等[146]将小分子受体IDIC-C16的端基溴化,并与含锡噻吩单元共聚得到聚合物受体PZ1,其数均分子量为33.65 kDa。相比之下,聚合物比小分子具有略微红移的吸收光谱和更高的吸收系数,在与PBDB-T匹配制备的光伏器件中,PZ1取得了9.19%的PCE,而基于小分子受体IDIC-16的光伏器件的PCE仅为3.96%。这种小分子受体高分子化的设计策略逐渐成为一种有效的发展高效率聚合物受体材料的方法[147]。近期,多个课题组[148-150]针对Y6分子进行了聚合物化,设计制备了多个聚合物受体材料,在全聚合物光伏器件中取得了12%~14%的PCE。

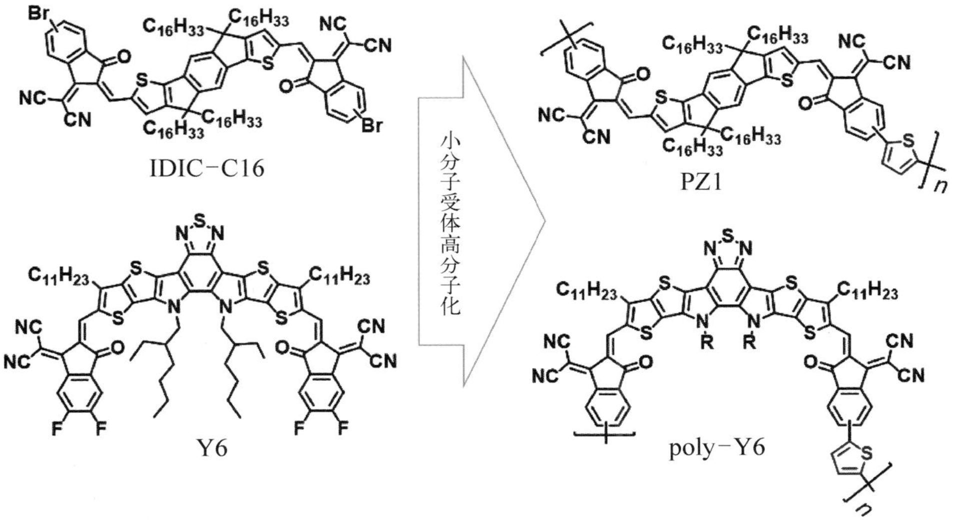

图 2-25　小分子受体高分子化的聚合物受体设计思路

在小分子受体高分子化的主题思路下,研究人员通过选择小分子受体材料、更换给体单元(如噻吩、呋喃、硒吩、BDT 等,也有采用酰亚胺等具有缺电子特性的单元),以及控制共聚位点等方法,开发了种类繁多的聚合物受体材料,不断地优化光谱、能级以及聚集态形貌等特性。目前,通过聚合物受体材料的结构优化和多元组分电池的制备,全聚合物光伏电池的 PCE 已经突破 17%[151],与基于聚合物给体和非富勒烯小分子受体电池的最高结果已相差不大,可以预见将来会有进一步的提升。

2.4　共轭高分子光伏材料的研究前沿

新型共轭高分子材料对有机光伏电池的发展具有至关重要的推动作用,当前单结聚合物太阳电池的效率已经突破了 19%,展示了巨大的商业化前景。在新形势下,高分子光伏材料的研究要以推动产业化应用为主要路线,这就要求不仅要继续提高效率,而且更要注重稳定性和成本等问题。比如,当前多数高效率的高分子光伏材料具有较为复杂的化学结构,制备过程繁杂冗长,性能批次差异大,这些因素都导致了材料成本高昂和难以大规模制备;另外,高分子光伏材料的稳定性是否能满足电池长期使用的要求,如何设计具有优良稳定性的材料体系,这些问题尚且缺乏系统的研究,等等。针对这些问题,领域内已经开展了一些前沿的探索:例如,针对高分子材料成本高的难题,李永舫等[152]采用简单易获得的单体喹喔啉和噻吩制备了聚合物系列如 PTQ10,兼具较低的成本和优异的光伏性能;侯剑辉等[153]基于经典的低成本聚噻吩乙烯类材料,优化了聚合物的聚集态结构,在光伏器件中获得了 16% 以上的 PCE。总体来说,共轭高分子光伏材料已经取得了众多瞩目的研究进展,新型高分子光伏材料的下一步发展应更多地关注实际应用,争取在我国率先实现有机光伏电池的商业化。

参考文献

[1] Cui Y,Xu Y,Yao H F,et al. Single-junction organic photovoltaic cell with 19% efficiency[J]. Advanced Materials,2021,33(41):e2102420.

[2] Zhao J B,Li Y K,Yang G F,et al. Efficient organic solar cells processed from hydrocarbon solvents[J]. Nature Energy,2016,1(2):15027.

[3] Lin Y Z,Wang J Y,Zhang Z G,et al. An electron acceptor challenging fullerenes for efficient polymer solar cells[J]. Advanced Materials,2015,27(7):1170-1174.

[4] Yuan J,Zhang Y Q,Zhou L Y,et al. Single-junction organic solar cell with over 15% efficiency using fused-ring acceptor with electron-deficient core[J]. Joule,2019,3(4):1140-1151.

[5] Li Y F. Molecular design of photovoltaic materials for polymer solar cells:Toward suitable electronic energy levels and broad absorption[J]. Accounts of Chemical Research,2012,45(5):723-733.

[6] Duan C H,Huang F,Cao Y. Recent development of push-pull conjugated polymers for bulk-heterojunction photovoltaics:Rational design and fine tailoring of molecular structures[J]. Journal of Materials Chemistry,2012,22(21):10416-10434.

[7] 耿延候,睢颖.高迁移率共轭聚合物的直接芳基化缩聚合成[J].高分子学报,2019,50(2):109-117.

[8] Li Z J,Shi Q Q,Ma X Y,et al. Efficient room temperature catalytic synthesis of alternating conjugated copolymers via C-S bond activation[J]. Nature Communications,2022,13(1):144.

[9] He Y J,Li Y F. Fullerene derivative acceptors for high performance polymer solar cells[J]. Physical Chemistry Chemical Physics,2011,13(6):1970-1983.

[10] Lenes M,Wetzelaer G J A H,Kooistra F B,et al. Fullerene bisadducts for enhanced open-circuit voltages and efficiencies in polymer solar cells[J]. Advanced Materials,2008,20(11):2116-2119.

[11] He Y J,Chen H Y,Hou J H,et al. Indene-C_{60} bisadduct:A new acceptor for high-performance polymer solar cells[J]. Journal of the American Chemical Society,2010,132(4):1377-1382.

[12] He Y J,Zhao G J,Peng B,et al. High-yield synthesis and electrochemical and photovoltaic properties of indene-C_{70} bisadduct[J]. Advanced Functional Materials,2010,20(19):3383-3389.

[13] Zhao G J,He Y J,Li Y F. 6.5% efficiency of polymer solar cells based on poly(3-hexylthiophene) and indene-C_{60} bisadduct by device optimization[J]. Advanced Materials,2010,22(39):4355-4358.

[14] Guo X, Cui C H, Zhang M J, et al. High efficiency polymer solar cells based on poly(3-hexylthiophene)/indene-C$_{70}$ bisadduct with solvent additive[J]. Energy & Environmental Science, 2012, 5(7): 7943 – 7949.

[15] Yu G, Gao J, Hummelen J C, et al. Polymer photovoltaic cells: Enhanced efficiencies via a network of internal donor-acceptor heterojunctions[J]. Science, 1995, 270(5243): 1789 – 1791.

[16] Hou J H, Fan B H, Huo L J, et al. Poly(alkylthio-p-phenylenevinylene): Synthesis and electroluminescent and photovoltaic properties[J]. Journal of Polymer Science Part A: Polymer Chemistry, 2006, 44(3): 1279 – 1290.

[17] Shen P, Ding T P, Huang H, et al. Poly(p-phenylenevinylene) derivatives with conjugated thiophene side chains: Synthesis, photophysics and photovoltaics[J]. Synthetic Metals, 2010, 160 (11/12): 1291 – 1298.

[18] Mikroyannidis J A, Kabanakis A N, Balraju P, et al. Enhanced performance of bulk heterojunction solar cells using novel alternating phenylenevinylene copolymers of low band gap with cyanovinylene 4-nitrophenyls[J]. Macromolecules, 2010, 43(13): 5544 – 5553.

[19] Brabec C J. Organic photovoltaics: Technology and market[J]. Solar Energy Materials and Solar Cells, 2004, 83(2/3): 273 – 292.

[20] Kim Y, Cook S, Tuladhar S M, et al. A strong regioregularity effect in self-organizing conjugated polymer films and high-efficiency polythiophene: Fullerene solar cells[J]. Nature Materials, 2006, 5: 197 – 203.

[21] Li G, Shrotriya V, Huang J S, et al. High-efficiency solution processable polymer photovoltaic cells by self-organization of polymer blends[J]. Nature Materials, 2005, 4: 864 – 868.

[22] McCullough R D, Lowe R D. Enhanced electrical conductivity in regioselectively synthesized poly (3-alkylthiophenes) [J]. Journal of the Chemical Society, Chemical Communications, 1992 (1): 70.

[23] Loewe R S, Ewbank P C, Liu J S, et al. Regioregular, head-to-tail coupled poly(3-alkylthiophenes) made easy by the GRIM method: Investigation of the reaction and the origin of regioselectivity[J]. Macromolecules, 2001, 34(13): 4324 – 4333.

[24] Chen T A, Rieke R D. The first regioregular head-to-tail poly(3-hexylthiophene-2, 5-diyl) and a regiorandom isopolymer: Nickel versus palladium catalysis of 2(5)-bromo-5(2)-(bromozincio)-3-hexylthiophene polymerization[J]. Journal of the American Chemical Society, 1992, 114(25): 10087 – 10088.

[25] Chen T A, Rieke R D. Polyalkylthiophenes with the smallest bandgap and the highest intrinsic conductivity[J]. Synthetic Metals, 1993, 60(2): 175 – 177.

[26] Huo L J, Zhou Y, Li Y F. Alkylthio-substituted polythiophene: Absorption and photovoltaic properties[J]. Macromolecular Rapid Communications, 2009, 30(11): 925 – 931.

[27] Hou J H, Chen T L, Zhang S Q, et al. An easy and effective method to modulate molecular energy level of poly(3-alkylthiophene) for high – V_{oc} polymer solar cells[J]. Macromolecules, 2009, 42(23): 9217 – 9219.

[28] Hu X L, Shi M M, Chen J, et al. Synthesis and photovoltaic properties of ester group functionalized polythiophene derivatives[J]. Macromolecular Rapid Communications, 2011, 32 (6): 506 – 511.

[29] Zhang M J, Guo X, Yang Y, et al. Downwards tuning the HOMO level of polythiophene by carboxylate substitution for high open-circuit-voltage polymer solar cells[J]. Polymer Chemistry, 2011, 2(12): 2900 – 2906.

[30] Zhang M J, Guo X, Ma W, et al. A polythiophene derivative with superior properties for

practical application in polymer solar cells[J]. Advanced Materials, 2014, 26(33): 5880 - 5885.

[31] Hou J H, Huo L J, He C, et al. Synthesis and absorption spectra of poly(3-(phenylenevinyl) thiophene)s with conjugated side chains[J]. Macromolecules, 2006, 39(2): 594 - 603.

[32] Hou J H, Tan Z A, Yan Y, et al. Synthesis and photovoltaic properties of two-dimensional conjugated polythiophenes with bi(thienylenevinylene) side chains[J]. Journal of the American Chemical Society, 2006, 128(14): 4911 - 4916.

[33] Hou Q, Xu Y S, Yang W, et al. Novel red-emitting fluorene-based copolymers[J]. Journal of Materials Chemistry, 2002, 12(10): 2887 - 2892.

[34] Svensson M, Zhang F, Veenstra S C, et al. High-performance polymer solar cells of an alternating polyfluorene copolymer and a fullerene derivative[J]. Advanced Materials, 2003, 15 (12): 988 - 991.

[35] Chen M H, Hou J H, Hong Z R, et al. Efficient polymer solar cells with thin active layers based on alternating polyfluorene copolymer/fullerene bulk heterojunctions[J]. Advanced Materials, 2009, 21(42): 4238 - 4242.

[36] Du C, Li C H, Li W W, et al. 9-alkylidene-9*H*-fluorene-containing polymer for high-efficiency polymer solar cells[J]. Macromolecules, 2011, 44(19): 7617 - 7624.

[37] Luo J, Hou Q, Chen J W, et al. Luminescence and photovoltaic cells of benzoselenadiazole-containing polyfluorenes[J]. Synthetic Metals, 2006, 156(5/6): 470 - 475.

[38] Chan K L, McKiernan M J, Towns C R, et al. Poly(2, 7-dibenzosilole): A blue light emitting polymer[J]. Journal of the American Chemical Society, 2005, 127(21): 7662 - 7663.

[39] Wang E G, Li C, Peng J B, et al. High-efficiency blue light-emitting polymers based on 3, 6-silafluorene and 2, 7-silafluorene[J]. Journal of Polymer Science Part A: Polymer Chemistry, 2007, 45(21): 4941 - 4949.

[40] Wang E G, Wang L, Lan L F, et al. High-performance polymer heterojunction solar cells of a polysilafluorene derivative[J]. Applied Physics Letters, 2008, 92(3): 033307.

[41] Mühlbacher D, Scharber M, Morana M, et al. High photovoltaic performance of a low-bandgap polymer[J]. Advanced Materials, 2006, 18(21): 2884 - 2889.

[42] Peet J, Kim J Y, Coates N E, et al. Efficiency enhancement in low-bandgap polymer solar cells by processing with alkane dithiols[J]. Nature Materials, 2007, 6(7): 497 - 500.

[43] Lee J K, Ma W L, Brabec C J, et al. Processing additives for improved efficiency from bulk heterojunction solar cells[J]. Journal of the American Chemical Society, 2008, 130(11): 3619 - 3623.

[44] Hou J H, Chen H Y, Zhang S Q, et al. Synthesis, characterization, and photovoltaic properties of a low band gap polymer based on silole-containing polythiophenes and 2, 1, 3-benzothiadiazole [J]. Journal of the American Chemical Society, 2008, 130(48): 16144 - 16145.

[45] Chen H Y, Hou J H, Hayden A E, et al. Silicon atom substitution enhances interchain packing in a thiophene-based polymer system[J]. Advanced Materials, 2010, 22(3): 371 - 375.

[46] Chen Y C, Yu C Y, Fan Y L, et al. Low-bandgap conjugated polymer for high efficient photovoltaic applications[J]. Chemical Communications, 2010, 46(35): 6503 - 6505.

[47] Yao H F, Ye L, Zhang H, et al. Molecular design of benzodithiophene-based organic photovoltaic materials[J]. Chemical Reviews, 2016, 116(12): 7397 - 7457.

[48] Ye L, Zhang S Q, Huo L J, et al. Molecular design toward highly efficient photovoltaic polymers based on two-dimensional conjugated benzodithiophene[J]. Accounts of Chemical Research, 2014, 47(5): 1595 - 1603.

[49] Hou J H, Park M H, Zhang S Q, et al. Bandgap and molecular energy level control of conjugated

polymer photovoltaic materials based on benzo [1, 2 - b: 4, 5 - b'] dithiophene [J]. Macromolecules, 2008, 41(16): 6012 - 6018.

[50] Liang Y Y, Feng D Q, Wu Y, et al. Highly efficient solar cell polymers developed via fine-tuning of structural and electronic properties[J]. Journal of the American Chemical Society, 2009, 131 (22): 7792 - 7799.

[51] Liang Y Y, Wu Y, Feng D Q, et al. Development of new semiconducting polymers for high performance solar cells[J]. Journal of the American Chemical Society, 2009, 131(1): 56 - 57.

[52] Chen H Y, Hou J H, Zhang S Q, et al. Polymer solar cells with enhanced open-circuit voltage and efficiency[J]. Nature Photonics, 2009, 3: 649 - 653.

[53] Liang Y Y, Xu Z, Xia J B, et al. For the bright future-bulk heterojunction polymer solar cells with power conversion efficiency of 7.4%[J]. Advanced Materials, 2010, 22(20): E135 - E138.

[54] He Z C, Zhong C M, Su S J, et al. Enhanced power-conversion efficiency in polymer solar cells using an inverted device structure[J]. Nature Photonics, 2012, 6: 591 - 595.

[55] Ouyang X H, Peng R X, Ai L, et al. Efficient polymer solar cells employing a non-conjugated small-molecule electrolyte[J]. Nature Photonics, 2015, 9: 520 - 524.

[56] Huo L J, Zhang S Q, Guo X, et al. Replacing alkoxy groups with alkylthienyl groups: A feasible approach to improve the properties of photovoltaic polymers [J]. Angewandte Chemie (International Ed in English), 2011, 50(41): 9697 - 9702.

[57] Li X H, Choy W C H, Huo L J, et al. Dual plasmonic nanostructures for high performance inverted organic solar cells[J]. Advanced Materials, 2012, 24(22): 3046 - 3052.

[58] Liao S H, Jhuo H J, Cheng Y S, et al. Fullerene derivative-doped zinc oxide nanofilm as the cathode of inverted polymer solar cells with low-bandgap polymer (PTB7 - Th) for high performance[J]. Advanced Materials, 2013, 25(34): 4766 - 4771.

[59] Zhang S Q, Ye L, Zhao W C, et al. Side chain selection for designing highly efficient photovoltaic polymers with 2D - conjugated structure[J]. Macromolecules, 2014, 47(14): 4653 - 4659.

[60] Cui C H, Wong W Y, Li Y F. Improvement of open-circuit voltage and photovoltaic properties of 2D - conjugated polymers by alkylthio substitution[J]. Energy & Environmental Science, 2014, 7 (7): 2276 - 2284.

[61] Ye L, Zhang S Q, Zhao W C, et al. Highly efficient 2D - conjugated benzodithiophene-based photovoltaic polymer with linear alkylthio side chain[J]. Chemistry of Materials, 2014, 26(12): 3603 - 3605.

[62] Yao H F, Zhang H, Ye L, et al. Molecular design and application of a photovoltaic polymer with improved optical properties and molecular energy levels[J]. Macromolecules, 2015, 48 (11): 3493 -3499.

[63] Huo L J, Huang Y, Fan B H, et al. Synthesis of a 4, 8-dialkoxy-benzo[1, 2-b: 4, 5-b']difuran unit and its application in photovoltaic polymer[J]. Chemical Communications, 2012, 48(27): 3318 - 3320.

[64] Huo L J, Ye L, Wu Y, et al. Conjugated and nonconjugated substitution effect on photovoltaic properties of benzodifuran-based photovoltaic polymers[J]. Macromolecules, 2012, 45(17): 6923 - 6929.

[65] Saadeh H A, Lu L Y, He F, et al. Polyselenopheno[3, 4 - b]selenophene for highly efficient bulk heterojunction solar cells[J]. ACS Macro Letters, 2012, 1(3): 361 - 365.

[66] Wu Y, Li Z J, Guo X, et al. Synthesis and application of dithieno[2, 3 - d: 2', 3'- d']benzo[1, 2 - b: 4, 5 - b']dithiophene in conjugated polymer[J]. Journal of Materials Chemistry, 2012, 22

(40)：21362－21365.

[67] Wu Y, Li Z J, Ma W, et al. PDT－S－T：A new polymer with optimized molecular conformation for controlled aggregation and π－π stacking and its application in efficient photovoltaic devices [J]. Advanced Materials, 2013, 25(25)：3449－3455.

[68] Zheng T Y, Lu L Y, Jackson N E, et al. Roles of quinoidal character and regioregularity in determining the optoelectronic and photovoltaic properties of conjugated copolymers [J]. Macromolecules, 2014, 47(18)：6252－6259.

[69] Huo L J, Hou J H, Zhang S Q, et al. A polybenzo[1, 2－b：4, 5－b']dithiophene derivative with deep HOMO level and its application in high-performance polymer solar cells[J]. Angewandte Chemie (International Ed in English), 2010, 49(8)：1500－1503.

[70] Zhang M J, Gu Y, Guo X, et al. Efficient polymer solar cells based on benzothiadiazole and alkylphenyl substituted benzodithiophene with a power conversion efficiency over 8% [J]. Advanced Materials, 2013, 25(35)：4944－4949.

[71] Duan C H, Furlan A, van Franeker J J, et al. Wide-bandgap benzodithiophene-benzothiadiazole copolymers for highly efficient multijunction polymer solar cells[J]. Advanced Materials, 2015, 27(30)：4461－4468.

[72] Wang M, Hu X W, Liu P, et al. Donor-acceptor conjugated polymer based on naphtho[1, 2－c：5, 6－c]bis[1, 2, 5]thiadiazole for high-performance polymer solar cells[J]. Journal of the American Chemical Society, 2011, 133(25)：9638－9641.

[73] Price S C, Stuart A C, Yang L Q, et al. Fluorine substituted conjugated polymer of medium band gap yields 7% efficiency in polymer-fullerene solar cells[J]. Journal of the American Chemical Society, 2011, 133(12)：4625－4631.

[74] Min J, Zhang Z G, Zhang S Y, et al. Conjugated side-chain-isolated D－A copolymers based on benzo[1, 2－b：4, 5－b']dithiophene-alt-dithienylbenzotriazole：Synthesis and photovoltaic properties[J]. Chemistry of Materials, 2012, 24(16)：3247－3254.

[75] Dong Y, Hu X W, Duan C H, et al. A series of new medium-bandgap conjugated polymers based on naphtho[1, 2－c：5, 6－c]bis(2－octyl－[1, 2, 3]triazole) for high-performance polymer solar cells[J]. Advanced Materials, 2013, 25(27)：3683－3688.

[76] Piliego C, Holcombe T W, Douglas J D, et al. Synthetic control of structural order in N-alkylthieno[3, 4－c]pyrrole-4, 6-dione-based polymers for efficient solar cells[J]. Journal of the American Chemical Society, 2010, 132(22)：7595－7597.

[77] Zhang Y, Hau S K, Yip H L, et al. Efficient polymer solar cells based on the copolymers of benzodithiophene and thienopyrroledione[J]. Chemistry of Materials, 2010, 22(9)：2696－2698.

[78] Zou Y P, Najari A, Berrouard P, et al. A thieno[3, 4-c]pyrrole-4, 6-dione-based copolymer for efficient solar cells[J]. Journal of the American Chemical Society, 2010, 132(15)：5330－5331.

[79] Zhang G B, Fu Y Y, Zhang Q, et al. Benzo[1, 2-b：4, 5-b']dithiophene-dioxopyrrolothiophen copolymers for high performance solar cells[J]. Chemical Communications, 2010, 46(27)：4997－4999.

[80] Cabanetos C, El Labban A, Bartelt J A, et al. Linear side chains in benzo[1, 2-b：4, 5-b'] dithiophene-thieno[3, 4-c] pyrrole-4, 6-dione polymers direct self-assembly and solar cell performance[J]. Journal of the American Chemical Society, 2013, 135(12)：4656－4659.

[81] Yuan J Y, Zhai Z C, Dong H L, et al. Efficient polymer solar cells with a high open circuit voltage of 1 volt[J]. Advanced Functional Materials, 2013, 23(7)：885－892.

[82] Guo B, Guo X, Li W B, et al. A wide-bandgap conjugated polymer for highly efficient inverted single and tandem polymer solar cells[J]. Journal of Materials Chemistry A, 2016, 4(34)：13251－

13258.

[83] Liu D L, Zhao W C, Zhang S Q, et al. Highly efficient photovoltaic polymers based on benzodithiophene and quinoxaline with deeper HOMO levels[J]. Macromolecules, 2015, 48(15): 5172 - 5178.

[84] Dou L T, Gao J, Richard E, et al. Systematic investigation of benzodithiophene- and diketopyrrolopyrrole-based low-bandgap polymers designed for single junction and tandem polymer solar cells[J]. Journal of the American Chemical Society, 2012, 134(24): 10071 - 10079.

[85] Dou L T, You J B, Yang J, et al. Tandem polymer solar cells featuring a spectrally matched low-bandgap polymer[J]. Nature Photonics, 2012, 6: 180 - 185.

[86] Li W W, Hendriks K H, Wienk M M, et al. Diketopyrrolopyrrole polymers for organic solar cells [J]. Accounts of Chemical Research, 2016, 49(1): 78 - 85.

[87] Bijleveld J C, Zoombelt A P, Mathijssen S G J, et al. Poly(diketopyrrolopyrrole-terthiophene) for ambipolar logic and photovoltaics[J]. Journal of the American Chemical Society, 2009, 131(46): 16616 - 16617.

[88] Ye L, Zhang S Q, Ma W, et al. From binary to ternary solvent: Morphology fine-tuning of D/A blends in PDPP3T-based polymer solar cells[J]. Advanced Materials, 2012, 24(47): 6335 - 6341.

[89] Hendriks K H, Li W W, Wienk M M, et al. Small-bandgap semiconducting polymers with high near-infrared photoresponse[J]. Journal of the American Chemical Society, 2014, 136 (34): 12130 -12136.

[90] Ong K H, Lim S L, Tan H S, et al. A versatile low bandgap polymer for air-stable, high-mobility field-effect transistors and efficient polymer solar cells[J]. Advanced Materials, 2011, 23(11): 1409 - 1413.

[91] Osaka I, Shimawaki M, Mori H, et al. Synthesis, characterization, and transistor and solar cell applications of a naphthobisthiadiazole-based semiconducting polymer[J]. Journal of the American Chemical Society, 2012, 134(7): 3498 - 3507.

[92] Chen Z H, Cai P, Chen J W, et al. Low band-gap conjugated polymers with strong interchain aggregation and very high hole mobility towards highly efficient thick-film polymer solar cells[J]. Advanced Materials, 2014, 26(16): 2586 - 2591.

[93] Liu Y H, Zhao J B, Li Z K, et al. Aggregation and morphology control enables multiple cases of high-efficiency polymer solar cells[J]. Nature Communications, 2014, 5: 5293.

[94] Liu X C, Nian L, Gao K, et al. Low band gap conjugated polymers combining siloxane-terminated side chains and alkyl side chains: Side-chain engineering achieving a large active layer processing window for PCE > 10% in polymer solar cells[J]. Journal of Materials Chemistry A, 2017, 5 (33): 17619 - 17631.

[95] Lin Y Z, Zhan X W. Non-fullerene acceptors for organic photovoltaics: An emerging horizon[J]. Materials Horizons, 2014, 1(5): 470 - 488.

[96] Fu H T, Wang Z H, Sun Y M. Polymer donors for high-performance non-fullerene organic solar cells[J]. Angewandte Chemie (International Ed in English), 2019, 58(14): 4442 - 4453.

[97] Zheng Z, Yao H F, Ye L, et al. PBDB - T and its derivatives: A family of polymer donors enables over 17% efficiency in organic photovoltaics [J]. Materials Today, 2020, 35 (4): 115 - 130.

[98] Qian D P, Ye L, Zhang M J, et al. Design, application, and morphology study of a new photovoltaic polymer with strong aggregation in solution state[J]. Macromolecules, 2012, 45(24): 9611 - 9617.

[99] Li W N, Zhang S Q, Zhang H, et al. The investigations of two conjugated polymers that show

distinctly different photovoltaic properties in polymer solar cells[J]. Organic Electronics, 2017, 44 (Supplement C): 42 - 49.

[100] Ye L, Jiao X C, Zhou M, et al. Manipulating aggregation and molecular orientation in all-polymer photovoltaic cells[J]. Advanced Materials, 2015, 27(39): 6046 - 6054.

[101] Zhao W C, Qian D P, Zhang S Q, et al. Fullerene-free polymer solar cells with over 11% efficiency and excellent thermal stability[J]. Advanced Materials, 2016, 28(23): 4734 - 4739.

[102] Zhao W C, Li S S, Yao H F, et al. Molecular optimization enables over 13% efficiency in organic solar cells[J]. Journal of the American Chemical Society, 2017, 139(21): 7148 - 7151.

[103] Zhang M J, Guo X, Ma W, et al. A large-bandgap conjugated polymer for versatile photovoltaic applications with high performance[J]. Advanced Materials, 2015, 27(31): 4655 - 4660.

[104] Li W N, Ye L, Li S S, et al. A high-efficiency organic solar cell enabled by the strong intramolecular electron push-pull effect of the nonfullerene acceptor[J]. Advanced Materials, 2018, 30(16): e1707170.

[105] Fan Q P, Su W Y, Wang Y, et al. Synergistic effect of fluorination on both donor and acceptor materials for high performance non-fullerene polymer solar cells with 13.5% efficiency[J]. Science China Chemistry, 2018, 61(5): 531 - 537.

[106] Zhang S Q, Qin Y P, Zhu J, et al. Over 14% efficiency in polymer solar cells enabled by a chlorinated polymer donor[J]. Advanced Materials, 2018, 30(20): e1800868.

[107] Fan Q P, Zhu Q L, Xu Z, et al. Chlorine substituted 2D - conjugated polymer for high-performance polymer solar cells with 13.1% efficiency via toluene processing[J]. Nano Energy, 2018, 48: 413 - 420.

[108] Yao H F, Wang J W, Xu Y, et al. Recent progress in chlorinated organic photovoltaic materials [J]. Accounts of Chemical Research, 2020, 53(4): 822 - 832.

[109] Huo L J, Liu T, Sun X B, et al. Single-junction organic solar cells based on a novel wide-bandgap polymer with efficiency of 9.7%[J]. Advanced Materials, 2015, 27(18): 2938 - 2944.

[110] Sun D, Meng D, Cai Y H, et al. Non-fullerene-acceptor-based bulk-heterojunction organic solar cells with efficiency over 7%[J]. Journal of the American Chemical Society, 2015, 137(34): 11156 - 11162.

[111] Meng D, Sun D, Zhong C M, et al. High-performance solution-processed non-fullerene organic solar cells based on selenophene-containing perylene bisimide acceptor[J]. Journal of the American Chemical Society, 2016, 138(1): 375 - 380.

[112] Meng D, Fu H T, Xiao C Y, et al. Three-bladed rylene propellers with three-dimensional network assembly for organic electronics[J]. Journal of the American Chemical Society, 2016, 138(32): 10184 - 10190.

[113] Lin Y Z, Zhao F W, He Q, et al. High-performance electron acceptor with thienyl side chains for organic photovoltaics[J]. Journal of the American Chemical Society, 2016, 138(14): 4955 - 4961.

[114] Yao H F, Cui Y, Qian D P, et al. 14.7% efficiency organic photovoltaic cells enabled by active materials with a large electrostatic potential difference[J]. Journal of the American Chemical Society, 2019, 141(19): 7743 - 7750.

[115] Cui Y, Yao H F, Hong L, et al. Achieving over 15% efficiency in organic photovoltaic cells via copolymer design[J]. Advanced Materials, 2019, 31(14): e1808356.

[116] Wu J N, Li G W, Fang J, et al. Random terpolymer based on thiophene-thiazolothiazole unit enabling efficient non-fullerene organic solar cells[J]. Nature Communications, 2020, 11: 4612.

[117] Zhang Z G, Bai Y, Li Y F. Benzotriazole based 2D‐conjugated polymer donors for high performance polymer solar cells[J]. Chinese Journal of Polymer Science, 2021, 39(1): 1‐13.

[118] Gao L, Zhang Z G, Xue L W, et al. All-polymer solar cells based on absorption-complementary polymer donor and acceptor with high power conversion efficiency of 8.27%[J]. Advanced Materials, 2016, 28(9): 1884‐1890.

[119] Gao L, Zhang Z G, Bin H J, et al. High-efficiency nonfullerene polymer solar cells with medium bandgap polymer donor and narrow bandgap organic semiconductor acceptor[J]. Advanced Materials, 2016, 28(37): 8288‐8295.

[120] Bin H J, Zhang Z G, Gao L, et al. Non-fullerene polymer solar cells based on alkylthio and fluorine substituted 2D‐conjugated polymers reach 9.5% efficiency[J]. Journal of the American Chemical Society, 2016, 138(13): 4657‐4664.

[121] Bin H J, Gao L, Zhang Z G, et al. 11.4% Efficiency non-fullerene polymer solar cells with trialkylsilyl substituted 2D‐conjugated polymer as donor[J]. Nature Communications, 2016, 7: 13651.

[122] Bin H J, Zhong L, Yang Y K, et al. Medium bandgap polymer donor based on Bi (trialkylsilylthienyl-benzo[1, 2-b: 4, 5-b']-difuran) for high performance nonfullerene polymer solar cells[J]. Advanced Energy Materials, 2017, 7(20): 1700746.

[123] Xue L W, Yang Y K, Xu J Q, et al. Side chain engineering on medium bandgap copolymers to suppress triplet formation for high-efficiency polymer solar cells[J]. Advanced Materials, 2017, 29(40): 1703344.

[124] Lan L Y, Chen Z M, Hu Q, et al. High-performance polymer solar cells based on a wide-bandgap polymer containing pyrrolo[3, 4‐f]benzotriazole-5, 7-dione with a power conversion efficiency of 8.63[J]. Advanced Science, 2016, 3(9): 1600032.

[125] Fan B B, Zhang K, Jiang X F, et al. High-performance nonfullerene polymer solar cells based on imide-functionalized wide-bandgap polymers[J]. Advanced Materials, 2017, 29(21): 1606396.

[126] Fan B B, Du X Y, Liu F, et al. Fine-tuning of the chemical structure of photoactive materials for highly efficient organic photovoltaics[J]. Nature Energy, 2018, 3: 1051‐1058.

[127] Fan B B, Zhang D F, Li M J, et al. Achieving over 16% efficiency for single-junction organic solar cells[J]. Science China Chemistry, 2019, 62(6): 746‐752.

[128] Fan B B, Ying L, Wang Z F, et al. Optimisation of processing solvent and molecular weight for the production of green-solvent-processed all-polymer solar cells with a power conversion efficiency over 9%[J]. Energy & Environmental Science, 2017, 10(5): 1243‐1251.

[129] Fan B B, Ying L, Zhu P, et al. All-polymer solar cells based on a conjugated polymer containing siloxane-functionalized side chains with efficiency over 10[J]. Advanced Materials, 2017, 29 (47): 1703906.

[130] Li Z Y, Ying L, Zhu P, et al. A generic green solvent concept boosting the power conversion efficiency of all-polymer solar cells to 11%[J]. Energy & Environmental Science, 2019, 12(1): 157‐163.

[131] Xu X P, Yu T, Bi Z Z, et al. Realizing over 13% efficiency in green-solvent-processed nonfullerene organic solar cells enabled by 1, 3, 4-thiadiazole-based wide-bandgap copolymers [J]. Advanced Materials, 2018, 30(3): 1703973.

[132] Liu Q S, Jiang Y F, Jin K, et al. 18% efficiency organic solar cells[J]. Science Bulletin, 2020, 65(4): 272‐275.

[133] Yu G, Heeger A J. Charge separation and photovoltaic conversion in polymer composites with internal donor/acceptor heterojunctions[J]. Journal of Applied Physics, 1995, 78(7): 4510‐

4515.

[134] Halls J J M, Walsh C A, Greenham N C, et al. Efficient photodiodes from interpenetrating polymer networks[J]. Nature, 1995, 376: 498 - 500.

[135] Zhan X W, Tan Z A, Domercq B, et al. A high-mobility electron-transport polymer with broad absorption and its use in field-effect transistors and all-polymer solar cells[J]. Journal of the American Chemical Society, 2007, 129(23): 7246 - 7247.

[136] Yan H, Chen Z H, Zheng Y, et al. A high-mobility electron-transporting polymer for printed transistors[J]. Nature, 2009, 457(7230): 679 - 686.

[137] Guo Y K, Li Y K, Awartani O, et al. A vinylene-bridged perylenediimide-based polymeric acceptor enabling efficient all-polymer solar cells processed under ambient conditions [J]. Advanced Materials, 2016, 28(38): 8483 - 8489.

[138] Guo Y K, Li Y K, Awartani O, et al. Improved performance of all-polymer solar cells enabled by naphthodiperylenetetraimide-based polymer acceptor [J]. Advanced Materials, 2017, 29 (26): 1700309.

[139] Shi Y Q, Guo H, Huang J C, et al. Distannylated bithiophene imide: Enabling high-performance n-type polymer semiconductors with an acceptor-acceptor backbone[J]. Angewandte Chemie (International Ed in English), 2020, 59(34): 14449 - 14457.

[140] Wang Y F, Yan Z L, Guo H, et al. Effects of bithiophene imide fusion on the device performance of organic thin-film transistors and all-polymer solar cells[J]. Angewandte Chemie (International Ed in English), 2017, 56(48): 15304 - 15308.

[141] Liu S J, Kan Z P, Thomas S, et al. Thieno[3, 4-c]pyrrole-4, 6-dione-3, 4-difluorothiophene polymer acceptors for efficient all-polymer bulk heterojunction solar cells [J]. Angewandte Chemie (International Ed in English), 2016, 55(42): 12996 - 13000.

[142] Shi S B, Chen P, Chen Y, et al. A narrow-bandgap n-type polymer semiconductor enabling efficient all-polymer solar cells[J]. Advanced Materials, 2019, 31(46): e1905161.

[143] Feng K, Huang J C, Zhang X H, et al. High-performance all-polymer solar cells enabled by n-type polymers with an ultranarrow bandgap down to 1.28 eV[J]. Advanced Materials, 2020, 32 (30): e2001476.

[144] Dou C D, Liu J, Wang L X. Conjugated polymers containing B←N unit as electron acceptors for all-polymer solar cells[J]. Science China Chemistry, 2017, 60(4): 450 - 459.

[145] Long X J, Ding Z C, Dou C D, et al. Polymer acceptor based on double B←N bridged bipyridine (BNBP) unit for high-efficiency all-polymer solar cells[J]. Advanced Materials, 2016, 28(30): 6504 - 6508.

[146] Zhang Z G, Yang Y K, Yao J, et al. Constructing a strongly absorbing low-bandgap polymer acceptor for high-performance all-polymer solar cells[J]. Angewandte Chemie (International Ed in English), 2017, 56(43): 13503 - 13507.

[147] Zhang Z G, Li Y F. Polymerized small-molecule acceptors for high-performance all-polymer solar cells[J]. Angewandte Chemie (International Ed in English), 2021, 60(9): 4422 - 4433.

[148] Wang W, Wu Q, Sun R, et al. Controlling molecular mass of low-band-gap polymer acceptors for high-performance all-polymer solar cells[J]. Joule, 2020, 4(5): 1070 - 1086.

[149] Jia T, Zhang J B, Zhong W K, et al. 14.4% efficiency all-polymer solar cell with broad absorption and low energy loss enabled by a novel polymer acceptor[J]. Nano Energy, 2020, 72: 104718.

[150] Du J Q, Hu K, Zhang J Y, et al. Polymerized small molecular acceptor based all-polymer solar cells with an efficiency of 16.16% via tuning polymer blend morphology by molecular design[J].

Nature Communications，2021，12(1)：5264.

[151] Sun R，Wang W，Yu H，et al. Achieving over 17% efficiency of ternary all-polymer solar cells with two well-compatible polymer acceptors[J]. Joule，2021，5(6)：1548 - 1565.

[152] Sun C K，Pan F，Bin H J，et al. A low cost and high performance polymer donor material for polymer solar cells[J]. Nature Communications，2018，9(1)：743.

[153] Ren J Z，Bi P Q，Zhang J Q，et al. Molecular design revitalizes the low-cost PTV-polymer for highly efficient organic solar cells[J]. National Science Review，2021，8(8)：nwab031.

MOLECULAR SCIENCES

Chapter 3

有机高分子电致发光材料

赵达慧，张迪，李曜，时文婧，魏蓉，朱子琦，韩含

3.1 前言

自 1977 年首例导电高分子被报道以来，科学家为拓展和完善共轭高分子的应用付出了不懈努力，高分子光电功能材料和器件因此取得了巨大的研究突破，并展现出了令人瞩目的发展前景。在各种基于共轭高分子的光电器件中，发展最为成熟的当属高分子发光二极管（polymer light-emitting diode，PLED），与之相关的研究成果广泛地推动了整个聚合物基光电器件领域的进步。截至目前，虽然 PLED 相比于小分子有机发光二极管（organic light-emitting diode，OLED）在发光效率方面还存在一定差距，高分子发光活性材料尚未在大规模商业化产品中应用。但相较于小分子发光器件存在的问题，如加工工艺大都依赖成本较高的真空蒸镀技术，小分子易于结晶和聚集的特性不利于器件的长期稳定性，且影响使用寿命等，高分子材料则展示出诸多独特的优越性[1]：① 它们更适合借助低温（通常小于 150 ℃）的溶液加工方式进行器件加工，这不仅降低了生产成本，也拓展了器件的适用范围，使塑料代替玻璃作为基板成为可能；② 高分子的结构特点也意味着它们更容易实现不同基元的稳定共价连接，得到相应的"自掺杂"材料，带来聚集动力学更为缓慢、性质更为稳定的复合材料活性层，这一特性对于减小效率滚降、延长器件寿命等十分重要；③ 高分子还具有高韧性、低密度，相应器件易于实现批量生产加工等特点。上述特征都为共轭高分子材料在电致发光领域的应用带来了巨大优势。

为了进一步提升高分子材料的电致发光性能，使其在产业化发展进程中占据更加有利的竞争地位，设计合理的新结构分子、发展高性能的新材料是推动整个领域发展的重要基础，因此成为备受关注的研究方向。要实现高性能发光材料的理性分子结构设计，需要研究者对共轭高分子的发光机理建立深刻、准确的认识，即掌握科学的构效关系。这既是高分子发光基础研究领域中的关键性科学问题，也是提升新材料设计开发效率，以适应大规模产业化发展的基本要求。

提高电致发光过程的激子利用率是高分子发光材料研究中的重要目标。电致发光的基本光物理原理如图 3-1 所示：阳极注入的空穴和阴极注入的电子被分别传输到发光层结合为激子；根据自旋统计原理，所生成的激子中 25% 为单线态，75% 为三线态激子。当发光层为传统即时荧光材料时，只有单线态激子能够以辐射跃迁方式回到基态，从而被有效用于发光。因此，基于传统有机荧光材料的 LED 器件的内量子效率上限为 25%，处于较低水平。解决这一问题的根本途径是实现三线态激子的发光，提高激子利用率。为此，研究者们提出了多种方案。一种途径是将单线态激子转化为三线态激子，然后促使全部三线态激子发射磷光退激。在这一策略中，单线态与三线态之间的转换可以利用重原子的旋轨耦合效应来实现。有研究表明，某些不含有重原子的有机分子体系也具备实现自旋反转的功能。此外，单线态裂分（singlet fission）过程也有望成为实现单线态激子向三线态激子转换的重要手段。显然，除了将单线态激子转化为三线态激子，将三线态激子转化为单线态激子，进而发射（延迟）荧光，同样可以达到提高内量子效率的目的。根据现有的研究成果，能够实现这一过程的途径主要有三种[2][3]：三线态–三线态湮灭（triplet-triplet annihilation，TTA）的延迟荧光，热活化延迟荧光（thermally activated delayed fluorescence，TADF），以及"热激子"延迟荧光（也称为杂化激发态机理，hybridized local and charge transfer，HLCT）等。除了上述单/三线态两种激子之间相互转换的策略之外，最新的研究成果表明，也可以利用自由基分子的二线态激发态发光作为摆脱低产率单线态激子束缚的另一有效手段。在电子空穴复合时产生二线态激发态的产率为 100%，二线态激发态与基态之间的弛豫又是跃迁允许的，因此自由基分子的发光在理论上也能达到最高 100% 的内量子效率。

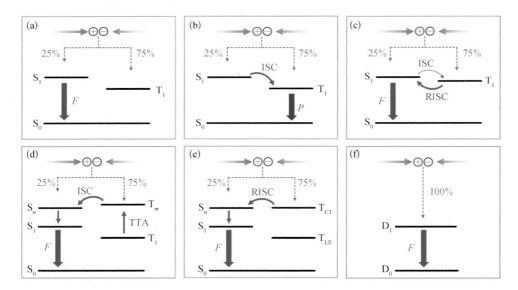

图 3-1　有机高分子材料电致发光的基本光物理原理示意图
（a）即时荧光；（b）磷光发射；（c）热活化延迟荧光（TADF）；（d）三线态–三线态湮灭（TTA）上转换至单线态激子发光；（e）"热激子"延迟荧光（HLCT）；（f）自由基二线态发光

从以上几种不同的发光机理出发，本章将对近年来高分子发光材料领域的最新研究和主要进展进行介绍和归纳，以期为高分子电致发光材料构效关系的总结以及新结构、新材料的设计提供有益的参考。本章所涵盖的内容,除已经在电致发光器件中实现应用的高分子和大分子材料之外,对有望应用于大分子结构设计的相关小分子体系及其相关理论也进行了简要介绍。同时,对少数虽然目前尚未在电致发光领域获得应用,但具备出色潜力和前景的新体系和新机制也进行了前瞻性的概述和展望。

3.2 高分子荧光材料

3.2.1 即时荧光材料

高分子即时荧光材料作为传统的高分子发光材料类型,具有结构种类多样、合成技术成熟、加工成本低廉等优势,因此目前在 PLED 的商业化开发中仍占有重要地位。此外,由于这类体系的研究历史最为长久,研究者对即时荧光发光机制的理解,以及对构效关系的分析也最为充分,所掌握的发光性质的调控方法也更加成熟多样。随着研究的日渐深入,科研工作者除了已经能够对发光颜色进行调节之外,在材料的功能提升和拓展方面也取得了显著进展,例如实现了圆偏振电致发光(circularly polarized electroluminescence,CPEL)等过程。此外,近年来围绕聚集诱导发光(aggregation-induced emission,AIE)现象开展的广泛而深入的研究工作进一步拓展了即时荧光材料的结构范围,为这一领域注入了新的活力。

1. 传统即时荧光高分子

作为即时荧光类高分子材料中最为经典的共轭主链结构,围绕聚芴(PF)和聚螺芴(PSF)结构的研究仍然开展得十分活跃(图 3 - 2)。这类材料的主要优点在于其具有很高的荧光量子产率、良好的成膜性和出色的稳定性,且可以方便地通过多种化学修饰手段进行能级调节,从而灵活地调控聚合物的发光性质。例如,聚芴作为典型的宽带隙发光材料,通过拓展主链中芳香结构的共轭面积或引入咔唑、噻唑、芴酮等窄带隙单元,就可以有效调控分子的发光波长,使其产生变化。

具体而言,常见烷基取代的聚芴发射波长峰值位于 420 nm 附近,表现为蓝光发射的性质。K. Müllen 等人研究发现,聚芴的最大有效共轭长度仅为 5 个重复单元左右,因此调节共轭长度对发光颜色的影响非常有限。为了实现发射波长的显著红移以及复合白光发射,可以向聚芴的主链中引入窄带隙单元,进而利用宽带隙与窄带隙片段之间的能量转移过程实现发光颜色的变化。在早期的工作中,研究者发现向聚芴链中引入咔唑、芴酮等不同电子效应的共聚单元,都可以使分子的发光波长

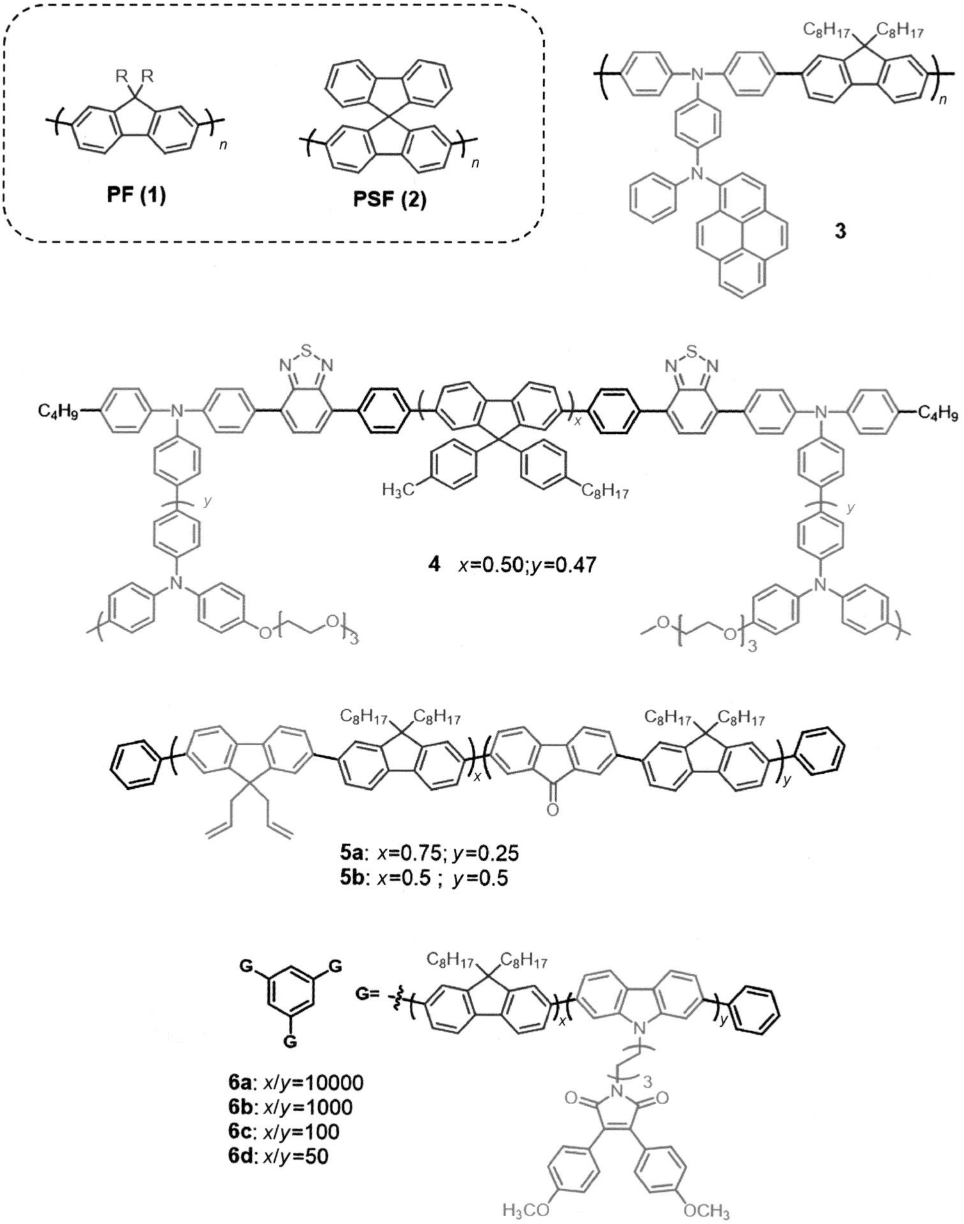

图 3-2　基于聚芴结构的即时荧光高分子

发生红移。并且，通过调节共聚单元比例，可以达到部分能量转移的效果，从而实现双峰发射的特征，并调控出复合白光。在这些研究的基础上，近期 S. Yap 课题组将芘取代的芳胺衍生物通过共聚的方式引入到聚芴主链中，借助两个片段之间的荧光共振能量转移（FRET）过程，得到了绿光发射的高分子 **3**。K. Ogino 等人进一步将窄带隙 4，7 - 双（2 - 噻吩基）- 2，1，3 - 苯并噻二唑（DBT）作为中间片段引入到三芳胺与螺芴组成的共聚物主链中，得到了发射波长红移至 600 nm 的橙光发射共聚物 **4**。通过调节共混膜中 **4** 与聚芴的比例，可以实现发射波长从橙光到白光的变化与调节。S. Koyuncu 课题组则选用芴酮和带有烯丙基侧链的芴作为共聚单元，得到了绿光发射的三组分高分子 **5**。Q. Ling 等人将芳基取代的马来酰亚胺为侧链的咔唑与芴共聚组成高分子链，合成了新型的星状高分子 **6**。该材料表现出电致白光发射的性质。随着咔唑比例的提高，器件最大电流发光效率（maximum current efficiency，CE$_{max}$）达到 6.13 cd/A。这些工作为基于聚芴的高分子发光材料设计提供了新思路、新途径。

除了在共轭高分子的主链中连接窄带隙共聚单元这一方式之外，在聚乙烯等非共轭骨架上连接荧光发射基团也成为构建荧光高分子的一种有效方法，并呈现出独特优势[4]：非共轭骨架可以通过自由基聚合方便地获得，这既能避免共轭高分子制备过程使用的过渡金属催化剂和卤素末端基团的残留对发光性质造成的不利影响，又能通过自由基聚合更加有效地控制聚合产物的分子量。在这种结构设计思路的指导下，蒽及其衍生物（**7**）、咔唑（**8**）、三芳胺（**9**）和稠环酰亚胺（**10**）等多种结构的发光基团都可以作为侧基连接到非共轭聚合物上（结构式如图 3-3 所示），用于开发高分子荧光材料。

与共轭高分子链相比，非共轭链通常具有更好的柔性，因此可以同时促进链内和链间发光基团之间的相互作用，这一特点有助于拓宽分子的发光波长范围。例如，L. M. Leung 课题组将二萘取代的蒽作为发光基元接入到聚乙烯的侧链上，得到了蓝光发射的聚合物 **7**。A. Botta 课题组则将咔唑作为荧光侧基接入到立构规整的聚乙烯骨架中，并利用所获得的聚合物分子 **8** 实现了白光 OLED 器件。A. Cappelli 课题组将富电子的三芳胺作为侧链引入苯并富烯聚合物中，得到了绿光发射的聚合物 **9**，但苯并富烯自身的聚集性质在一定程度上影响了器件效果，因此这种材料的分子结构和器件工艺都还有待进一步改进。F. Galeotti 课题组则使用染料分子苝二酰亚胺（PDI）作为发光基元，通过控制和改变 PDI 在聚苯乙烯侧基上的取代比例，得到了红光发射的高分子 **10**。将 **10** 与绿色和蓝色发光层相结合，借助发光层之间的部分能量转移，就可以得到发射复合白光的 OLED 器件。虽然相关的研究工作取得了一定的进展，但以非共轭骨架荧光高分子制备的 PLED 器件与共轭骨架的高分子相比,目前在外量子效率等方面还存在显著差距,其中的主要原因可能是激子利用程度不足,因此在后续工作中仍需对器件结构进行进一步优化。

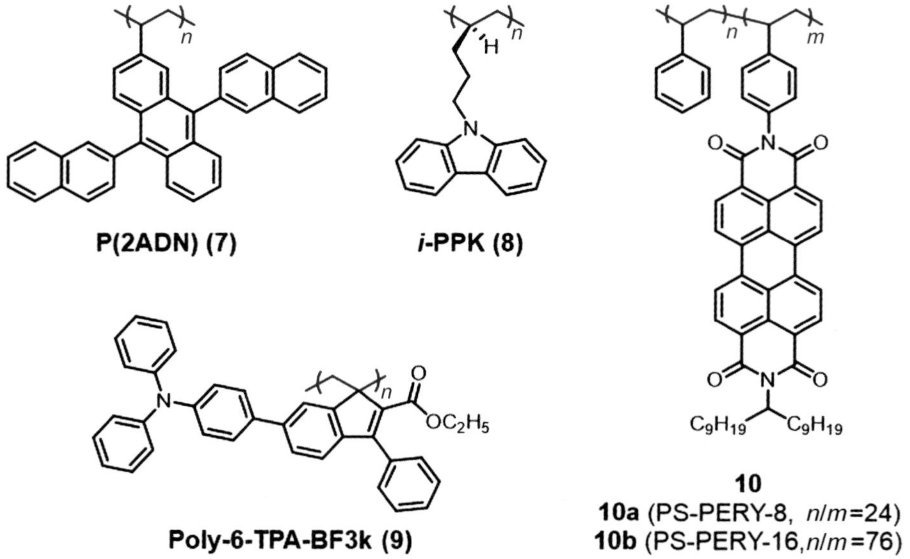

P(2ADN) (7)　　　　**i-PPK (8)**

Poly-6-TPA-BF3k (9)

10
10a (PS-PERY-8, *n/m*=24)
10b (PS-PERY-16,*n/m*=76)

图 3-3　非共轭主链的即时荧光高分子

2. 聚集诱导发射荧光高分子材料

大部分荧光分子在高浓度或凝固态条件下会发生不同程度的聚集荧光猝灭(aggregation-caused quenching,ACQ)现象而影响发光效率。因此,在 OLED 器件加工中,通常采取将发光材料作为客体分子分散到合适的主体材料中的活性层制备方式,但这一操作提高了器件制作的复杂度和工艺成本。唐本忠院士针对某些结构较为特殊的分子在固体和聚集状态下出现发光增强的现象,提出了"聚集诱导发光(AIE)"的概念。凭借这一独特性质,AIE 分子有望克服常规荧光材料发生 ACQ 的缺陷,为高效 OLED 的开发提供了新思路。在具备 AIE 特性的电致发光高分子体系中,按照发光基元的位置和材料的分子结构特征进行分类,主要有两种类型的高分子获得了较为普遍的研究和采用,即主链型 AIE 高分子和超支化 AIE 高分子。在发光基元的选择上,使用最多的 AIE 结构是四苯基乙烯(TPE)和六苯基噻咯(HPS),其他如丙烯酸酯类衍生物(FCP)、三苯基丙烯腈等新型 AIE 基元也有涉及[5]。

曹镛院士团队将具有 AIE 性质的 HPS 单元按一定比例共聚到聚芴链中,得到主链型 AIE 高分子 **11**(图 3-4)。当聚合物分子中 HPS 的共聚比例为 10%、发光层厚度为 80 nm 时,器件表现为绿光发射,并获得了 7.96 cd/A 的 CE_{max}。N. Somanathan 等人利用同样具有 AIE 特性的三苯基丙烯腈作为重复单元与芴共聚,合成出一种黄光发射的 AIE 高分子 FBPAN(**12a**)。这种材料具有很高的荧光量子产率,CE_{max} 可达 9.32 cd/A。将三苯基丙烯腈作为共聚单元以极低比例引入聚芴分子中,还可以得到具有白光发射的共聚物 PF-FBPAN(**12b**)。研究者认为该共聚物在固态下形成了规则排列的 J-聚集体,使其发光量子产率提升至 80.2%。在 OLED 器件中,该分子呈现白光发射,最大亮度超过 13 400 cd/m²,发光效率为 7.56 cd/A。李振教授等人将 AIE 基团 TPE 和荧光基元咔唑按照"A₂+B₄"的方式进行共聚,得到超支化高分子 **13**。这种材料兼具良好的电荷输入、传输性质与发光性能。使用该分子制备的 PLED 器件呈现绿光发射,发光效率为 2.13 cd/A。这一效率是其线性同系物的两倍,这也是目前文献报道中电致发光效率最高的超支化高分子之一。

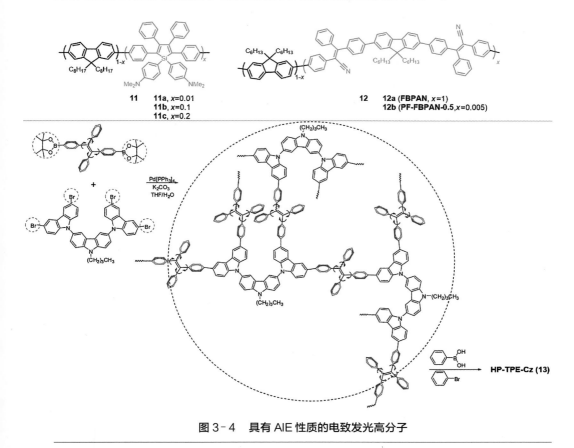

图 3-4　具有 AIE 性质的电致发光高分子

3. 圆偏振电致发光高分子材料

在高分子荧光材料获得广泛研究、材料种类大幅增加、性能不断优化的基础上，提升材料的功能价值、拓展材料的应用范围已经成为这一领域的重要发展方向。近年来，圆偏振发光在图像显示、信息加密与储存、特殊光电器件以及不对称光催化等诸多领域显示出广阔的应用前景，相关新材料的研发因此也吸引了越来越多研究者的关注。以高分子荧光材料为基础，将高分子材料在力学和加工性能方面的独特优势与圆偏振发光功能相结合，开发性能优越、适用性宽泛的新型电致圆偏振发光材料已经成为圆偏振发光领域的重要研究内容之一。

目前，利用共轭高分子实现圆偏振电致发光（CPEL）的途径主要有以下三种[6]：第一种方法是将具有手性结构特征的基团作为侧链修饰在荧光高分子主链上。例如，在芴的9位碳上连接手性烷基链，获得具有手性结构特征和圆偏振发光性质的低聚芴分子**14**（图3-5），其发光不对称因子（g_{EL}）最大值达到0.35。但利用该材料制备的电致发光器件未能获得十分理想的发光效率，CE_{max}仅为0.94 cd/A。第二种方法是在非手性结构的荧光高分子中添加手性掺杂剂，从而实现CPEL发射。该方法的优点在于一定程度上规避了手性高分子合成难度大、成本高的问题。例如，J. Campbell等人在聚（芴-噻唑）为主链的高分子**15**中分别掺杂了小分子**16**的P-和M-两种对映异构体，从而获得了CE_{max}达到4.0 cd/A、$|g_{EL}|$为0.2的新型CPEL材料。这种添加手性小分子掺杂剂的策略在换用其他手性小分子后依然奏效，证明该方法具有一定的普适性。研究者认为在手性掺杂剂的诱导下，聚合物链形成了具有扭曲构象的手性结构，从而表现出圆偏振

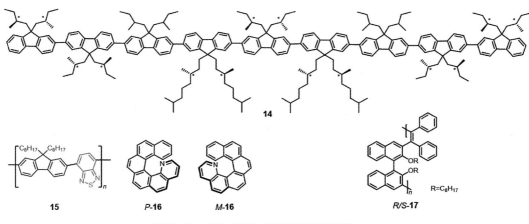

图3-5　具有 CPEL 性质的高分子材料

发光的性质。第三种方法是直接合成具有手性(螺旋)主链的高分子结构,例如带有大空阻侧基的聚乙炔分子自身就具有螺旋结构。根据目前的研究进展,这种高分子材料可以获得更高的发光不对称因子,但这种体系容易发生较为严重的荧光猝灭现象,因此发光效率一般不高。基于这一现象,成义祥等人提出利用 AIE 效应可以有效解决荧光猝灭、发光效率低的问题。根据这一思路,他们设计了高分子 R/S - **17** 的结构,并研究其 CPEL 性质。虽然目前所达到的 g_{EL} 较为有限,但合理利用 AIE 效应这一策略有望为提升具有本征螺旋构象的高分子荧光材料的 CPEL 性质提供新的契机。

3.2.2 三线态-三线态湮灭的电致发光体系

借助三线态-三线态湮灭(TTA)产生延迟荧光是指 2 个三线态激子发生湮灭,转换为 1 个单线态激子,再由单线态激发态衰减至基态并发射荧光的过程。因此在具备 TTA 能力的材料体系中,单线态和三线态激子理论上都可以被加以利用,理想状态下电致发光的内量子效率上限为 25% + 37.5% = 62.5%。目前,TTA 现象主要在蒽衍生物和并四苯衍生物等特定的稠环芳香化合物中被观察到以较高的效率发生,因此这一过程依赖特殊的材料体系才能获得运用,这在一定程度上制约了 TTA 在电致发光领域的推广和应用。因此材料种类的扩展是 TTA 体系未来发展的主要挑战。

在这类体系的器件应用中,单纯高分子的 TTA 较少被实现,高分子大多数情况下是作为分散发光小分子的主体材料被加以运用的。但 M. Aydemirl 通过低温下的超快光谱观察到芴和三芳胺的共聚物中存在 TTA 现象,并由此对该体系电致发光效率的提升进行解释。然而,近年来由于 TADF 材料的研究和发展十分迅速,TTA 机制和相关材料的局限性相对更加凸显,使得该研究方向的关注度受到影响。现阶段借助 TTA 机制的活性层材料在高分子电致发光领域的应用尚未取得显著突破。同时,与 TADF 类材料类似,TTA 体系目前也存在明显的效率滚降问题,这也成为限制其发展和应用的重要原因之一。但由于 TTA 具备独特的激子能量上转换机理,在获得高能量、短波长发射等方面具备独特优势,因此未来仍有发展的机遇和空间。

3.2.3 热活化延迟荧光材料

TADF 发射是不同于 TTA 的另一种延迟荧光的产生机制。该过程要求分子的最低单线态激发态和三线态之间具有很小的能量差（$\Delta E_\text{S-T}$），由此三线态激子借助热辅助的逆系间窜越到达单线态激发态，进而发射出（延迟）荧光。不同于 TTA 仅有低于 50% 的理论转换效率，TADF 过程中激子数目不发生改变，因此最高内量子效率仍可达 100%。

　　TADF 发光分子的结构设计通常需遵循以下两个原则：① 分子具有较小的 $\Delta E_\text{S-T}$，以促进热活化辅助的反系间窜越过程的发生；② 体系的非辐射跃迁速率较小，以保障分子具有较高的发光效率。为此，在结构设计上，为获得较小的 $\Delta E_\text{S-T}$，分子通常由给体和受体两部分结构组成，且二者之间呈现较大的二面角，以降低前线轨道的重叠积分，缩小 $\Delta E_\text{S-T}$。在获得具有显著 TADF 性质的分子材料基础上，在器件制备过程中还需要确保活性层中主体和客体材料的适当匹配，从而实现不同颜色和波长的发射，甚至全色发射；此外活性层材料的成膜性和光、热、电化学稳定性等方面也是决定器件性能的关键因素。

　　相较于小分子，TADF 高分子器件具备易于实现大面积制备、加工工艺简单便捷、成本低等优势，因此成为电致发光高分子领域近年来的热点研究对象。本节将分别从构建基元的选择和基元的连接方式两个角度分析讨论 TADF 高分子材料的设计思路，从 TADF 高分子发光颜色的调节和结构设计两个方面的研究进行介绍和总结。

1. 给受体单元结构对 TADF 高分子的发光性质调控

　　近年来基于 TADF 的高分子发光材料及器件取得了长足的发展，一系列具有不同发光性质的 TADF 高分子被合成出来，为该类器件的产业化发展奠定了重要基础[7]。首先，在 OLED 器件的各项参数中，发光颜色和色纯度是关键性的性能指标。对于 TADF 高分子材料而言，高分子链中给受体单元结构的选择和匹配是决定整体材料发光性质（图 3-6），尤其是发光波长的主要结构因素。

　　（1）蓝光材料：蓝光 TADF 分子通常具备扭转的刚性结构，由此获得较小的共轭长度、较大的 LUMO-HOMO 能级差，从而确保获得较高的单线态激子能量和蓝光发射。但这种低 HOMO、高 LUMO 的电子能级要求往往造成材料的电荷注入较为困难。因此，控制分子的共轭长度、选择合适的给受体结构，对避免发射红移并保持较高的 T_1 态能级，并由此获得较小的 $\Delta E_\text{S-T}$ 是至关重要的。在蓝光发射的 TADF 高分子设计中，通常采用给电子能力适中、T_1 能级较高的结构单元作为给体基团，例如咔唑、三芳胺、9,9-二甲基-9,10-二氢吖啶及其衍生物等。而受体单元则需要选择电子接受能力较弱、LUMO 能级低的基团，常见的如二苯砜、氰基、含氮杂环、芳基酮等。这样的给受体结构设计有助于确保电荷转移（CT）态发射不会向更低能级移动，从而提高蓝光器件的色纯度。

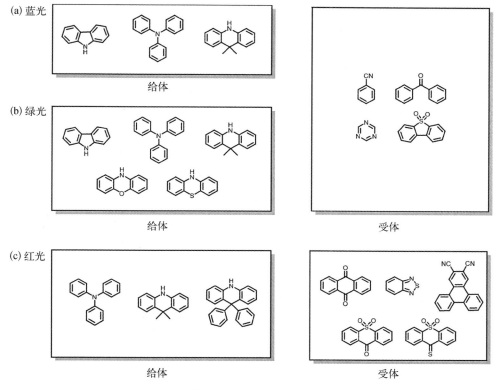

(a) 蓝光

给体

(b) 绿光

给体

受体

(c) 红光

给体

受体

图 3-6 不同发光颜色 TADF 高分子采用的典型基团

（2）绿光材料：绿光发射的 TADF 材料是研究得最为成熟的类型，所开发出的材料已经较好地实现了高发光效率和低效率滚降等特性。绿色 TADF 大分子对给受体的选择限制相比蓝光材料要少，除了适用于蓝光 TADF 材料的给体和受体结构之外，还可选择一些具有较强给电子能力的基团，例如吩噁嗪、吩噻嗪等作为给体，进而通过设计合适的共轭长度和分子扭转程度来实现绿光发射。

（3）红光材料：红光发射材料需要具备 S_1 态能级低、形成 CT 态能力强等特点，所以需要设计和利用具有较大程度共轭与较强给电子和吸电子效应的给受体结构单元。为了降低激子能量，同时实现轨道的有效重叠，往往还需要采取减少给受体之间的扭转角、延长共轭长度等措施。目前文献报道的红光发射 TADF 大分子相对较少。常用的受体基团有蒽醌、苯并噻二唑、2,3-双氰基吡嗪菲、10,10-二氧代噻吨-9-酮等具有强吸电子能力和 LUMO 能级较深的基团。

（4）白光体系：TADF 材料在高性能白光 OLED 器件的开发中具有独特优势。一方面得益于三重态激子的有效利用,器件效率得以提升;另一方面作为电荷转移态的重要性质,TADF 的发射光谱波长范围通常也比即时荧光材料更宽。在材料设计时,可以选用适宜的荧光或磷光分子作为主体材料,并在此基础上采用纯 TADF 材料或将 TADF 激基复合物作为掺杂剂。下一节将从结构特征分类的角度,对具体体系进行举例介绍。

2. TADF 高分子的结构设计

在 TADF 高分子体系的构建中,为给受体单元选择合理的连接结构和连接方式是分子设计中的关键环节。这是因为如果将给受体片段直接交替相连形成链状高分子,通常难以实现较小的 $\Delta E_{S\text{-}T}$。同时,高密度的给受体单元也容易造成聚集诱导的荧光猝灭,对发光效率造成显著不利的影响。因此,在 TADF 高分子体系的设计中,通常会在高分子骨架中引入特定的连接基元,或利用相应的主体分子片段将形成 TADF 的给受体对进行分隔,形成相对孤立的 CT 激发态和局域的 TADF 生色团。根据间隔基元与给受体对的连接方式不同,TADF 高分子主要可分为主链型、侧链型和树枝状三种类型[8](图 3-7)。

(1)主链型:主链型 TADF 高分子是指 TADF 生色团被分布在高分子主链上的结构类型。这既包括给受体片段均位于主链之中,并与共轭或非共轭的间隔基元共同构成主链的情况,也包括仅将给体(或受体)置于主链之中,而受体(给体)作为给体(受体)的侧基接枝在高分子主链上的情况。前一类结构的代表性研究成果有 C. Adachi 等人利用 N-苯基吖啶作为间隔基元,以吖啶为给体、二苯甲酮为受体进行共聚,合成了 TADF 高分子 pAcBP(**18**),这种材料具有黄色电致荧光发射能力,器件 CIE 为(0.38,0.57),CE_{max} 和 PE_{max} 分别为 31.8 cd/A 和 20.3 lm/W,EQE_{max} 达到 9.3%。而王淑萌等人则采用 TADF 单侧给体结合连接基元构筑共轭主链的策略设计合成了 TADF 高分子材料。他们以二苯甲酮为受体,咔唑和吖啶分别为两侧给体,进而以咔唑侧基与四甲基对苯撑交替共聚合成了 TADF 高分子 p(AcBPCz-TMP)(**19**)。研究者发现,尽管主链中对苯撑咔唑连接的共轭骨架降低了三线态激发态能级(^3LE_b),使小分子片段的 TADF 消失,但在苯环上修饰上四个甲基则可以有效提升 ^3LE_b 的能量,使之高于 ^3CT 激发态,从而被抑制的延迟荧光得以恢复。该高分子的电致发射波长为 507 nm,器件 EQE_{max} 高达 23.5%,CE_{max} 为 68.8 cd/A,PE_{max} 为 60.0 lm/W。一个比较特殊的、可归类于侧基悬挂的主链型 TADF 分子是 2017 年 B. Voit 等人[9]合成并研究的以咔唑取代的二苯甲酮衍生物为单体合成的环状低聚物 **20a**

和高分子 **20b**。这个体系的独特之处在于咔唑取代的二苯甲酮衍生物单体并非 TADF 分子,但借助聚合物主链的共轭结构,给电子基元的 π 共轭体系得以扩展,从而有效降低了电荷转移态的能量,减小 ΔE_{S-T},由此实现 TADF 发射。

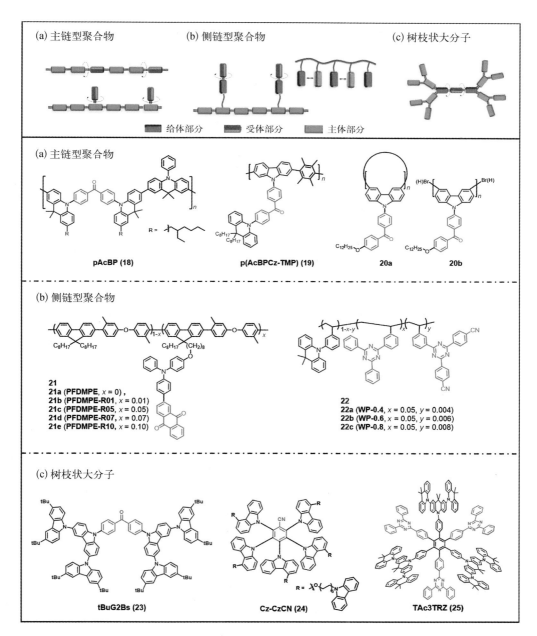

图 3-7　TADF 电致发光高分子的结构设计示意图与案例

（2）侧链型：当 TADF 生色团完全作为侧基以接枝的方式连接在共轭或者非共轭的高分子主链上时，就可以制备得到侧链型 TADF 大分子。此外，给体和受体片段也可以作为侧基分别连接到高分子主链的不同重复单元上，构成了另一种结构的侧链型 TADF 大分子。王利祥等人先以第一种思路设计合成了一系列红光发射的 TADF 高分子（**21**），其中高分子主链是由芴和二苯醚构成的交替共聚物，作为发光体系的主体结构；三芳胺取代的蒽醌作为 TADF 发光单元，通过一段柔性烷基间隔基接枝于主链中的芴侧基之上。通过对一系列包含不同接枝密度的 TADF 基元的高分子同系物进行分析研究，发现含有 5%TADF 侧基密度的 PFDMPE－R05（**21c**）分子在电致发光器件中的表现最佳，该材料的电致发光发射峰值位于 606 nm，EQE$_{max}$ 达到 5.6%，CE$_{max}$ 为 10.3 cd/A。随后，该课题组进一步设计并研究了给受体片段分别作为侧链，各自分立地悬挂于非共轭主链聚乙烯分子上的聚合物 **22**。研究者创新性地提出这种分子结构设计的理论基础在于，连接不同重复单元的给受体基团可以通过"空间电荷相互作用"的机制实现 TADF 发射，这一设想通过实验结果获得了很好的验证。在这一材料设计中，研究者采用了三苯基三嗪和二氰基三苯基三嗪两种不同受体结构基元，借助与同一给体 N-苯基吩嗪之间形成的两种空间电荷转移效应，分子 **22** 可同时实现蓝色和黄色两个波段的 TADF 发射。其中 WP－0.4（**22a**）还实现了单种大分子的白色电致发光，其 CIE 为（0.31，0.42），CE$_{max}$ 和 PE$_{max}$ 分别达到 37.9 cd/A 和 34.8 lm/W，EQE$_{max}$ 为 14.1%。由此可见，侧链型 TADF 大分子具备合成方便、易于修饰，以及性质便于灵活调节等多种优势。

（3）树枝状和超支化结构：树枝状和超支化分子所具备的优势则是可以利用其独特拓扑结构所造成的空间位阻效应，使 TADF 生色团相互隔离，从而减少分子间聚集所造成的非辐射跃迁和荧光猝灭过程。具体的体系包括以受体为核、给体为枝的结构，也可以将 TADF 单元整体作为核，再借助烷基间隔基与外围的主体材料基团相连接，构成完整的主-客体树枝化 TADF 发光体系。后一种设计可以更为有效地提高发光效率和热稳定性。其中，二苯甲酮、苯甲腈、三嗪、二苯砜、蒽醌是常用的中心核受体。2018 年，K. Fujita 等人以树枝状的咔唑作为给体、二苯甲酮为中心受体，设计合成了树枝状分子 tBuG2Bs（**23**），并将其作为非掺杂的发射层材料，获得了 17%EQE$_{max}$ 的 OLED 器件。蒋伟等人以代表性的绿光发射 TADF 基元五咔唑苯腈作为发光核心，外围通过柔性间隔基连接上多个咔唑基团，合成了树枝状分子 Cz－CzCN（**24**）。进而通过加工工艺的优化，也获得了 17% 的 EQE$_{max}$，CIE 为（0.26，0.52）。2019 年，王利祥等再次利用"空间电荷相互作用"设计思路，合成了新型树枝状分子 TAc3TRZ（**25**），将给受体基元以相互交替的方式修饰于六苯基苯外围，这种独特的结构设计使分子同时具备了 TADF 和 AIE

的性质,并展现出优异的器件性能,其 CE_{max} 达到 40.6 cd/A,EQE_{max} 也达到 14.2%。

3.2.4 "热激子"延迟荧光材料

材料学上将利用低能激发态的过程称为"冷激子"过程,而高能激发态的过程可称为"热激子"。由"热激子"产生延迟荧光机制与 TADF 有相似之处,但相比于 TADF 所经历的低能激发态之间的反系间窜越过程($T_1 \rightarrow S_1$),"热激子"延迟荧光利用的是不同高能激发态之间的反系间窜越($T_m \rightarrow S_n$,$m > 1$,$n \geqslant 1$)。这一现象最早是由马於光等人于 2008 年在三苯胺取代的蒽衍生物中发现的。因该过程中所涉及的高能激发态具备 CT 与 LE 特征的杂化态,所以它也被称为杂化激发态(HLCT)机理[图 3-1(e)]。由于具备该特性的材料在高电流密度下也较少出现三线态激子湮灭现象,因此在非掺杂的器件中也能获得较好的发光效率,从而具备独特优势。

由于热激子延迟荧光现象被发现得相对较晚,并且涉及的光物理过程也更为复杂,而且该类发光材料具有不要求掺杂的特性,因此相关的研究目前还主要集中在小分子体系,有关高分子材料的报道仍然较少。但随着对相关机理研究的逐渐深入,应用前景更为明确,材料种类也会获得相应的拓展,对材料性能的要求也会逐步提升。相信这种发光机制未来在高分子材料领域会获得更加广泛的研究和应用。

3.3 高分子磷光材料

3.3.1 含重原子的磷光材料

在明确了电致发光过程中电子空穴的复合产生大量三线态激子这一现象之后,研究者就开始着手开发磷光材料,用以提高器件内量子效率。而借助重原子的自旋-轨道耦合来提高三线态激子的辐射跃迁概率是首先被考虑的途径之一。因此,磷光金属配合物被作为第二代发光材料获得广泛研究。自 1998 年首例含 Pt 的金属配合物磷光 OLED 被报道以来,磷光过渡金属化合物与配合物作为电致发光材料的研究经历了蓬勃的发展。所涉及的金属原子也从 Pt 拓展到 Pt、Os、Ru、Au、Ir 等多种过渡元素。其中,环金属化 Ir 配合物因其突出的磷光量子产率、易于调控的激发态结构,以及出众的化学稳定性而成为研究的热点，围绕 Ir 配合物的研究开展得十分活跃，大量不同结构的分子和材料被开发和研究。因篇幅所限，本节主要介绍性质较为突出的代表性 Ir 配合物材料体系。

Ir(Ⅲ)配合物的激发态性质丰富而复杂，包含多种不同电荷特征的跃迁过程，比如金属-配体电荷转移（MLCT），配体-配体电荷转移（LLCT），以及配体为中心的跃迁（LC）等。该体系的优点在于可以通过多种方式调控 Ir(Ⅲ)配合物的激发态特征，比如通过对配位原子或配体的推拉电子特性进行调节，从而构造出不同发射波长的磷光分子。但由于磷光分子的激发态寿命较长，很容易引起浓度猝灭和三线态-三线态湮灭。为了达到抑制激子猝灭、提高器件效率的目的，采用主-客体掺杂结构是发光层设计中的常见措施，即将重金属配合物（发光分子）作为客体分散到纯有机分子的主体材料中。与传统的小分子掺杂相比，高分子体系可以实现主客体材料的共价连接，具有稳定性高、易于制膜加工等显著优势。鉴于此，近年来研究者逐渐将目光更多地投向基于 Ir(Ⅲ)配合物的高分子发光材料。

为了获得高效的高分子磷光材料，高分子主链需要与客体的金属配合物之间进行高效的能量传递[图 3-8(a)]。为达到这一目的，高分子的设计需要满足以下条件[3]：① 高分子主体材料的三线态能级应高于客体金属配合物的三线态能级，以确保主客体之间的有效能量传递；② 金属配合物基元的吸收光谱与高分子主体结构的发射光谱之间要具有一定的重叠，以确保荧光共振能量转移过程可以有效发生；③ 材料的结构还需保证较为平衡的载流子注入与传输过程的实现。

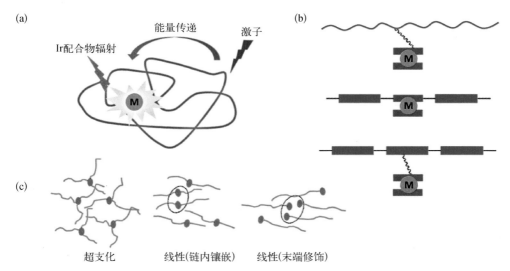

图 3-8 （a）含金属配合物的高分子主客体体系中能量传递示意图；（b）三种金属配合物高分子的连接构造方式示意图；（c）高分子链中金属配合物基团发生链间相互作用示意图[3]

从抑制激子猝灭的角度而言，还需要避免客体小分子结晶过程导致的聚集。从这个角度而言，高分子主体材料具有显著的优势。可以将磷光基团通过化学键以适当的方式和密度连接到能级结构合适的高分子主体材料中，从而有效解决客体小分子的结晶与自猝灭问题。根据高分子共轭性以及金属配合物连接位点的不同，高分子磷光材料通常分为三种类型[图 3-8(b)]，分别为金属配合物作为侧基连接到脂肪高分子主链上、金属中配合物作为侧基连接于芳香高分子主链，以及金属配合物镶嵌在高分子主链内的情况。以下是一些实现了较高电致发光器件效率的 Ir 配合物构成的高分子磷光材料的具体研究实例。

目前采用最为普遍的非共轭主链的高分子主体材料是聚(N-乙烯基咔唑)，简称 PVK。它的主要特点是具有较高的三线态能级(3.0 eV)和良好的空穴传输能力。S. Tokito 等人报道的 GPP(**26**)分子就是利用 PVK 为主链，以 Ir(Ⅲ)配合物为侧基，同时保持金属配合以较低的掺杂比例出现，由此获得了单色高分子磷光。通过优化器件结构，利用该材料制备的绿光 OLED 实现了 11.0% 的 EQE$_{max}$。M. Suzuki 等人将 Ir 磷光基团、空穴传输基元，以及电子传输基元分别以特定比例连接在非共轭的聚烯烃主链上，获得了绿光 OLED 材料 **27**，通过阴极材料的修饰和电子传输基元浓度的优化，使器件 EQE$_{max}$ 达到了 11.8%。

曹镛等人以 2-(1-萘)吡啶基和 2-(2-萘)吡啶基双环 Ir 配合物的键合异构体为磷光基元，设计开发了一系列 Ir(Ⅲ)配合物位于主链内的高分子磷光材料(图 3-9)，其中红光高分子 PF1-NpyIm(**28**)的电致发光波长峰值位于 630 nm，器件的 EQE$_{max}$ 达到 6.5%。

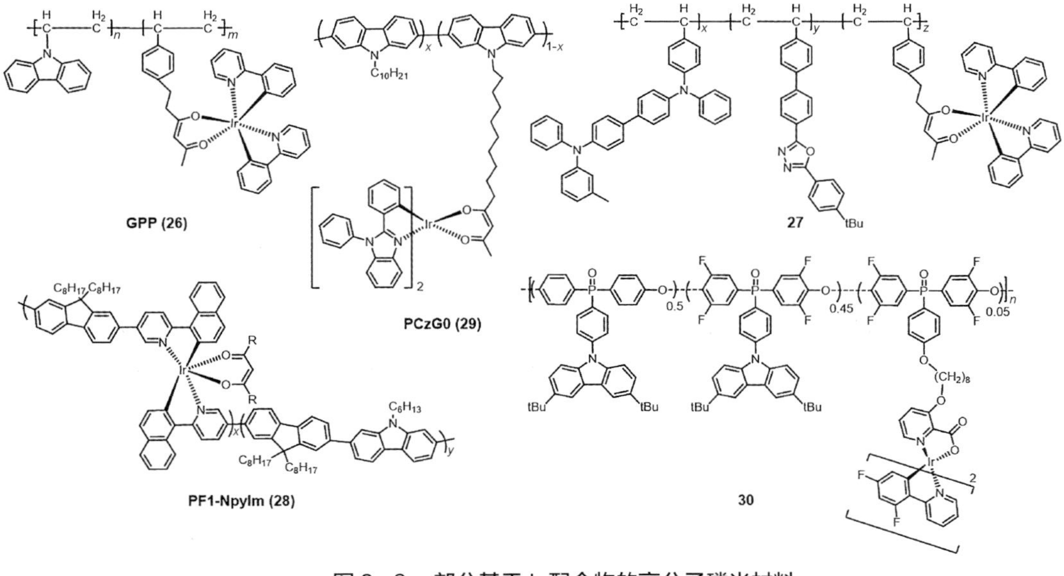

图 3-9　部分基于 Ir 配合物的高分子磷光材料

对于红光和绿光发射的磷光高分子,聚芴和聚咔唑等共轭结构都是较为常用的主体材料。这类材料的主要优点在于其具有良好的载流子传输能力,还可以通过改变主链重复单元进行调控和优化,三线态能级也可以方便地通过引入共聚单元的方式进行调节,以确保其高于相应的磷光客体掺杂剂,从而避免三线态能量回传的问题。王利祥等人采用聚咔唑作为共轭主链,通过柔性脂肪间隔基,以特定密度连接双环金属化 Ir 配合物作为侧链,获得了绿光发射的线性共轭高分子 PCzG0(29),其 EQE_{max} 达到了 9.6%。随后他们又改进了主链结构,设计了以含氟聚芳基醚氧化膦为主链、Ir 配合物为侧链的新型蓝光电致磷光高分子 30。这里主链较高的三线态能级(2.9 eV)是实现高纯度蓝光发射的重要保障,同时获得了 9.0% 的 EQE_{max}。

尽管上述体系的设计获得了一定成功,但由于受到强烈的链间相互作用的影响,基于 Ir(Ⅲ)配合物的线性共轭高分子的发光性能通常会出现磷光自猝灭的现象[图 3-8(c)]。为了解决这一问题,研究者们设计了 Ir(Ⅲ)配合物的树枝状大分子。借助树枝状分子所具有的独特的三维空间结构,将 Ir(Ⅲ)配合物设计置于树形结构核心,就可以利用其周围的树枝结构有效屏蔽和阻隔分子间相互作用,由此抑制磷光的自猝灭,从而有效提高固态下的发射效率(图 3-10)。P. L. Burn 等人将联苯型的分枝(dendrons)接到面式三环金属化铱上得到分子 31,将其掺杂入主体三咔唑基三苯胺中,可以获得最大 16% 的量子产率。研究者后续还揭示了分枝的锚定位置和分枝数量都会影响发光的颜色,分枝越多,发光量子产率越高。为了分析并厘清分子尺寸与其发光行为的关系,研究者们分别设计并考察了一些具有多级分支的树枝状分子。黄维扬和谢志元等人合成了基于三芳胺基吡啶为配体的三环金属化 Ir 分子 32,发现该材料具有深红色的电致发光现象,器件的 EQE_{max} 为 11.7%。王利祥等人利用给电子咔唑多位点取代苯基苯并咪唑为配体,合成了三环金属化 Ir 分子 33。通过六个咔唑的取代,不仅改善了电荷传输,更提升了发光中心 Ir 周围咔唑的密度,达到了更加有效的屏蔽作用。实验结果说明,薄膜中聚集诱导激子猝灭显著降低,33 分子在非掺杂器件中获得了 13.4% 的 EQE_{max}。接下来,通过引入体积更大、代数更高的咔唑分枝,该课题组进一步设计了以三噻吩喹啉 Ir 为中心的三级树枝状大分子 34。该分子在非掺杂器件中 EQE_{max} 已达到 10.5%,而将其分散于适宜的主体材料中之后,电致发光器件展示出了高达 18.3% 的 EQE_{max}。与其他类型的蓝光电致发光材料的情况类似,蓝光发射的磷光高分子材料的开发难度更大。但通过合理的分子设计,树枝状 Ir 配合物大分子中也发展出了一些效果较好的蓝光器件材料。例如,王利祥课题组合成了分子 35,通过在苯吡啶配体上修饰具备特定电子效应的取代基,从而达到了降低 HOMO,同时抬升 LUMO 的效果,获得了具有蓝光发射能力的 Ir 配合物。再将咔唑分枝共价非共轭地连接在环金属配体上，从而构造出性能理想的蓝色磷光分子，并获得 EQE_{max} 达到 15.3% 的蓝光器件。

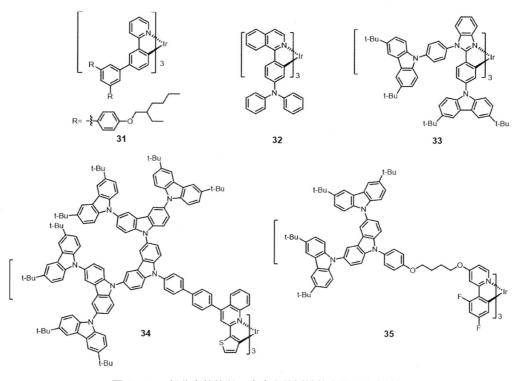

图 3-10　部分高效的以 Ir 为中心的树枝状大分子磷光材料

3.3.2　纯有机室温磷光材料

与需要借助重原子效应的磷光材料相比，安全性更高、成本更低的纯有机室温磷光 (room temperature phosphorescence，RTP)材料近年来吸引了越来越多研究者的关注。为解决室温下有机分子的三线态易被水氧猝灭和发生热失活等问题，目前研究中较多采用晶体工程的策略来加以解决，即通过高度有序的晶体结构或刚性包埋材料实现室温磷光发射。但在 OLED 活性层中保持刚性环境并非易事，这为器件的制作加工带来了较大的难度，因此这一策略目前在器件中的应用效果还不十分理想，应用前景尚不明朗。但是，将磷光基团掺入高分子中，制备高分子材料则成为实现室温磷光的另一种新兴手段。高分子材料可以提供相对刚性的环境，限制多种非辐射跃迁过程，其缠绕结构也为水氧的隔绝提供了有利条件;高分子材料的性质对于器件的制作加工也更为有利。因此,虽然目前将室温磷光高分子材料应用于电致发光器件的成功实例还十分有限,但对其发光性质的研究已是方兴未艾,并在 PLED 中展现了良好的应用前景[10]。

1. 芳香性磷光小分子为客体的高分子体系

借助高分子作为主体材料的室温磷光体系主要有物理封装和化学修饰两种设计策略。将有机磷光小分子通过物理方法直接封装到高分子基质中的方式,不仅易于加工,同时可以达到很好地抑制非辐射跃迁过程的目的。通常,可以采用聚甲基丙烯酸甲酯(PMMA)、聚乙烯醇(PVA)及聚乳酸(PLA)等透明度高且具有强氢键作用的高分子作为基质。例如,将有机磷光小分子 **36** 掺入到 PVA 中就可形成有效的室温磷光体系[图 3-11(a)]。小分子和高分子链间存在的氢键、卤键等次级相互作用限制了客体分子的热运动,卤键还增强了旋轨偶合效应以及单线态与三线态之间的系间窜越能力,从而实现磷光发射。同时,如果将高分子链间进行交联,则可以进一步提高体系的刚性,进而抑制振动耗散,提供室温磷光性能。图 3-11(b)所示的体系就是利用了 PVA 的交联过程,提高了材料的磷光寿命和量子产率。此外,高分子主体与磷光客体小分子形成激基复合物也是延长室温磷光寿命的重要方式之一(详见室温长余辉材料部分)。

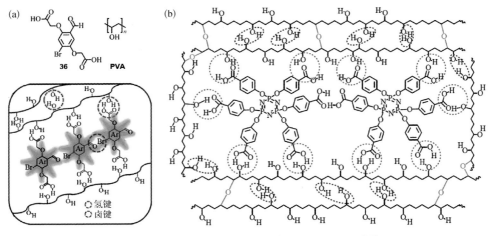

图 3-11　物理封装法得到的室温磷光高分子材料[10]

除了物理封装之外,将磷光小分子通过共价键与高分子链连接能够更好地抑制热运动等非辐射耗散途径,从而增强磷光发射。按照磷光基团连接位置的不同,材料体系可以分为以下三种类型(图 3-12):磷光基元作为末端基团与高分子链相连(**37,38**)、磷光基团通过间隔基元作为高分子的侧链进行共价连接(**39**～**42**),以及磷光基团直接参与构成高分子的主链(**43**)。值得一提的是,在化学修饰方法中,同样可以借助高分子链的交联来进一步提高室温磷光效率。

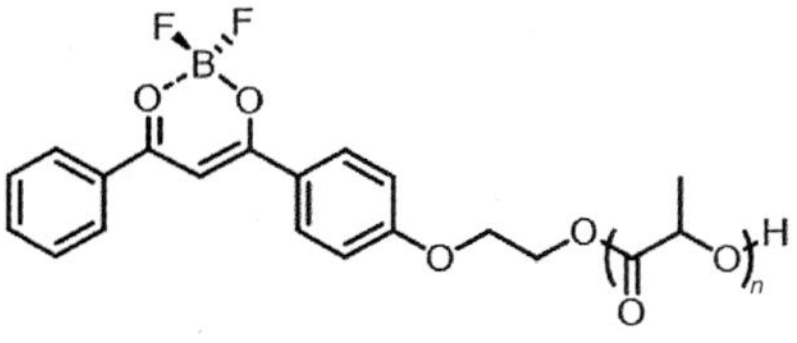

37

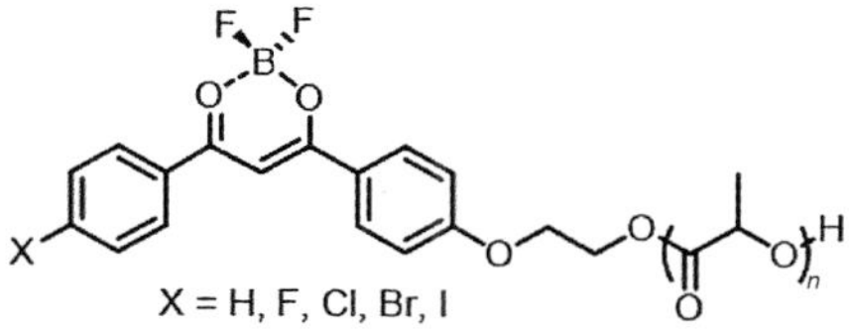

38

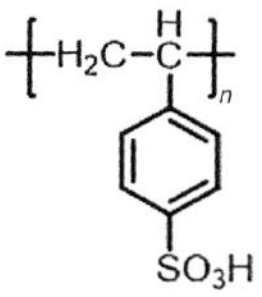

39

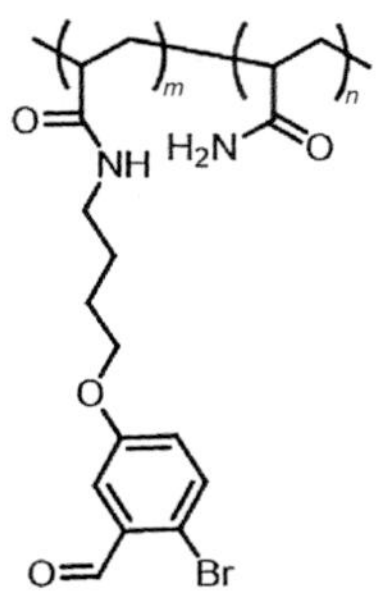

40

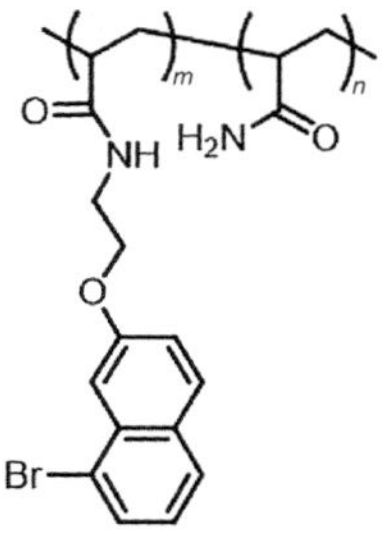

41

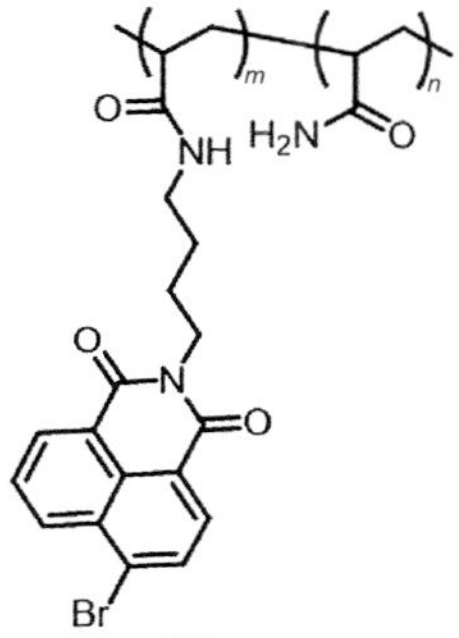

42

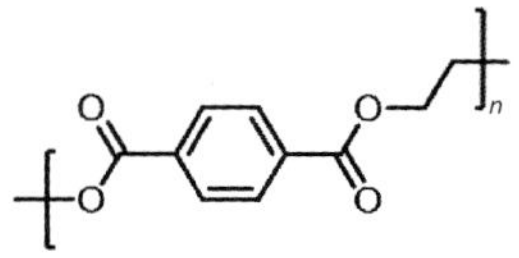

43

图 3－12　化学修饰法构造的室温磷光高分子材料

2. 非芳香性磷光高分子体系

有机磷光发射通常发生在芳香结构体系内,这是因为非芳香分子链具有柔性结构,热运动较为剧烈,更容易通过非辐射耗散的方式产生能量损失。但在一些天然的非芳香高分子中,如某些淀粉和纤维素,也观察到了磷光发射。基于这种现象开展分析研究,研究者发展出了一些非芳香性的磷光高分子材料,并得出结论:在非芳香体系中,具有孤对电子的杂原子的存在对磷光发射至关重要。一方面,晶态中杂原子的电子云会发生重叠和共享,从而形成新的低能隙簇状(clustered)富电子发色团,延长了有效共轭长度;另一方面,杂原子间所形成的氢键等分子间相互作用还具有显著抑制非辐射衰减的作用。

3. 室温长余辉材料

有机长余辉发光(organic long persistent luminescence, OLPL)材料的独特发光性

能使其在生物成像、信息加密等领域展现出广阔的应用前景。虽然关于有机室温磷光材料的研究已经开展了相当长的时间，但大多数材料的发光寿命依然较短，无法与无机长余辉材料相提并论。2017 年，C. Adachi 等人提出当有机分子内部能够产生光诱导的电离态和电荷分离态时，也可以获得很长的发光寿命，并由此研制出了首例弱辐射下就可以在室温下持续发光超过 1 小时的有机长余辉发光材料。

2018 年，C. Adachi 等人[11]利用类似的策略设计出了一种室温长余辉高分子材料，将少量电子给体 TMB(**47**)混入高分子受体 PBPO(**46**)中形成激基复合物，成功实现了在室温下超过 7 min 的长余辉发光，这也是以高分子为基质的首例长余辉发光[图 3 - 13 (a)]。此外，赵彦利等人[12]通过在聚磷腈的侧基上共价连接咔唑的方法，实现了纯高分子体系 **48** 和 **49** 的长余辉发射。进而，将该高分子分散在 PVC 基质中，最长余晖时间可达 12 s，并且可以通过改变激发波长调节其发射性质[图 3 - 13(b)]。

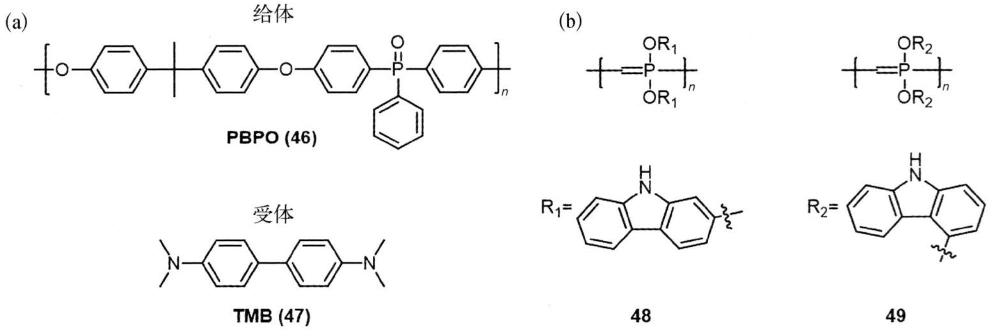

图 3 - 13　室温长余辉高分子材料

虽然目前针对有机长余辉材料的表征和应用主要局限在光致发光方面，但在未来也有可能与电致发光结合，应用于信息加密、能量储存以及光电传感等方面。

参考文献

[1] Blom P W M. Polymer electronics：To be or not to be? [J]. Advanced Materials Technologies，2020，5(6)：2000144.

[2] Wei Q，Fei N N，Islam A，et al. Small-molecule emitters with high quantum efficiency：Mechanisms，structures，and applications in OLED devices[J]. Advanced Optical Materials，2018，6(20)：1800512.

[3] Tao P，Miao Y Q，Wang H，et al. High-performance organic electroluminescence：Design

from organic light-emitting materials to devices[J]. Chemical Record, 2019, 19(8): 1531 - 1561.

[4] Zhou S Y, Wan H B, Zhou F, et al. AIEgens-lightened functional polymers: Synthesis, properties and applications[J]. Chinese Journal of Polymer Science, 2019, 37(4): 302 - 326.

[5] Zhang D W, Li M, Chen C F. Recent advances in circularly polarized electroluminescence based on organic light-emitting diodes[J]. Chemical Society Reviews, 2020, 49(5): 1331 - 1343.

[6] Wong M Y. Recent advances in polymer organic light-emitting diodes (PLED) using non-conjugated polymers as the emitting layer and contrasting them with conjugated counterparts[J]. Journal of Electronic Materials, 2017, 46(11): 6246 - 6281.

[7] Wang S M, Zhang H Y, Zhang B H, et al. Towards high-power-efficiency solution-processed OLEDs: Material and device perspectives[J]. Materials Science and Engineering: R: Reports, 2020, 140: 100547.

[8] Jiang T C, Liu Y C, Ren Z J, et al. The design, synthesis and performance of thermally activated delayed fluorescence macromolecules[J]. Polymer Chemistry, 2020, 11(9): 1555 - 1571.

[9] Wei Q, Kleine P, Karpov Y, et al. Conjugation-induced thermally activated delayed fluorescence (TADF): From conventional non-TADF units to TADF-active polymers[J]. Advanced Functional Materials, 2017, 27(7): 1605051.

[10] Fang M M, Yang J, Li Z. Recent advances in purely organic room temperature phosphorescence polymer[J]. Chinese Journal of Polymer Science, 2019, 37(4): 383 - 393.

[11] Lin Z S, Kabe R, Nishimura N, et al. Organic long-persistent luminescence from a flexible and transparent doped polymer[J]. Advanced Materials, 2018, 30(45): e1803713.

[12] Wang Z H, Zhang Y F, Wang C, et al. Color-tunable polymeric long-persistent luminescence based on polyphosphazenes[J]. Advanced Materials, 2020, 32(7): e1907355.

MOLECULAR SCIENCES

Chapter 4

第 4 章

有机高分子场效应
材料与器件

董焕丽，张逸寒

4.1 引言

有机场效应晶体管(organic field-effect transistor,OFET)是一类以有机高分子半导体材料为载流子输运层的、通过栅压调控电流大小的有源器件,在全有机主动显示、忆阻器件、互补逻辑电路、大规模集成电路,以及传感器等领域具有重要的潜在应用前景。有机高分子场效应材料具有性能易于调控、可溶液加工、适合大批量生产和低成本等优点,更为重要的是它们的使用可以有效地突破硅基晶体管器件在柔性方面的限制,这必将极大地提高电子产品的可穿戴性和生物兼容性,从而有力促进信息、科技、生命、能源领域的技术革新,带来新一轮的产业革命。正因如此,自 20 世纪 90 年代 Tsumura 等人首次成功制备了以聚噻吩为载流子传输层的 OFET 器件以来,国内外的科研机构或大型跨国公司都投入了巨大的人力和财力进行有机高分子场效应材料的开发及其 OFET 器件功能化的研究。

作为 OFET 器件的核心组成部分,高性能有机高分子场效应材料的开发对于高性能 OFET 器件的构筑具有非常重要的意义。经过过去几十年化学合成工作者的不断努力,目前已有上千余种新型有机高分子场效应材料被成功地设计和合成出来。按照载流子输运类别不同,有机高分子场效应材料可以分成 p 型、n 型及双极性材料三种类型。按照分子量大小的不同,有机高分子场效应材料可分为小分子材料和高分子(聚合物)材料两种类型。最近介观聚合物作为一类新概念材料也被提出,其显示了优异的载流子传输特性和可溶液加工性。此外,从调控材料本征机械性能与柔性角度出发,最近有限共轭高分子材料体系也引起了科研人员的广泛关注。

OFET 器件的性能不但和场效应材料结构密切相关,而且和场效应材料分子的聚集态结构密切相关。大量研究表明,高度有序和紧密堆积的分子聚集态结构更有利于实现高效的电荷传输特性及器件性能。调控分子材料的多层次聚集态结构是该领域研究中的另一个重要研究内容。目前,各种各样的加工工艺,譬如取向基底诱导法、溶液剪切法、线棒刮涂法等被用于分子材料聚集态结构的调控与优化,在大面积高度有序小分子及高分子薄膜方面取得了重要进展。此外,相比薄膜,有机单晶优异的分子长程有序结构和确定的堆积模式对于高性能 OFET 器件构筑及结构与性能构效关系研究方面具有重要意义。随着研究者对于分子聚集态行为认识的不断加深及新型组装技术的不断发展,目前这方面的研究已由早期的对于高质量有机微纳单晶的研究拓展到了大面积高质量有机晶态膜的研究,这为后续大面积器件阵列及集成器件研究奠定了良好的材料基础。

随着高性能有机高分子场效应材料的不断开发及分子聚集态技术的发展,OFET 器件的性能也获得了显著的提升,其载流子迁移率已由最初的 10^{-5} cm^2/(V·s)提高到了超过 10 cm^2/(V·s)的水平,大面积阵列化 OFET 器件阵列及功能集成器件研究方面也取得了重要进展。譬如,基于有机场效应晶体管的光控晶体管器件在柔性传感器件方面获得了广泛研究。近期,随着高迁移率发光材料研究方面的新突破,有机发光场效应晶体管器件(organic light-emitting transistor,OLET)也再次引起研究者的广泛兴趣,有机场效应晶体管光波导(organic field-effect optical waveguide)新概念器件也被提出,这些研究工作代表了该领域的一些最新研究方向,为有机电子学器件和光子学器件的集成建立了一个良好的连接桥梁。

4.2 有机小分子场效应材料

4.2.1 p 型小分子场效应材料

在有机场效应材料中,小分子材料因其相对简便的纯化与表征手段、较高的结晶性,以及较小的批次差异等诸多优势而被广泛研究。在近几十年中,一系列明星小分子场效应材料,如并五苯、红荧烯、C8 - BTBT 及酞菁氧钛(TiOPc)等,在其结构基元(图 4-1)的基础上,取得了长足的发展。以下,我们将按照由简到繁的顺序,简单介绍典型的 p 型小分子场效应材料(图 4-2)。

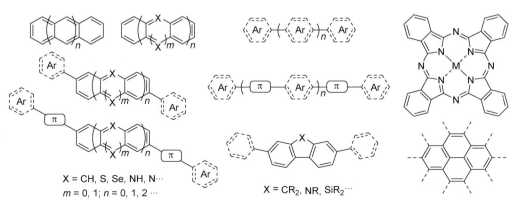

图 4-1　p 型小分子场效应材料的经典结构基元

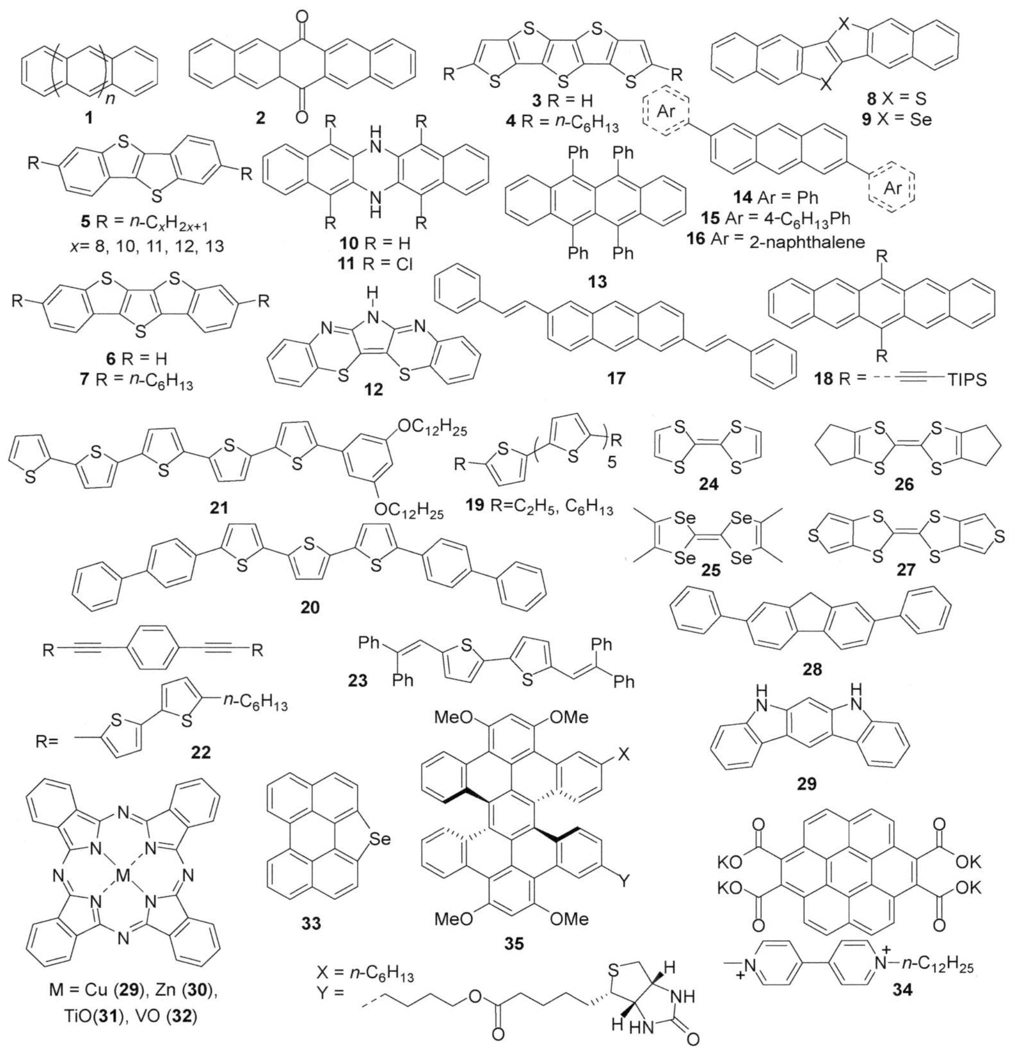

图 4-2 p型小分子场效应材料化学结构式

在小分子场效应材料中，结构最简单、研究最成熟的材料为并苯类材料。并苯类材料具有石墨烯的基元结构，有强烈的分子间相互作用，容易形成紧密堆积，从而具有良好的电传输特性。然而由于并苯的 π 体系拓展受到逐渐增强的化学反应活性的限制，无限延展并苯共轭体系困难重重。因此，研究人员逐渐发展了通过单键、π桥拓展并苯共轭体系的方法并取得了丰硕成果。此外，联芳香化合物的发展可视为用单键、π桥将多个芳香体系连接并拓展，形成寡聚物。与联芳香化合物不同，梯形化合物可视为将联芳香化合物中的单键连接加强为并列的两根单键连接。由于新引入的化学键在不参与原有芳香环共轭的情况下固定了不同芳香基团的旋转，因此梯形化合物往往能在不损失联芳香化合物发光等性能的前提下，展现出优于联芳香化合物的迁移特性。如果将并苯类材料及其衍生物视为在一维芳香上拓展共轭体系，那么大环化合物、稠环芳烃（polycyclic aromatic hydrocarbon，PAH）便可视为在两个方向上对共轭体系进行拓展。由于共轭面积扩大、修饰位点增多、π-π堆积加强，此类化合物可能展现出更丰富的堆积形貌，从而在检测、液晶等领域有着广泛的应用。

1. 并苯与杂并苯

并苯类材料（**1**）由多个苯环并排稠合而成，具有与单层石墨，即石墨烯相似的共轭结构，通常来说，并苯及其衍生物具有良好的场效应性能。本部分将从最简单的并苯开始，简述并苯及杂原子取代的并苯（杂并苯）类材料。

萘由两个苯环并列稠合而成，可被视为最简单的并苯材料（**1**，$n = 0$）。1985 年，Warta 与 Karl 课题组采用飞行时间（time of flight，TOF）方法研究了萘单晶中的迁移率，[1]然而萘单晶的场效应性能却很少被研究。蒽（**1**，$n = 1$）作为最早被研究的有机半导体，[2]具有强的分子间作用力、良好的空气稳定性以及优异的发光性能，最早[3]且广泛应用于各种有机电致发光器件。由于蒽已经具有了一定并苯材料的特性，其低温下的薄膜已经能展现出 0.02 cm²/(V·s) 的场效应迁移率，[4]通常来说，随着并苯类材料共轭体系的拓展，材料分子的电子云重叠度增加，这导致分子的转移积分增大，重组能减小，迁移率增加。2006 年，鲍哲南课题组向旋涂的绝缘层及光刻的金属电极上转移预先生长的并四苯单晶，[5]并在构筑的微型单晶场效应晶体管中，实现了 2.4 cm²/(V·s) 的迁移率。Kelley 课题组的研究表明，[6]并五苯（**1**，$n = 3$）薄膜拥有 5 cm²/(V·s) 的迁移率及 10^6 的开关比。

虽然共轭体系的扩大能有效提高并苯体系的迁移率，但是随着共轭体系的扩大，并苯体系的带隙逐渐减小，这使得材料的光不稳定性逐渐增强，逐渐升高的 HOMO 能级使得材料对氧气的稳定性降低。[7]例如，并五苯在大气条件下容易形成二聚体或三聚体，或者被氧化为并五苯醌（**2**，pentacenequinone，PQ）。此外，随着共轭体系的扩展，并苯类材料的纯化变得更加困难。即使经过多次升华，并五苯中的

PQ 含量依然达到 0.028%。[8] 然而正因为具有与并五苯类似的分子结构，以 PQ 为绝缘层的并五苯单晶晶体管拥有缺陷较少的活性层-绝缘层界面。Palstra 课题组的研究表明，[9] 以 PQ 为绝缘层的并五苯单晶晶体管甚至拥有高达 40 cm²/(V·s) 的迁移率。

当并苯材料中某个或某些碳原子被其他元素原子取代时，得到的材料为杂并苯。根据取代元素的不同，杂并苯可包含硫族杂并苯和氮杂并苯等。由于杂原子与碳原子电负性、分子间相互作用、原子半径等特性的差异，杂并苯可以展现出丰富的堆积形貌，并可展现出包含 p 型、双极性到 n 型的多样化迁移特性。

由于具有与苯环相似的电子结构，五元环体系的硫族杂环如噻吩、硒吩类材料，具有类似并苯的电学性质。而由于减少了成环原子数且引入了杂原子，硫族杂并苯相比经典并苯具有独特的晶体学与化学性质。[10] 首先，由于满足芳香性规则，硫族杂并苯具有芳香性。其次，由于硫族原子取代了 CH₂ 基团，空间位阻减小，硫族杂并苯具有更好的平面性且更易形成平面堆积。此外，硫族元素的取代引入了 X-X、X-H 及 X-π 相互作用（X 为杂原子），加强了分子间的相互作用，增强了电荷传输性能，且可能改变分子堆积形貌。最后，由于减少了反应位点，硫族杂并苯可以有效避免发生致使并苯类材料失活的化学反应，大大提高了含硫族材料的稳定性。

并五噻吩（**3**，PTA）在 OFET 中的应用最早由刘云圻、朱道本与秦金贵课题组报道，[11] 相比共轭结构相似的并五苯，PTA 具有更深的 HOMO 能级以及宽达 3.2 eV 的带隙，因此，PTA 具有更高的稳定性。此外，引入的 S 原子不仅带来了 S-S 相互作用，提高了碳氢比，减弱了分子间的 CH-π 相互作用，因此 PTA 采取滑移 π-π 堆积模式，而非并五苯的鱼骨堆积。PTA 的 OFET 器件展现了 0.045 cm²/(V·s) 的迁移率。2016 年，胡文平课题组将烷基链引入 PTA（**4**），[12] 并采用溶液外延法将 PTA 二维单晶的场效应迁移率提升到 1.3 cm²/(V·s)。

除了将并苯中的苯环完全替换为噻吩环的策略外，替换部分苯环的杂并苯体系同样具有优异的场效应性能。2017 年，Takimiya 课题组发展了苯环封端的并噻吩体系（**5**，C$_n$-BTBT），[13] 烷基取代的 BTBT 具有良好的溶解性，其中 C$_{13}$-BTBT 在旋涂薄膜中展现了高达 2.75 cm²/(V·s) 的迁移率。随后的研究表明，长烷基链的疏水作用有助于增强分子间的堆积，从而改善材料的电学性能。[14] C$_8$-BTBT 则以其优异的性能成为受到广泛关注的明星分子，运用喷墨打印技术制备的 C$_8$-BTBT 单晶薄膜 OFET 器件更是取得了高达 31.3 cm²/(V·s) 的迁移率。[15] 除了 BTBT 体系以外，调整内侧噻吩环或外围苯环的个数,所形成的材料同样具有良好的场效应性能。2009年,胡文平与合作者开发了基于 DBTDT(**6**)的微米级单晶场效应器件,其场效应迁移率达到 $1.8\ cm^2/(V\cdot s)$。随后,该课题组将烷基链引入 DBTDT 体系(**7**),[16]并采用溶液自组装方法控制单晶晶相,从而实现了 $18.9\ cm^2/(V\cdot s)$ 的单晶场效应迁移率。2007 年,Takimiya 课题组用苯环扩展了 BTBT 的 π 体系(**8**),[17]所得材料具有 $2.9\ cm^2/(V\cdot s)$ 的薄膜迁移率[18]。而 **8** 中的 S 原子可替换为 Se 原子(**9**),薄膜迁移率变为 $1.9\ cm^2/(V\cdot s)$。

与噻吩取代的杂并苯不同,氮杂并苯中如果用 sp^2 杂化的 N 原子取代 CH_2 基团,由于 sp^2N 原子强烈的吸电子作用,材料通常表现出 n 型或双极性性能。而 sp^3 杂化的 N 杂环凭借其共轭供电子特性保持 p 型场效应性能。

2003 年,Nuckolls 课题组首先实现了二氢二氮杂并五苯的合成(**10**),[19] **10** 具有类似于并五苯的结构,但具有更简便的合成方法与更高的化学稳定性,而其薄膜场效应迁移率只有 $10^{-5}\ cm^2/(V\cdot s)$ 量级。2009 年,Chao 与 Tao 课题组在 **10** 分子中引入氯原子(**11**),[20]并将此类材料的薄膜场效应迁移率提高至 $1.4\ cm^2/(V\cdot s)$。2010 年,朱道本、胡文平及帅志刚课题组,发展了一种 N、S 取代的稠环材料(**12**),[21]其单晶场效应晶体管材料具有 $3.6\ cm^2/(V\cdot s)$ 的迁移率。

2.（杂）并苯简单衍生物

并苯体系中,稠环体系的扩展可以显著提升材料的电学性能。然而随着 π 体系的扩展,材料的化学稳定性降低,发光性能减弱。为了增加并苯材料的共轭长度以增强其电学性能,同时保留其化学稳定性与发光性能,包含不同桥联基团的(杂)并苯衍生物被相继设计合成。常用的桥联基团包括碳碳单键、乙烯桥与乙炔桥等。

（1）通过碳碳单键衍生

由单键衍生的并苯材料中,最著名的便是红荧烯(**13**)。由于在并四苯 *peri* -位引入苯环取代,红荧烯具有较差的平面性,但是具有较大的 π-π 相互作用与强的 π 轨道交叠。2004 年,Sundar 课题组运用纳米压印技术制备了红荧烯单晶,[22]并验证了红荧烯单晶迁移率的各向异性,其中最高迁移率达到 $15\ cm^2/(V\cdot s)$。随后,Takeya 课题组运用双栅技术,[23]得到了迁移率高达 $43\ cm^2/(V\cdot s)$ 的红荧烯单晶晶体管。类似并苯,并噻吩类[24]也可通过单键衍生策略扩展共轭体系。

2015 年,胡文平、董焕丽与 Heeger 课题组设计合成了一种由碳碳单键扩展的蒽衍生物 DPA(**14**)。[25] DPA 在保留了并苯材料共有的强结晶与高迁移率特性[34 cm²/(V·s)]以外，还兼具了蒽衍生物特有的高固态发光特性。此外，引入烷基链的 DPA 体系(**15**)能形成高质量的二维单晶薄膜，[12]其场效应迁移率可达到 4 cm²/(V·s)。该组随后的研究表明，进一步拓展 DPA 的 π 体系(**16**)，[26]所得的材料 dNaAnt 同样具有高度集成的光电性能，其单晶场效应迁移率达到 12.3 cm²/(V·s)。此类单键衍生策略实现了材料光学性能与电学性能的集成，为后续发展光电集成器件提供了材料基础（后续章节将对高迁移率高固态发光材料进行详细讲述）。

（2）通过 π 桥衍生

2009 年，孟鸿、胡文平课题组设计合成了由乙烯桥拓展的蒽衍生物(**17**)。[27]作为蒽的乙烯桥衍生物、并五苯的类似物，**17** 具有良好的稳定性与高达 4.3 cm²/(V·s)的迁移率，可见通过乙烯桥拓展并苯类材料的 π 体系是提升此类材料性能与稳定性的良好方法。

作为较早研究的并五苯衍生物，TIPS-并五苯(**18**)以其区别于并五苯（鱼骨状堆积）的层状堆积模式说明可以通过引入乙炔桥的方式改变并苯类分子的堆积模式。TIPS-并五苯具有高达 1.8 cm²/(V·s)的薄膜迁移率[28]和 11 cm²/(V·s)的单晶[29]迁移率。

3. 寡聚芳香化合物

在有机半导体材料中，聚合物材料面临聚合度、分子量分散度、立构规整度等影响，批次稳定性难以保证。虽然近年介观聚合[30]概念的发展弥补了聚合物部分缺点，但介观聚合物中仍然难以实现单一分子量材料的合成。相比之下，寡聚芳香化合物虽然合成复杂，但以其单一分子量、明确的分子结构、规整的分子堆积，为高性能场效应材料打下了研究基础。

（1）联芳香化合物

聚 3-己基噻吩(P3HT)是研究最为广泛的聚合物半导体材料之一，其寡聚物也具有良好的场效应性能。2003 年，Halik 课题组发展了基于寡聚噻吩(**19**)的薄膜场效应晶体管，[31]其迁移率达到 1 cm²/(V·s)以上。除了寡聚噻吩以外，将寡聚噻吩的部分噻吩单元替换为苯环，不仅能保持材料的场效应性能，其光学性能也能得到显著提升。2009年，Iwasa 与其合作者发展了苯环噻吩共寡聚物 **20**，[32]其单晶场效应迁移率达到 1.64 cm²/(V·s)，该材料同时具有优异的固态发光性能，具有应用于光电集成器件的广阔前景。随后郭雪峰课题组发展了具有高空气稳定性的高性能寡聚噻吩衍生物 **21**,[33] 其单晶场效应迁移率达到 6.2 cm²/(V·s)。

(2) 带有乙烯、乙炔桥联芳香化合物

2009 年,胡文平课题组设计合成了由碳碳三键连接的联芳香化合物 **22**,[34] 后续研究表明,**22** 在二维单晶膜中表现出 6.2 cm²/(V·s)的迁移率。[35]芳香乙烯基化合物往往具有良好的光学性能。近年来,董焕丽、徐斌课题组发展了以乙烯桥连接的联芳香材料(**23**),[36]该材料具有 1 cm²/(V·s)的单晶迁移率,并能应用于光电集成器件。

(3) TTF 及其衍生物

四硫富瓦烯(TTF,**24**)及其衍生物在有机导体与超导体中有着广泛的应用。[37] 1972 年,Wudl 课题组首次研究了 TTF 的电学性能。[38]而在 2007 年,胡文平课题组研究表明,TTF 晶体可分为两相,[39]其中 α 相的单晶迁移率可达到 1.2 cm²/(V·s),高于 β 相 0.23 cm²/(V·s)的单晶迁移率。若将 TTF 中的 S 原子替换为 Se 原子(**25**),[40]则所得的四硒富瓦烯单晶具有 4 cm²/(V·s)的迁移率。2007 年,Takahash 与合作者发展了一种高性能场效应 TTF 衍生物 **26**,[41]得益于紧密的堆积、良好的活性层-电极(TTF-TCNQ 电极)接触,单晶器件的场效应迁移率高达 11.2 cm²/(V·s)。对 TTF 进行 π 体系扩展同样能得到高性能场效应材料,2008 年,Schmidt 课题组发展了噻吩拓展的 TTF 衍生物 **27**,[42]其单晶迁移率达到 3.6 cm²/(V·s)。

4. 梯形化合物

与常规的"单股键"(single strand)连接的有机半导体材料不同,梯形(ladder-type)化合物[43]由至少两组化学键将不同的芳香环稠合在一起,由于双股化学键类似梯子从而得名。用于连接的原子多种多样,包括碳原子(芴)、硅原子(硅芴)、氮原子(咔唑)、氧族元素原子(前述并噻吩、苯并噻吩)等。由于引入了新的连接基团限制了芳香环之间的扭转,梯形化合物的平面性得到显著提升。此外,连接基团的引入限制了芳香环沿单键的转动,导致梯形化合物往往具有更好的分子内电荷输运,而当连接基团(芴、硅芴、咔唑等)不参与共轭时,受限的转动减小激子的非辐射复合,从而导致梯形化合物具有良好的发光性能。当连接基团为杂原子时,杂原子之间,杂原子与氢原子、π 体系之间,非共价相互作用能进一步丰富材料分子间的相互作用,调节堆积提升性能。

目前应用于场效应的芴类材料,性能最高的为董焕丽与合作者设计合成的材料 LD-1(**28**),[44]其单晶场效应迁移率达到 0.25 cm²/(V·s)。此外,**28** 还有高达 60.3% 的光致发光量子产率与优异的深蓝激光性能。而对于咔唑化合物,2018 年,胡文平课题组

通过调节材料 **29** 分子间 CH/NH 协同作用，[45]实现了单晶纳米线中 3.61 cm²/(V·s) 的迁移率。

5. 大环化合物与稠环芳烃

卟啉和酞菁类化合物也可应用于场效应材料中，其中酞菁铜是较早应用于有机场效应材料研究的共轭氮杂大环化合物。2017 年，Kloc、胡文平及合作者发展了多种金属取代酞菁材料的场效性能研究，[46]其中 CuPc（**29**）、ZnPc（**30**）的单晶场效应迁移率分别可以达到 2.35 cm²/(V·s) 与 2.31 cm²/(V·s)。与 Cu、Zn 配位的平面酞菁化合物不同，酞菁氧钛（TiOPc，**31**）、酞菁氧钒（VOPc，**32**）分子处于一种高极性、非平面的状态。TiOPc 晶体共有三种晶相，其中 α 相单晶的最高场效应迁移率达到 10 cm²/(V·s)。[47]而 VOPc 迁移率可达 1 cm²/(V·s)。[48]

稠环芳烃（PAH）是一类由苯环稠合而成、具有类似石墨烯结构的碳氢化合物，被认为是尺寸最小的纳米石墨烯。[49]由于稠环芳烃较大的共轭面积造成强烈的 π–π 堆积，若想获得良好的溶解性，需要在稠环周围引入烷基链。

2009 年，胡文平、王朝晖课题组对苝的 bay–位进行 Se 增环（**33**），[50]其单晶迁移率达到 2.66 cm²/(V·s)。2013 年，Kulkarni 课题组发展了基于超分子电荷转移纳米纤维的高迁移率场效应晶体管（**34**）[51]，其迁移率达到 4.4 cm²/(V·s)。2012 年，缪谦课题组对平面型稠环芳烃进行裁剪，[52,53]从而发展了一系列 PAH 场效应材料（**35**）。切断的碳碳键为分子引入了扭转，使得材料能形成互锁的二维堆积，与此同时，裸露在二维堆积平面以外的 X、Y 取代基可以进行不同的修饰，从而在场效应传感器件中取得应用。

4.2.2　n 型小分子场效应材料

n 型材料在逻辑电路等复杂有机电子学器件中必不可少。然而，要实现材料的 n 型性能，材料需要具有与电极功函匹配的能级以保证良好的电子注入。此外，由于 n 沟道内传输的电子极易被空气中的水氧形成的缺陷复合，n 型 FET 材料，尤其是高性能 n 型材料依然相对匮乏。n 型场效应材料的设计合成有两种通用途径，[54,55]一是采用吸电子骨架片段，另一种是引入具有拉电子作用的取代基（如氟、氰基等）从而调节材料的轨道能级。部分 n 型小分子场效应材料结构式如图 4-3 所示。

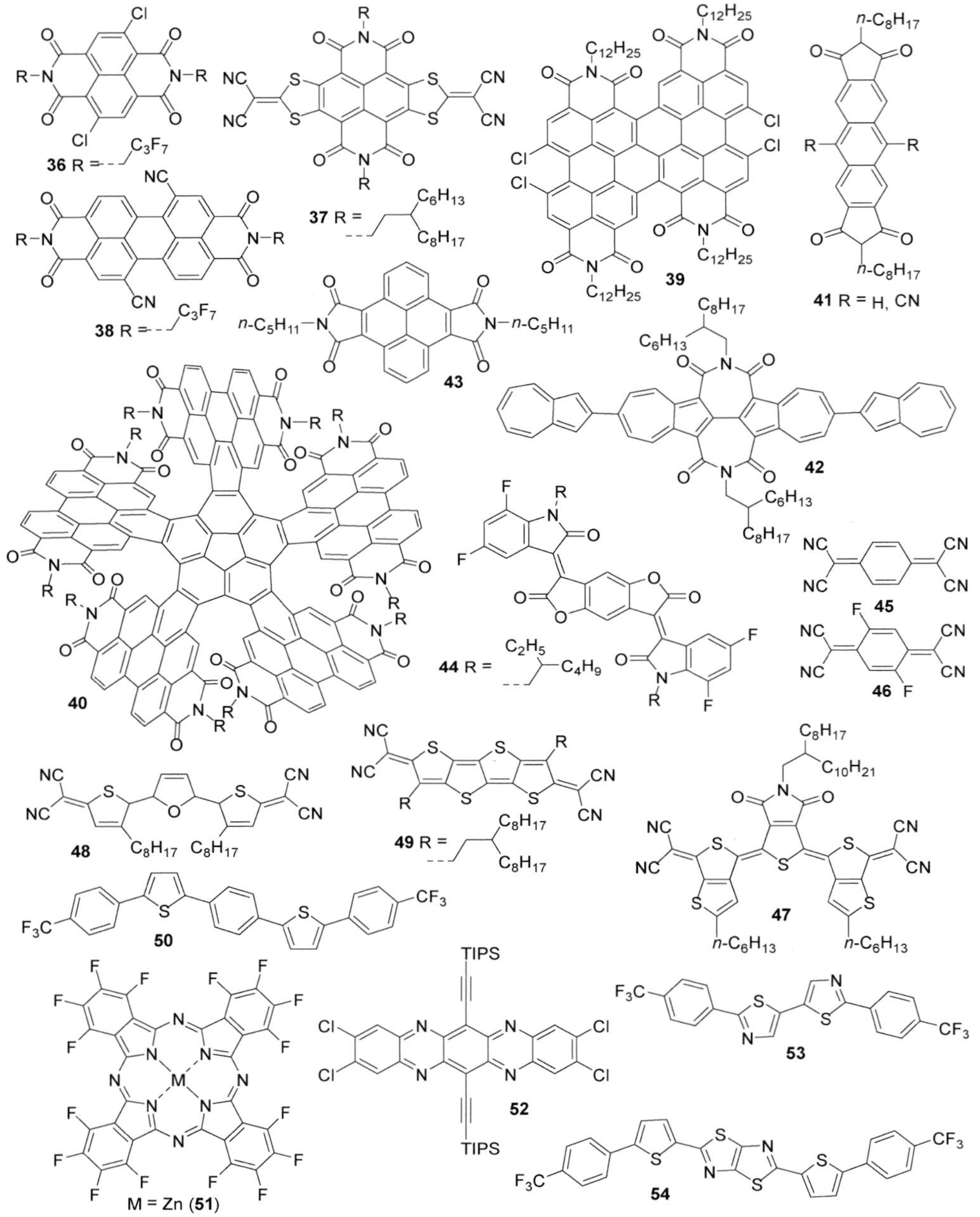

图4-3　n型小分子场效应材料结构式

1. 吸电子结构基元

吸电子骨架片段通常具有强吸电子基团，例如碳氧双键等。性能优异的吸电子片段包括芳香酰亚胺、异靛蓝及其衍生物、苯并二呋喃二酮(BDOPV)及其衍生物、富勒烯等。这些片段不仅可以应用于小分子场效应材料,还可广泛应用于高性能供-受(donor-acceptor,DA)型聚合物材料。

(1)芳香酰亚胺

芳香酰亚胺是一类具有强吸电子能力的骨架片段,在芳香酰亚胺中,最具代表性的是萘嵌苯酰亚胺(rylene imide)。顾名思义,萘嵌苯酰亚胺是由萘与苯环交替排列,并由酰亚胺封端的材料。在萘嵌苯酰亚胺中,研究最为广泛的是萘酰亚胺(NDI)与苝酰亚胺(PDI)。

2013 年,Wuerthner 课题组对 C_4F 链的 NDI 的萘环上引入氯取代(**36**),[56] 实现了电子迁移率高达 8.6 cm²/(V·s)的单晶器件的构筑。NDI 分子的 π 体系具有较高的化学活性,方便进行 π 体系扩展。同年,朱道本与合作者设计合成了不同烷基链取代 π 拓展的 NDI 分子,并构筑了单晶场效应器件,[57] 其中 $C_6 \sim C_8$ 支链的分子 **37** 展现出最高达 3.5 cm²/(V·s)的电子迁移率。

PDI 是一类重要的吸电子骨架,由于 PDI 骨架中拥有众多活性位点(酰亚胺位、*bay*-位,*ortho*-位等),因此 PDI 拥有数量众多的衍生物与多聚体。[58] 研究表明,[59] 在 PDI 的 *bay*-位引入取代,会导致 PDI 共轭平面的扭曲,从而影响 PDI 的堆积与电荷传输性能。2009 年,Morpurgo 与合作者发展了明星材料 PDIF-CN2(**38**),[60] 其单晶场效应迁移率达到 6 cm²/(V·s)。PDI 的 *bay*-位除了可以进行官能团修饰以外,还可同其他芳香基团稠合,形成多聚体或官能团化的石墨烯纳米带。[61,62] 2012 年,王朝晖、胡文平与合作者发展了基于全稠合 PDI 二聚体(**39**)的单晶场效应晶体管,[63] 并取得高达 4.65 cm²/(V·s)的电子迁移率。2019 年,王朝晖、Siegel 与合作者设计合成了以碗烯为核心、边缘 PDI 拓展的花状分子 **40**,[64] 并对其两种立体异构体进行了分离(**40** 为 D_5-对称的异构体,另一种 C_2-对称分子的一片"花瓣"在其他之上)。令人惊奇的是,在 D_5-对称分子的晶体中,两种手性异构体(纯 P 型与纯 M 型)自组装形成交替的蜂窝状分子单层,而层与层之间、分子与分子之间没有任何 π-π 堆积。即使如此,在 D_5-对称分子形成的六边形单晶中,沿不同方向构建晶体管中依然观测到了 10^{-4} cm²/(V·s)量级的电子迁移率。

除了常见的 PDI 与 NDI 以外,还有众多性能优异的芳香酰亚胺分子。2007 年,Marks 与 Facchetti 课题组发展了蒽二酰亚胺分子(**41**),[65] 在未取代和氰基取代的材料薄膜中,分别观测到了 0.02 cm²/(V·s)和 0.03 cm²/(V·s)的电子迁移率。奥

（Azulene）是具有 10 个 π 电子的萘的异构体，是一种非苯系双环芳烃，2016 年，高希珂课题组发展了一种崭新的缺电子骨架联薁二酰亚胺（BAzDI），其衍生物 **42** 在薄膜中展现出 0.015 cm²/(V·s) 的电子迁移率。2017 年，李寒莹、张浩力课题组发展了芘二酰亚胺材料（**43**），[66] 该材料展现出高达 3.08 cm²/(V·s) 的单晶迁移率以及双光子激发下的发光特性。

（2）异靛蓝及衍生物

异靛蓝（IID）、吡咯并吡咯二酮（DPP）、噻吩并吡咯二酮（TPD）、苯并噻二唑（BTz）与噻吩酰亚胺（BTI）等都是 D－A 型聚合物中常用的受体单元，其中 IID 等结构同样可用于小分子场效应材料研究。BDOPV 是一类特殊的异靛蓝衍生物。由于在异靛蓝中引入了苯丙二呋喃酮结构，BDOPV 的吸电子能力显著增强。此外，新引入的内酯基团及异靛蓝内酰胺基团中碳氧双键上的氧原子可以与分子中的氢原子形成氢键，通过构象锁的方式显著提升了分子的平面性。2015 年，裴坚与合作者将 F 原子引入 BDOPV 骨架，[67] 所得的材料 **44** 单晶具有良好的堆积以及高达 12.6 cm²/(V·s) 的电子迁移率。

（3）富勒烯

富勒烯及其衍生物在有机电子学，尤其是有机光伏和有机场效应晶体管领域中有着广泛的应用。2006 年，Anthopoulos 课题组发展了基于 C_{60} 的薄膜场效应晶体管，[68] 其电子迁移率达到 6 cm²/(V·s)。而在 2012 年，鲍哲南课题组发展了溶液下 C_{60} 单晶的阵列技术，[69] 所得单晶阵列的电子迁移率达到 11 cm²/(V·s)。

2. 吸电子取代

与前述吸电子结构基元不同，通过引入吸电子取代基实现材料 n 型迁移率时，材料骨架通常并不具有极强的吸电子能力，甚至本身为 p 型材料。常用的吸电子取代基包括氰基、卤素原子（F、Cl）、sp^2 氮等。

（1）氰基

氰基是最强的吸电子取代基之一，但是氰基的大位阻可能会造成一定的分子扭转。7,7,8,8-四氰基对苯二醌二甲烷（TCNQ，**45**）及其衍生物是一类由氰基封端的醌式受体材料，其与前述四硫富瓦烯（TTF）可以形成电子转移复合物，从而构建有机导体与有机超导体。1994 年，Brown 课题组构建了基于 TCNQ 的薄膜场效应晶体管器件，[70] 其迁移率可达 3×10^{-5} cm²/(V·s)。2004 年，Rogers 课题组运用悬挂栅（free-space gate dielectrics）技术，[71] 构建了基于 TCNQ 的单晶晶体管器件，其迁移率可达 1.6 cm²/(V·s)。2015 年，

Morpurgo 与其合作者发展了氟代的 TCNQ（**46**），[72]并在其单晶中观测到类能带传输的电子迁移与 6 cm²/(V・s)以上的迁移率。

除 TCNQ 类材料以外，氰基同样可用于醌式噻吩寡聚物的封端。2014 年，朱道本、狄重安以及朱晓张课题组设计合成了带有氰基封端的醌式噻吩材料 **47**，[73]其薄膜内的电子迁移率达到 3 cm²/(V・s)。2018 年，胡文平与张小涛课题组在醌式噻吩中引入呋喃基团（**48**），[74]实现了二维单晶中 1.36 cm²/(V・s)的电子迁移率。同年，Sirringhaus、胡文平与合作者发展了氰基封端的并噻吩体系（**49**），[75]其单分子单层膜中的电子迁移率达到 1.24 cm²/(V・s)。

（2）氟

在元素周期表中，氟位于卤族元素的首位，是电负性最强的元素，具有最强的吸电子诱导效应。然而由于具有卤族元素特征，当氟原子直接连接在芳香环上时，其会表现出一定的供电子共轭效应。因此直接连接芳香环时，氟原子是中等强度的吸电子基团。[54,55]2010 年，Ichikawa 课题组对三氟甲基取代的芳香寡聚物（**50**）单晶膜进行研究，[76]发现其电子迁移率可达 3.1 cm²/(V・s)。随后，胡文平、Kloc 课题组对全氟酞菁锌（**51**）的单晶进行了场效应晶体管测试，[77]其迁移率可达 1.1 cm²/(V・s)。

（3）sp² 氮

在芳香环中，氮原子作为 CH 基团的等电子体，可以以杂原子的形式参与共轭，并且参与共轭的氮原子充当强烈的吸电子基团。缪谦与合作者发展了卤素取代的 TIPS‐TAP（4Cl‐TAP，**52**），[78]在真空测试环境下，其单晶电子迁移率高达 27.8 cm²/(V・s)。2005 年，Yamashita 课题组在芳香寡聚物中引入氮原子（**53**），[79]其具有 1.83 cm²/(V・s)的薄膜迁移率。随后，Tokito 课题组实现了氮杂芳香寡聚物 **54**，[80]其电子迁移率达到 1.2 cm²/(V・s)。

4.2.3　双极性小分子场效应材料

与单极 n 型或 p 型晶体管不同，双极性场效应晶体管工作中涉及两种载流子，即电子与空穴的流动。虽然用传统单极材料，通过 pn 结构筑、电极匹配等器件层面的手段也可构建双极性晶体管（例如 **55**[32]、**56**[81]便是通过电极调控方式实现了有机发光场效应晶体管 OLET 中的双极性传输，此部分材料将在后文详细讲述），但在此讨论的双极性材料（图 4‐4）主要包括用简单器件结构、单一活性层组分就能实现双极性传输的材料。

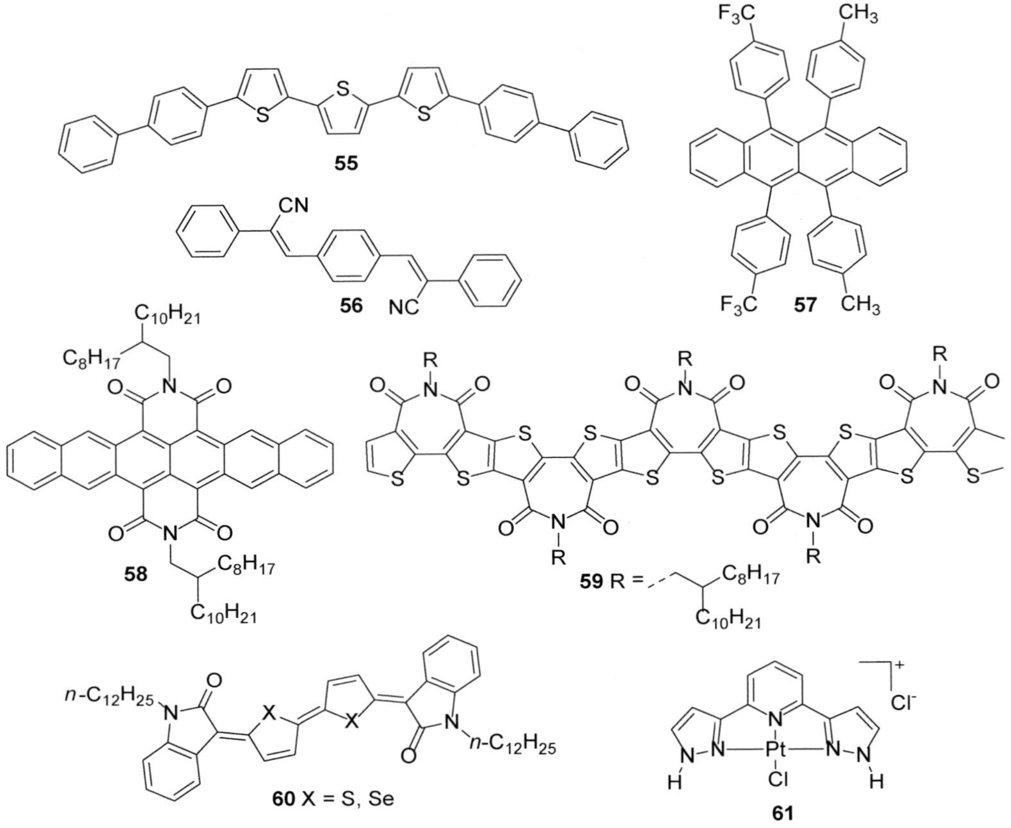

图4-4 双极性小分子场效应材料结构式

在并苯材料中进行缺电子基团修饰，可以有效构建双极性材料。2013年，Frisbie与合作者在三氟甲基修饰的红荧烯 **57** 中，[82] 运用碳纳米管电极实现了双极性传输，其电子迁移率、空穴迁移率分别达到了 4.2 cm²/(V·s)、4.83 cm²/(V·s)。2018年，王朝晖课题组运用有机 Zr 试剂增环的方法，以 NDI 为母核合成了并六苯酰亚胺 **58**，[83] 该材料除了具有良好的稳定性以外，还具有良好的迁移率，其单晶中电子迁移率、空穴迁移率分别达到了 2.17 cm²/(V·s)、0.03 cm²/(V·s)。在噻吩寡聚物中引入酰亚胺基团，同样能实现分子能级的降低，进而实现双极性传输。2017年，郭旭岗与合作者发展了基于BTI 的全稠合的梯形分子 **59**，[84] 其薄膜中电子迁移率、空穴迁移率分别达到了 0.045 cm²/(V·s)、10⁻³ cm²/(V·s)。异靛蓝类材料本身具有一定的吸电子能力，2015年，Kim 课题组发展了在异靛蓝中插入醌式噻吩、硒吩的材料 **60**，[85] 其中噻吩材料薄膜中电子迁移率、空穴迁移率分别为 0.031 cm²/(V·s)、0.005 cm²/(V·s)；硒吩材料薄膜中电子迁移率、空穴迁移率分别为 0.055 cm²/(V·s)、0.021 cm²/(V·s)。此外,金属络合物单晶如 **61**,也可作为场效应材料。2011 年,Che 课题组在铂络合物单晶中观测到 20 cm²/(V·s) 的电子迁移率和 0.021 cm²/(V·s) 的空穴迁移率。

4.2.4 高迁移率发光场效应晶体管材料

作为新一代变革性柔性显示技术和新型激光器件,有机发光场效应晶体管(OLET)作为一种兼具有机发光二极管(OLED)和场效应晶体管(OFET)的小型光电集成器件,自 2003 年首次报道 OLET 器件制备成功以来,该领域取得快速发展,在基础研究和工业应用方面具有广阔前景[86-90]。作为 OLET 器件的重要组成部分,有机半导体活性层需要同时具备高迁移率和强发光特性,但高的迁移率通常要求分子材料具有大的 π 共轭体系及紧密的分子堆积,导致聚集态下的分子体系能级劈裂大,造成材料荧光严重猝灭甚至没有荧光;而较强荧光的分子往往具有较大的立体结构和较弱的分子间相互作用,这类分子由于分子间 π 耦合作用小,导致其载流子迁移率通常比较低。因此,高迁移率和强发光特性的集成问题,是发展高迁移率发光有机半导体材料的关键[89,91,92]。科研工作者通过对有机材料的高迁移率和强发光性质的不断深入研究,在材料的多样性和性能优化方面取得了一定的成就。目前,已报道的兼具高效电荷传输和发光特性的代表性有机光电分子材料有并苯类[92,93]、噻吩/苯共寡聚物(TPCO)[32,94,95]、寡聚苯乙烯类[96-98] 及联噻吩并酰胺类等分子体系[99,100]。本节将对目前报道的一些高迁移率发光有机半导体材料,从分子结构、分子堆积模式及光电性能方面进行讨论。部分高迁移率发光材料结构式见图 4-5。

1. 稠环芳烃衍生物

蒽衍生物小分子是高迁移率发光材料的重要组成部分。1963 年,Pope 等[3] 首次发现了蒽单晶的电致发光现象,之后 Bendikov 等[101,102] 通过研究系列并苯类分子与 HCl/H₂O 的加成反应发现,从蒽分子到并五苯分子,动力学和热力学稳定性均逐渐降低。其中并四苯晶体在高于 170℃ 的条件下升华,而并五苯作为高迁移率有机半导体材料,其空穴迁移率可高达 40 cm²/(V·s),但因其共平面的共轭特性和强的分子间耦合作用,导致其荧光猝灭严重,几乎不发光[8]。因此,从蒽结构基元出发,合理地设计分子,在保证蒽强发光特性的同时实现其传输特性的有效提高,对于实现高迁移率强发光蒽衍生物的设计至关重要。相关研究表明,在蒽的 2,6 位进行取代更有利于实现其共轭体系的拓展,获得较好的载流子传输性能。

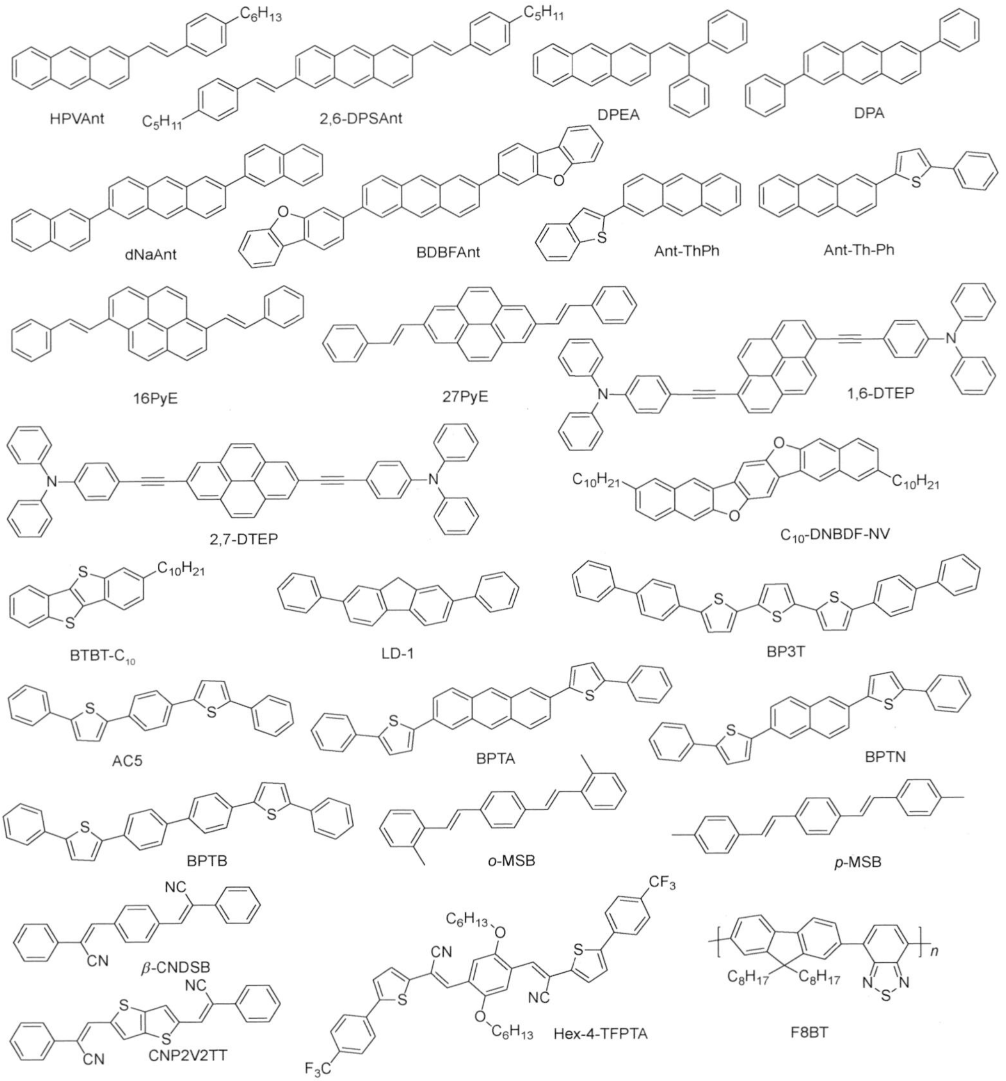

图 4-5 高迁移率发光材料结构式

2012 年, Perepichka 组[103]设计合成了 2-(4-正己基苯乙烯基)蒽(HPVAnt, 图 4-5 所示分子)。研究结果表明, HPVAnt 分子表现出优异的光电集成特性, 其晶态、溶液态和薄膜的荧光量子产率分别为 70%、55% 和 20%, 而 HPVAnt 薄膜和单晶的空穴迁移率分别为 1.5 cm²/(V·s) 和 2.62 cm²/(V·s), 结构分析表明, 与其他高迁移率有机半导体材料相似, HPVAnt 分子呈现典型的鱼骨状堆积模式, 相邻分子的蒽环沿着垂直于长轴的方向排列成层状, 这样的排列方式将分子之间的二维 π-π 作用最大化, 保证了其优异的电荷传输性能。2013 年,Perepichka 组[104]进一步设计合成了分子 2,6-二[2-(4-正戊基苯基)乙烯基]蒽(2,6-DPSAnt),该分子在固态下的荧光量子产率为14%。通过调控基底温度该分子的薄膜场效应晶体管器件的空穴迁移率可以提高到1.28 cm²/(V·s),该器件具有良好的空气稳定性,在大气条件下保存 20 个月后空穴迁移率仍可达 0.95 cm²/(V·s)。2018 年,董焕丽等[105]将具有高迁移率的蒽单元与具有聚集诱导发光(aggregation-induced emission,AIE)现象的四苯乙烯(TPE)结构基元结合,设计合成了具有 AIE 特性的高迁移率发光材料 2-(2,2-二苯乙烯基)蒽(DPEA),其单晶场效应晶体管器件的空穴迁移率可达到 0.66 cm²/(V·s),单晶荧光量子产率为29.6%,DPEA 分子丰富了高迁移率发光分子的材料体系,为进一步设计合成新型高迁移率发光有机半导体材料提供了有效指导[106]。

除了碳碳双键,碳碳单键也被用于高迁移率发光蒽衍生物分子的研究。碳碳单键的可自由旋转特性在平衡调控发光和电荷传输特性方面具有优势,特别是扭转角的非平面共轭特性减弱了荧光猝灭效应,使这类材料具有优异的发光特性。2015 年,胡文平和董焕丽等[107,108]设计合成了 2,6-二苯基蒽(DPA),该分子具有优异的高迁移率和强发光的光电集成特性。一方面,DPA 分子无论是在粉末还是在单晶状态下均具有优异的强发光性能,其荧光量子产率分别为 48.4%和 41.2%;另一方面,基于 DPA 薄膜和单晶的场效应晶体管器件表现出优异电荷传输特性,其空穴迁移率最高分别达到了 14.8 cm²/(V·s)和34 cm²/(V·s)。进一步的结构分析结果表明,DPA 分子具有典型的 J 聚集特性,保证了其良好的发光性能,同时较强的分子间耦合特性使其同时具有优异的电荷传输性能。受高迁移率发光 DPA 分子设计理念的启发,该课题组合成了蒽衍生物的高迁移率发光材料2,6-二(2-萘基)蒽(dNaAnt)[109]。与 DPA 分子相比,dNaAnt 分子共轭体系的进一步扩大使其 HOMO 能级升高(由 DPA 的 -5.6 eV 升高为 dNaAnt 的 -5.47 eV),在器件构筑中更易于实现与金电极功函(-5.2 eV)的匹配,有利于空穴的有效注入。实验结果表明,基于 dNaAnt 的单晶场效应晶体管器件具有较低的接触电阻和更低的驱动电压,空穴迁移率为 12.3 cm²/(V·s)。此外,dNaAnt 也具有良好的发光特性,其单晶荧光量子产率为29.2%。2017 年,孟鸿等[110]将二苯并[b,d]呋喃单元引入蒽的 2,6-位进行取代,设计合成了 2,6-二(二苯并[b,d]-3-呋喃)蒽(BDBFAnt),研究了杂原子取代对材料光电性能的影响。基于 BDBFAnt 的薄膜场效应晶体管器件空穴迁移率为 3.0 cm²/(V·s),其薄膜荧光量子产率为 49%。其晶体结构表明 BDBFAnt 分子呈鱼骨状堆积,分子之间存在丰富的C—H…π相互作用。以上研究表明,BDBFAnt 分子呈现出一种近似平面的、对称的分子构型,有效拓展了共轭链长度,进一步确保了分子良好的电荷传输性能。为了研究蒽的不对称取代衍生物对材料光电性能的影响，程珊珊等[111]设计合成了两种新型有机半导体材料 2-（2-蒽基）苯并[b]噻吩（Ant-ThPh）和 2-（2-蒽基）-5-苯基噻吩（Ant-Th-Ph）。实验结果表明，Ant-ThPh 和 Ant-Th-Ph 的单晶荧光量子产率分别为 33.32% 和 36.52%，基于 Ant-ThPh 和 Ant-Th-Ph 的单晶场效应晶体管器件的空穴迁移率分别为 4.7 cm^2/（V·s）和 1.1 cm^2/（V·s）。

除了蒽类衍生物的高迁移率发光材料的设计，苉类稠环衍生物也得到科研工作者们的关注。2017 年，张德清等[93]设计合成了 1,6 和 2,7-trans-β-苯乙烯基取代的苉（16PyE 和 27PyE），结果表明，16PyE 和 27PyE 在固态时的荧光量子产率分别为 28.8% 和 27.4%，27PyE 薄膜的最大电荷迁移率为 1.66 cm^2/（V·s）。16PyE 和 27PyE 晶体中存在多个分子间相互作用，苯乙烯基的引入极大地改变了分子间的排列，相邻的苉单元未面对面堆积，这种独特的分子间排列方式使 16PyE 和 27PyE 在固态时既具有发射性质又具有半导体性质。2020 年，田文晶等[112]设计合成了两个具有大位阻三苯胺基团的新型有机半导体，即 1,6-二三苯胺乙炔基苉（1,6-DTEP）和 2,7-二三苯胺乙炔基苉（2,7-DTEP）。实验结果表明，1,6-DTEP 和 2,7-DTEP 的晶体荧光量子产率分别为 32% 和 35%，其中 1,6-DTEP 的最大空穴迁移率为 2.1 cm^2/（V·s）。对 1,6-DTEP 分子单晶结构进行解析，发现三苯胺基团的苯环与相邻分子的三苯胺基团中的苯环及三键之间相互作用，多种分子间相互作用锁定了三苯胺基团和苉环的相对位置，从而导致 1,6-DTEP 单晶具有非常小的二面角，利于分子之间的电荷载流子传输。

2. 杂并苯及寡聚芳香化合物

由杂并苯组成的大共轭分子体系在驱动有机场效应晶体管方面同样起着不可或缺的作用。2016 年，Okamoto 等[113]基于该组前期工作，在氧桥"N"字型 π 电子母核萘甲酚[2,3-d：2′,3′-d′]苯并[1,2-b：4,5-b′]二呋喃（DNBDF）的 2,6-位引入柔性烷基链得到 C$_{10}$-DNBDF-NV。实验结果显示，C$_{10}$-DNBDF-NV 分子在单晶中呈鱼骨状堆积，且烷基链的引入使材料具有可溶液加工性，薄膜场效应晶体管器件的空穴迁移率可达 1.8 cm^2/（V·s）。C$_{10}$-DNBDF-NV 固体具有深蓝色发光性能，薄膜的荧光量子产率可达 42%。2017 年，Namdas 等[114]对基于[1]苯并噻吩并[3,2-b][1]苯并噻吩（BTBT）构架的单烷基链取代的有机半导体材料 BTBT-C$_{10}$ 进行了不对称单层 OLET 器件的构筑，该材料在紫外和深蓝色范围内发射，构筑的器件的空穴迁移率可达 8 cm^2/（V·s），外量子产率（external quantum efficiency，EQE）约为 0.003%。由于聚集态下分子堆积和单线态裂分易引起荧光猝灭,分子在固态中显示出非常弱的荧光,因此,适当降低π共轭度和分子间的相互作用,可以提高材料的荧光效率。2020 年,董焕丽等[115]设计并合成有机激光分子 2,7-二苯基-9H-芴(LD-1),该分子具有集成光电特性,且迁移率高达 0.25 cm²/(V·s),荧光量子产率高达 60.3%,并具有出色的深蓝色激光特性。

噻吩/苯共寡聚物(TPCO)因具有良好的结晶性、高发光、高电荷传输性能常被应用于 OLET 器件及有机晶体激光等[116]。2009 年,Bisri 等[32]制备了一种基于 α,ω-双(联苯基)三噻吩(BP3T)的高性能双极性 OLET。实验结果显示 BP3T 分子呈 H 聚集状堆积,BP3T 晶体的荧光量子产率可达 80%。构筑的 OLET 平面器件具有均衡的双极性电子迁移率[1.64 cm²/(V·s)]和空穴迁移率[0.17 cm²/(V·s)],并且可以观察到明显的边缘光发射。在分子末端引入给电子基团和吸电子基团从而获得双极性 TPCO 材料也是一项重要策略。随后,Hotta 等[117]制备了基于 1,4-双(5-苯基噻吩-2-基)苯(AC5)单晶的双极性 OLET,根据饱和特性得出的最大空穴迁移率和电子迁移率分别为 0.29 cm²/(V·s) 和 $6.7×10^{-3}$ cm²/(V·s),是 AC5 晶体管中的最高值,表明其非常高的单晶质量。AC5 的发光晶体发出的光大部分被限制在晶体内部,并且主要沿晶体 c 轴偏振,这对于实现有机激光器是有利的。2014 年,Adachi 等[95]设计合成了一系列含有蒽、萘和联苯中心核的 TPCO 作为新型有机激光活性材料,其中 2,6-双(5-苯基噻吩-2-基)蒽(BPTA)、2,6-双(5-苯基噻吩-2-基)萘(BPTN)和 2,6-双(5-苯基噻吩-2-基)-1,10 联苯(BPTB),这三种材料的单晶均具有很高的荧光量子产率,分别为 31%、56% 和 87%。由这三种材料构筑的单晶 OLET 器件都表现出双极传输特性,并且可以清楚地观察到电致发光,其中 BPTA 的空穴迁移率和电子迁移率相对较高,分别为 0.14 cm²/(V·s) 和 0.19 cm²/(V·s)。另外,BPTN 单晶和 BPTB 单晶都可以观察到清晰的激光振荡。尤其要指出的是,BPTB 实现了 1.8 μJ/cm² 这一较低的自发辐射放大(ASE)阈值。上述三种材料的 OLET 器件在发光方向上能被观察到明显的差异,这归因于晶体中单个分子的跃迁偶极矩排列不同。

3. 寡聚苯撑乙炔类

寡聚苯撑乙炔类小分子具有特殊的自组装特性和光物理特性,尤其是在被氰基取代后表现出"弹性扭曲"特征,即在分子间相互作用下,分子结构容易发生较大的扭转或构象变化[97]。稀溶液中的单个分子会因内部空间排斥而明显扭曲,在自组装过程中,在特定分子间相互作用介导下分子采取共面性更强的构象。分子的平面结构使 π-π 分子间的相互作用最大化,从而极大地促进了分子的紧密堆积,进而促进了电荷的迁移。

2009 年，Adachi 等[118]研究了 1，4-双（2-甲基苯乙烯基）苯（o-MSB）和 1，4-双（4-甲基苯乙烯基）苯（p-MSB），o-MSB 和 p-MSB 单晶均具有较高的荧光量子产率，分别为 88% 和 89%。其中 o-MSB 单晶场效应晶体管器件的空穴迁移率和电子迁移率分别为 0.1 cm²/（V·s）和 0.09 cm²/（V·s），具有较优异均衡的双极性电荷传输性能。薄膜和晶体的光物理参数比较表明，o-MSB 单晶具有非常低的 ASE 阈值，分子形态并不内在地影响辐射衰减率。后续科研工作者希望通过氰基的引入促使材料具有 AIE 效应。2016 年，马於光等[96]通过在有聚集猝灭（ACQ）效应的材料反式 1，4-二苯乙烯基苯的基础上引入氰基，设计得到目标分子 1，4-双（2-氰基-2-苯基乙烯基）苯（$β$-CNDSB）。实验结果表明该分子具有 AIE 效应，片状晶体的荧光量子产率高达 75%。由该材料构筑的 OLET 器件显示出非常高且平衡的迁移率，电子迁移率和空穴迁移率分别达到 2.50 cm²/（V·s）和 2.10 cm²/（V·s），并且在所有器件中都观察到了来自单晶侧边缘的强绿色电致发光。Takaishi 等[119]设计合成了氰基取代的 2，5-二（（E）-苯乙烯基）噻吩并[3，2-b]噻吩（CNP2V2TT）。CNP2V2TT 单晶具有高品质的红色发光和 AIE 效应，具有较高的光致发光量子产率，最高可达 37%。在分子设计中将氰基引入分子骨架有效降低了 LUMO 值，并实现了平衡的双极性电子迁移率[0.13 cm²/（V·s）]和空穴迁移率[0.085 cm²/（V·s）]。为了探索双氰基二苯乙烯基苯（DCS）型材料的独特堆叠模式和自组装性能，2012 年 Park 等[120]通过扩展 π 体系得到双氰基二苯乙烯基苯型有机半导体材料[（2E，2′E）-3，3′-（2，5-双（己氧基）-1，4-亚苯基）双（2-（5-（4-三氟甲基）苯基）噻吩-2-基）丙烯腈]（Hex-4-TFPTA），并于 2019 年[121]成功地制备出纯红色有机发光晶体管（OLET），该材料同时显示出出色的电荷传输和固态发光性能，不对称电极构筑的 OLET 器件的电子迁移率最高可达 1.8 cm²/（V·s），深红色晶体荧光量子产率可达 34%。此外，该项工作中通过"图案化条带（patterned taping）"的新型软光刻技术对有机层进行构图，首次展示了微像素化的区域 OLET 发射。

聚合物材料因具有优异的光电性能、溶液加工特性及柔韧性，适于制备低成本、大面积发光器件，在平板显示和固体照明这两个领域具有广阔应用前景，但高迁移率发光聚合物材料发展却相对缓慢。例如，聚芴类聚合物材料是一种强蓝光材料，但是由于其迁移率较低，一般作为发光层用于 OLED 或者 OLET 器件中[122]。吸电子基元苯并噻二唑（BTz）与发光基团 9，9-二辛基芴交替共聚（9，9-二正辛基芴-alt-苯并噻二唑）（F8BT）是一种重要的聚合物光电材料，BTz 的吸电子特性使 F8BT 表现出 3.3 eV 的相对较高的电子亲和能（electronic affinity，EA）和 5.9 eV 的较大电离势（ionization potential，IP），且薄膜荧光量子产率在 40%～60%[123]。此外,对包括聚苯撑乙炔[96],以及 F8BT[30]在内的明星发光聚合物骨架进行适当改造,便可构筑性能优异的高迁移率发光共轭聚合物。

高迁移率发光材料的开发对于实现高性能有机发光场效应晶体管及其相关应用研究具有重要意义。本部分主要对目前已报道的小分子高迁移率发光材料的分子结构、光电性能和堆积模式等,以及这些材料在晶体管器件中的一些应用做了介绍(图 4-6 给出相关光电集成分子的发光颜色的 CIE 的总结图),旨在总结获取兼具高迁移率和强固态发光的有机光电功能材料的规律性认识,希望能为进一步设计合成高迁移率发光材料提供指导。

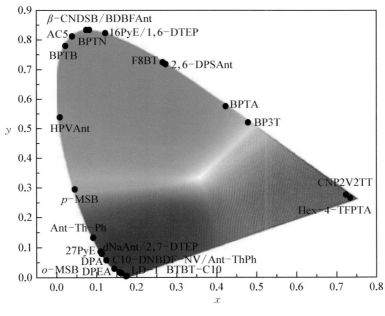

图 4-6 高迁移率发光材料的对应 CIE 坐标

4.3 聚合物场效应材料

4.3.1 p 型聚合物场效应材料

如前所述,世界上第一个有机场效应晶体管器件就是基于聚噻吩(**P1**)构筑的(图 4-7)。它的诞生标志着聚合物半导体在场效应器件中应用的开始。诺贝尔奖获得者 Alan J.

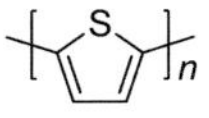

图 4-7 p型聚合物场效应材料（1）

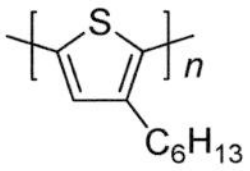

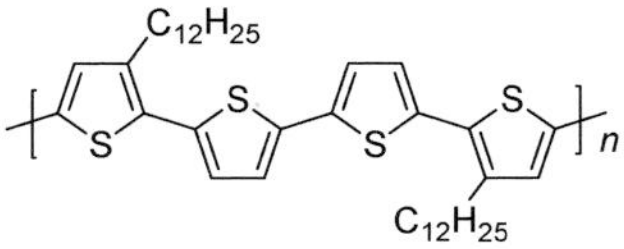

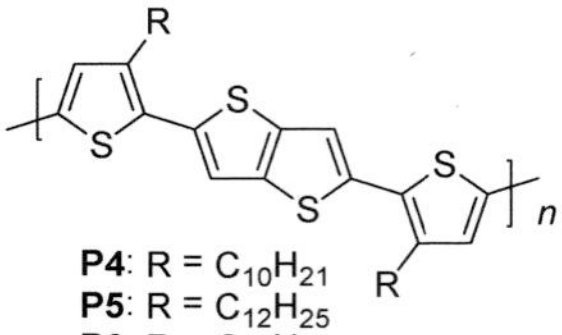

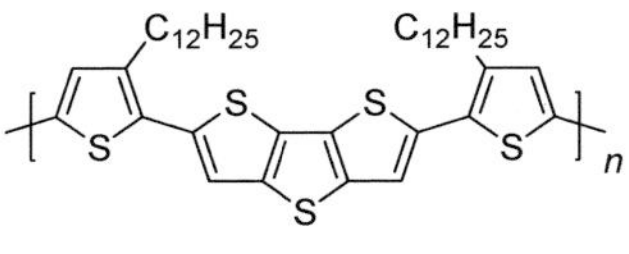

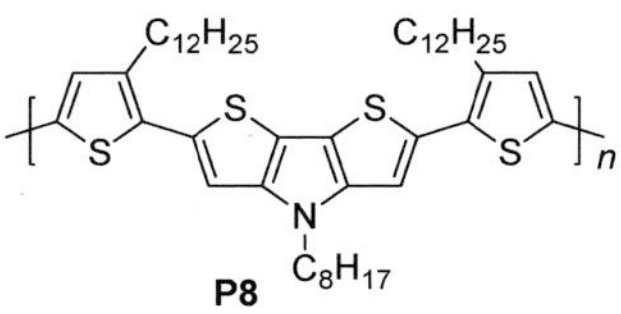

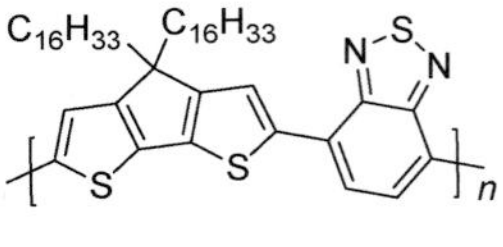

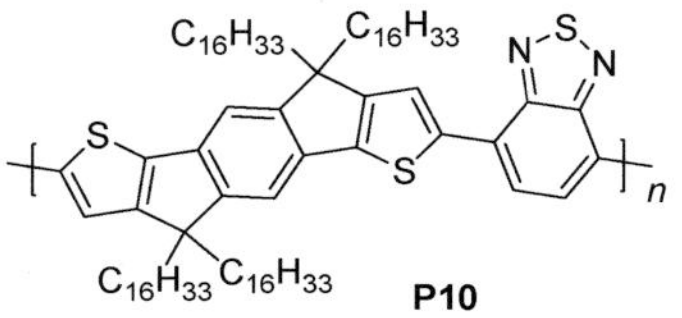

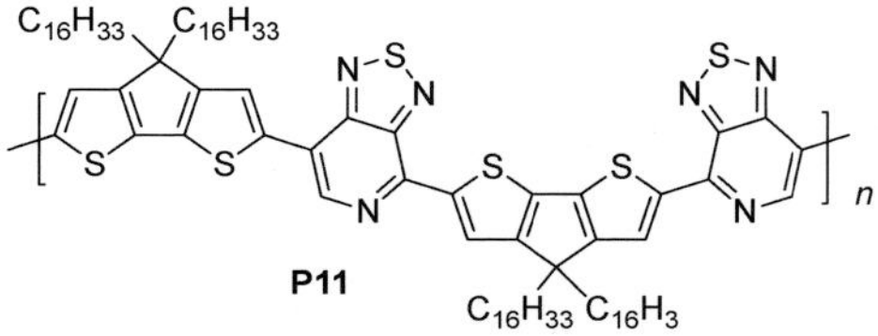

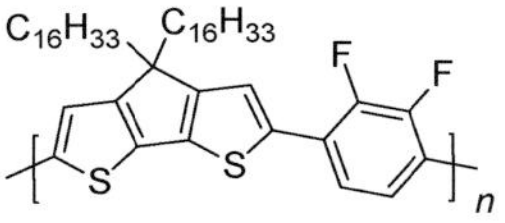

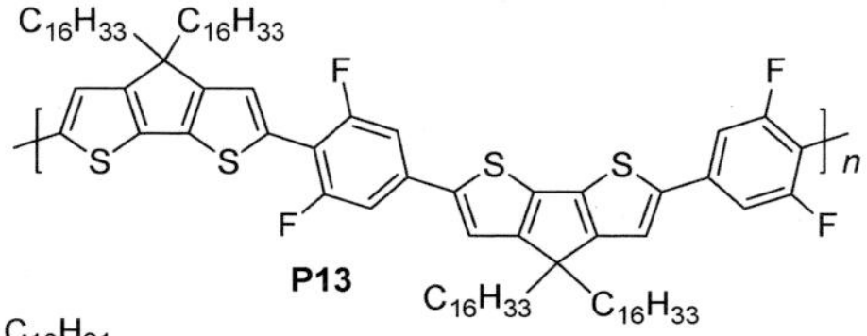

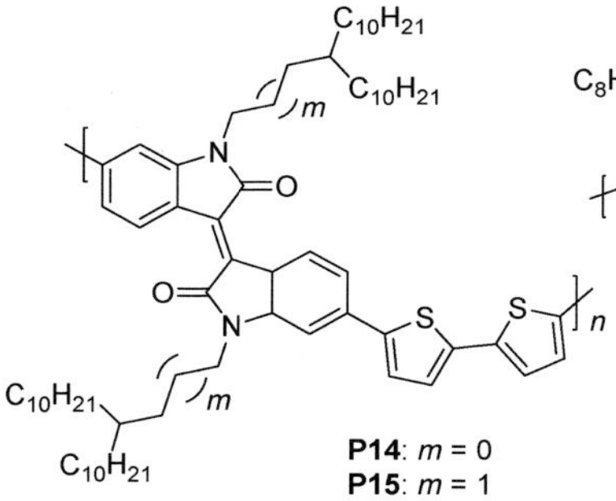

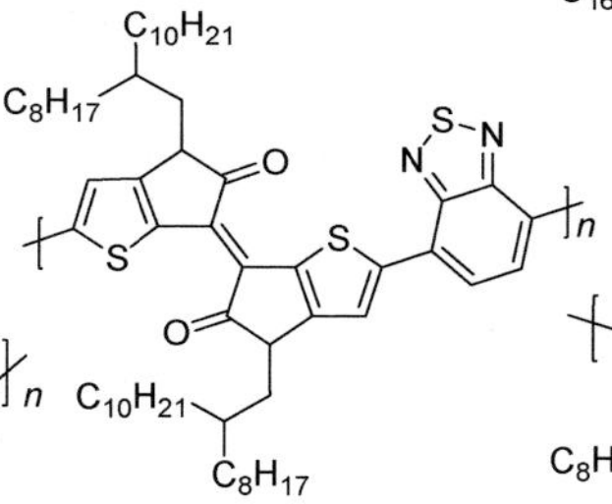

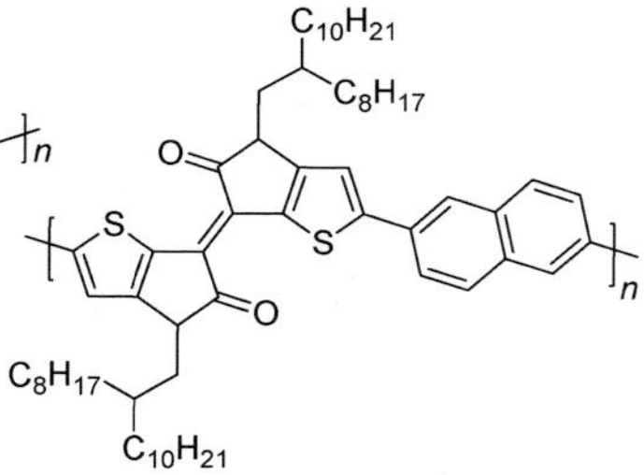

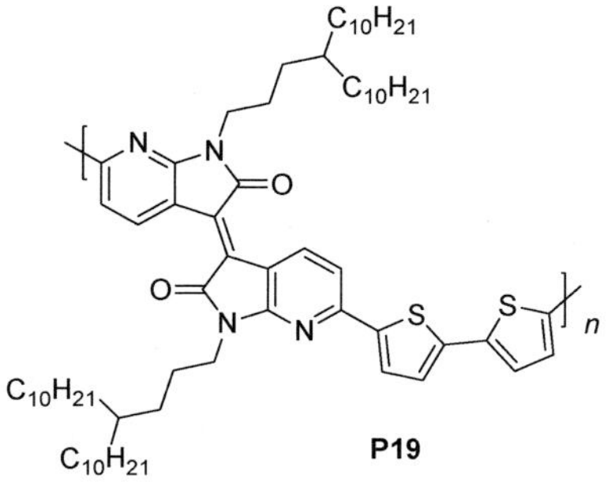

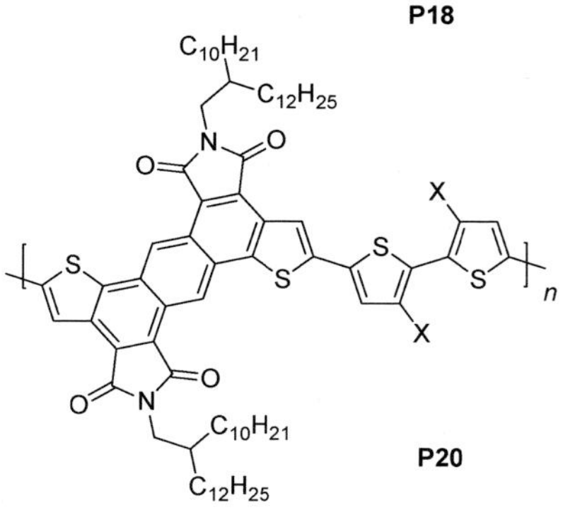

Heeger 教授将聚噻吩等划分为第一代聚合物半导体材料,其特点是溶解性差,因此不适合通过溶液法制备场效应器件[124]。为了获得可溶液处理的聚合物材料,研究者们将烷基侧链引入聚合物共轭骨架,从而获得了第二代聚合物场效应材料,聚(3-己基)噻吩(P3HT,P2)是其中的最著名代表[125-127]。研究表明,具有头-尾依次相连区域规则的 P3HT 比其区域任意相连的,包含头-头、尾-尾及头-尾相连等结构的类似物的空穴迁移率要高。但是由于 P3HT 的 HOMO 能级较高,常常导致它的场效应器件空气稳定性较差,只能在 N_2 气氛中进行器件的构筑和性能评估。为了降低聚合物的 HOMO 能级,Ong 等人将正十二烷基侧链间隔地引入聚噻吩骨架上[128,129],所得聚合物 **P3** 的 HOMO 能级明显降低,用其构筑的场效应器件的空气稳定性明显增强,空穴迁移率最高为 $0.14~cm^2/(V \cdot s)$。McCulloch 等人将并二噻吩结构引入聚合物骨架中,发展得到三种 D-A 型聚合物 **P4~P6**[129-133]。这三种聚合物的 HOMO 能级较 P3HT 低 0.3 eV 左右,其原因可以归结于并二噻吩结构具有比噻吩结构低的电子离域,以及其较少的烷基取代基团。研究发现,这三种聚合物薄膜可以形成经典的液晶相和大至 200 nm 的晶畴,相应场效应器件的空穴迁移率高至 $0.7~cm^2/(V \cdot s)$。当器件电极为铂时,聚合物 **P6** 的空穴迁移率可以进一步提高至 $1.0~cm^2/(V \cdot s)$。Ong 等人还发展了含有并三噻吩结构单元的聚合物 **P7**[134,135]。由于并三噻吩结构单元过强的刚性,该类聚合物的载流子输运性能明显降低,其空穴迁移率为 $0.3~cm^2/(V \cdot s)$。当把平面的 N-辛基二硫代[3,2-b:$2',3'-d$]吡咯结构单元引入聚合物共轭骨架中时,所得聚合物 **P8** 表现出优良的溶解性[136]。有意思的是,该聚合物场效应器件退火前的迁移率即可达到 $0.21~cm^2/(V \cdot s)$。但由于吡咯结构单元的存在,该聚合物的 HOMO 能级升高至 -4.68 eV,致使它的空气稳定性明显降低。

D-A 型聚合物被 Alan J. Heeger 教授称为第三代聚合物半导体材料[124]。它们的出现是聚合物场效应器件性能取得突飞猛进的根本原因。D-A 型聚合物的溶解性、光物理和电化学性质、结晶性、分子聚集态结构及载流子输运性能容易通过供、受体结构及侧链种类的改变进行调控。另外在薄膜中,D-A 型聚合物分子内和分子间的供、受体间的电子"推-拉"效应可以有效优化分子聚集态结构,从而得到紧密的 π-π 相互作用和高的薄膜器件性能。Müllen 等人报道了一种基于苯并噻二唑和环戊[2,1-b:3,4-b']二噻吩结构单元的 D-A 型聚合物 **P9**[137-139]。研究发现,当聚合物的数均分子量为 10.3 kDa 时,其通过旋转涂覆法制备的场效应器件的空穴迁移率为 $0.17~cm^2/(V \cdot s)$,当聚合物的数均分子量为 50.0 kDa 时,相应的空穴迁移率则提高至 $0.67~cm^2/(V \cdot s)$,而通过浸涂法制备的场效应器件的空穴迁移率最高可达 1.4 cm²/(V·s)。Müllen 等人对其分子量、侧链结构及薄膜聚集态结构进行系统优化后,其性能进一步提高至 3.3 cm²/(V·s)。具有梯形结构的 D-A 型聚合物 **P10**,尽管它的薄膜结晶性较差并且具有较大的 π-π 堆积距离,它的空穴迁移率仍然高至 0.8～1.2 cm²/(V·s)[140]。Bazan 等人基于不对称的吡啶[2,1,3]噻二唑结构单元发展了一种区域规则的新型聚合物 **P11**[141,142]。使用旋转涂覆法制备的薄膜场效应器件结果表明分子量高的聚合物材料可以得到较高的载流子传输性能。而当时用宏观对准法(macroscopic alignment method)制备的薄膜器件,其空穴迁移率可以进一步提高至 6.7 cm²/(V·s),并且指出载流子传输是各向异性的。然而,在使用宏观对准法制备和研究不同分子量聚合物薄膜器件时发现,器件的空穴迁移率可以进一步提高至 23.7 cm²/(V·s),但结果同样表明迁移率的大小与聚合物材料的分子量大小没有必然联系[143]。研究结果表明,载流子主要是通过分子链内传输进行,或通过链间跃迁进行。2017 年,该课题组又发展了环戊二噻吩-氟代苯聚合物 **P12** 和 **P13**[144]。由于 F···H 位置和个数的差别,聚合物 **P13** 具有线性共轭骨架构象,而 **P12** 则形成弯曲的共轭骨架。研究发现在它们的纳米槽辅助(nanogroove-assisted)场效应器件中,聚合物 **P13** 的空穴迁移率高达 5.7 cm²/(V·s),而聚合物 **P12** 的空穴迁移率仅为 2.8 cm²/(V·s)。显然,具有线性共轭构象的聚合物是有利于在纳米槽场效应器件中取得高的载流子输运性能的。

异靛蓝(isoindigo, IID)结构单元具有平面的共轭结构,近年来常用于构建 D-A 型聚合物场效应材料。2011 年,裴坚等人首次报道了基于异靛蓝结构单元的高性能 D-A 型聚合物[145]。随后,该课题组设计、合成了含有不同烷基侧链的聚合物 **P14～P16**[146]。场效应器件测试结果表明聚合物 **P15** 的载流子输运性能最为优良,其空穴迁移率高达 3.62 cm²/(V·s),要明显高于其他两种聚合物的迁移率。研究结果表明,侧链分子工程对聚合物共轭骨架构象和半导体性能调控具有重要意义。裴坚等人还通过构建多种异靛蓝类 D-A 型聚合物,系统研究了聚合物对称性和骨架曲率对载流子输运性能的影响[147]。研究结果揭示,含有中心对称性电子给体单元的聚合物比含有轴对称性电子给体的聚合物单元具有较高的载流子传输性能。他们将其归因于聚合物对称性和骨架曲率的影响,并在此基础上提出了分子对接设计策略(molecular docking design strategy):① 减少烷基侧链的空间位阻,使得小的构建单元能够对接入较大的芳香核中;② 构建较大的芳香核减小聚合物的重组能。2012 年,Ashraf 等人发展了一类新型的受体结构单元——硫异靛,并以此构建了 D-A 型聚合物 **P17**[148]。Yang 等人随后将其与萘单元共聚获得了聚合物 **P18**[149]。通过使用高介电常数的聚偏二氟乙烯-三氟乙烯作为介电层,聚合物 **P18** 场效应器件的空穴迁移率可高达 14.4 cm²/(V·s)。2016 年,于贵等人利用引入氮原子来调控异靛蓝受体单元及其衍生聚合物的前线轨道能级和共轭骨架构象,发展了新型一类氮杂异靛蓝(azaisoindigo)结构单元[150]。在此基础上构建的聚合物 **P19** 的空穴迁移率超过 7 cm²/(V·s)。最近,该课题组还报道了一类七元环的电子受体单元及其聚合物[151]。这类聚合物也表现出优异的载流子输运性能,其中 **P20** 的空穴迁移率为 4.21 cm²/(V·s)。

吡咯并吡咯二酮(diketopyrrolopyrrole,DPP)是一类优秀的电子受体结构单元。Li 等人发展了一种基于 DPP - 连二噻吩结构的 D - A 型高性能聚合物 **P21**[152](图 4 - 8),它

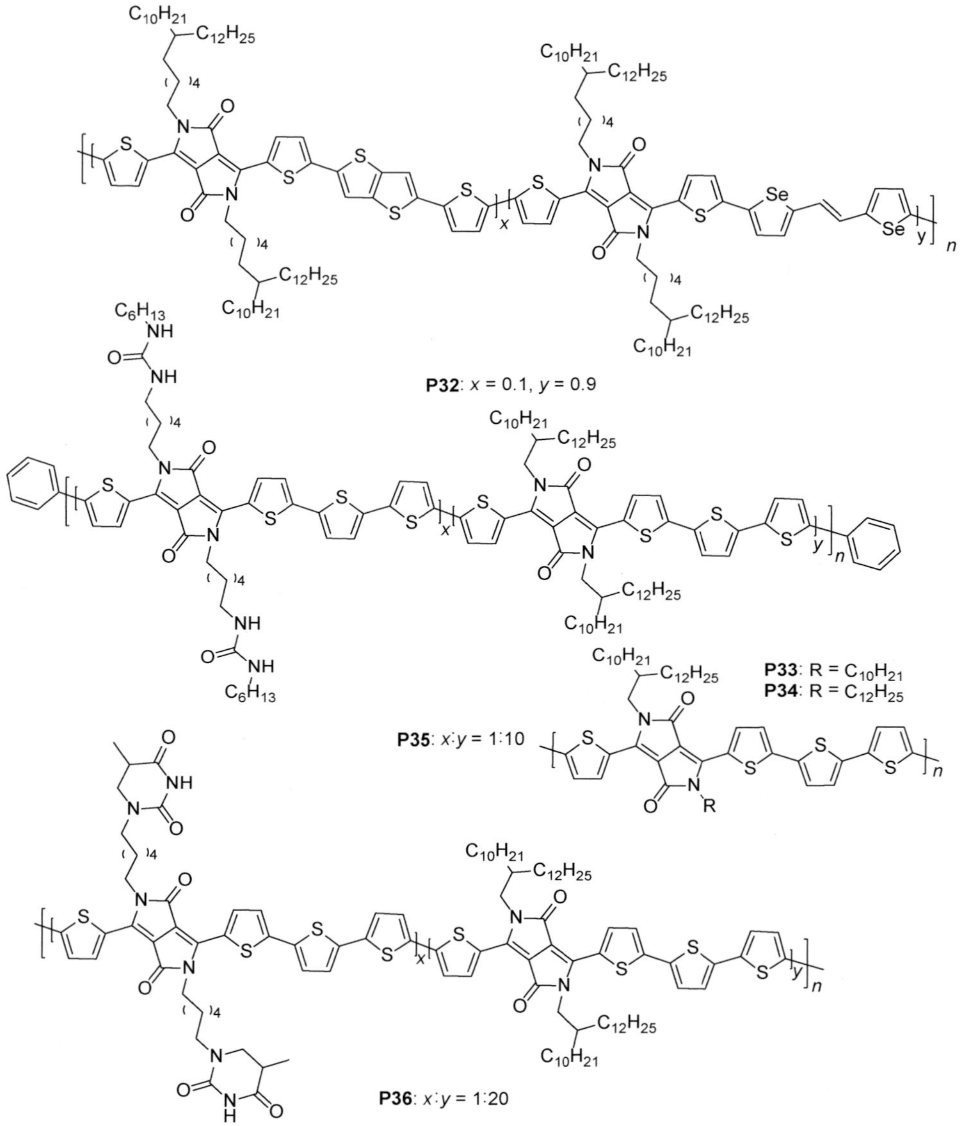

P32: x = 0.1, y = 0.9

P33: R = C_{10}H_{21}
P34: R = C_{12}H_{25}

P35: x:y = 1:10

P36: x:y = 1:20

图4-8　p型聚合物场效应材料（2）

的场效应器件不经退火处理,空穴迁移率即可达到 $0.97 \text{ cm}^2/(\text{V} \cdot \text{s})$。以并二噻吩为电子受体单元的 DPP 聚合物 **P22** 的迁移率为 $0.94 \text{ cm}^2/(\text{V} \cdot \text{s})$[153]。2012 年,Ong 和刘等人通过单体纯化等方式进一步提高了聚合物的聚合度。以高分子量材料构筑的场效应器件展现出了优异的载流子输运性能,其空穴迁移率超过 $10 \text{ cm}^2/(\text{V} \cdot \text{s})$[154]。

之前，于贵和刘云圻等人还将二(噻吩基)乙烯结构单元引入 DPP 共轭骨架中获得聚合物 **P23**，其空穴迁移率也高达 8.2 cm^2/(V·s)[155]。2013 年，Kim 等人发展了聚合物 **P24** 和 **P25**[156]，它们均具有高分支点的长链烷基侧链，这使得两种聚合物展现出了极为优越的载流子输运性能，其中 **P24** 的空穴迁移率为 10.54 cm^2/(V·s)，而 **P25** 的空穴迁移率更是达到了 12.04 cm^2/(V·s)。由于乙氧基的引入，聚合物 **P26** 表现出增强的溶解性和溶剂加工性[157]，尤其是 S···O 构象锁的形成促使该聚合物具有高平面的共轭骨架中构象，其空穴迁移率也高达 5.37 cm^2/(V·s)。于贵等人还通过对二(并二噻吩)乙烯结构单元的烷基化发展了具有大 π-共轭结构的聚合物 **P27**[158]。尽管聚合物薄膜中的 π-π 堆积距离高达 3.85Å，但其空穴迁移率仍然高至 9.54 cm^2/(V·s)。研究结果表明，在该聚合物薄膜器件中载流子的链内输运更为突出。Ashraf 等人发展了 DPP 类聚合物 **P28**～**P30**，并研究了其中的硫族元素效应[159]。研究发现，较重元素硒原子和碲原子的存在能够增强分子间作用从而有利于聚合物场效应器件获得高的载流子输运性能，而硫原子的存在则有利于聚合物太阳能电池器件得到高的能量转化效率。而李韦伟等人发展了两种具有不对称结构的 DPP 类聚合物[160]。其中聚合物 **P31** 中甲基的存在使得该聚合物的空穴迁移率最高值为 12.5 cm^2/(V·s)。Kwon 等人通过无规共聚策略(Random copolymerization strategy)发展了聚合物 **P32**[161]。研究结果表明该类聚合物的载流子性能并不随着薄膜有序性的降低而减小，其空穴迁移率最高可达 9 cm^2/(V·s)。2016 年，张德清等人在不改变共轭主链结构的情况下，成功制备出含"直链/支链"DPP 类聚合物 **P33** 和 **P34**[162]。研究结果揭示，聚合物 **P34** 薄膜器件具有显著提高的载流子输运性能，其空穴迁移率高达 9.4 cm^2/(V·s)。随后，他们将脲基团引入聚合物烷基侧链中发展了一类 D-A 型聚合物 **P35**[163]。侧链间脲基团诱导氢键的存在使聚合物薄膜的结晶性和有序性显著增强，相应聚合物的载流子迁移率也进一步提高至 13.1 cm^2/(V·s)。最近，该课题组又设计、合成了含有胸腺嘧啶基团的 DPP 类聚合物 **P36**[164]。研究结果显示，胸腺嘧啶基团的引入改善了聚合物薄膜的结晶性，也提高了聚合物的载流子输运性能。他们利用胸腺嘧啶基团与金属离子的配位作用，成功构筑了兼具高灵敏度和高选择性的有机场效应晶体管 CO 传感器。除氢键基团外，他们也将偶氮苯基团引入聚合物侧链，制备的光控双稳态晶体管器件具有可逆性和稳定性好、响应速度快、高迁移率等特点[165]。特别是，张德清等人通过向 DPP 类聚合物活性层加入四甲基碘化铵添加剂的方法调控薄膜的载流子输运性能。获得的空穴迁移率最高达到 26.2 cm^2/(V·s)，比未添加聚合物薄膜的迁移率高出二十余倍,从而为构筑高性能聚合物场效应器件提供了新的思路[166]。

4.3.2　n型聚合物场效应材料

同p型聚合物场效应材料相比,高性能n型及双极性聚合物场效应材料(图4-9、图4-10)的数量相对较少且性能较差。其主要原因是在空气中实现高效的电子注入和输运需要聚合物材料的LUMO能级处于较低范围,即通常应低于-4.0 eV[167]。正因如此,n型和双极性聚合物场效应材料的设计、合成及性能研究多年以来一直是聚合物电子学研究领域的热点之一。不过需要指出的是,近几年有机场效应器件封装等辅助工艺的广泛使用使得目前对n型和双极性聚合物场效应材料的LUMO能级要求已经有所放宽。大量的研究结果已经表明,D-A型聚合物材料的HOMO能级主要取决于电子给体单元的HOMO能级,而LUMO能级则取决于其电子受体单元的LUMO能级。所以,材料化学家们主要通过发展新型、高性能的电子受体单元,以及降低聚合物骨架电子云密度即增强其电子亲和性来发展高性能n型聚合物场效应材料。和上述p型聚合物场效应材料一样,下文我们将按聚合物化学结构进行分类,并予以介绍。

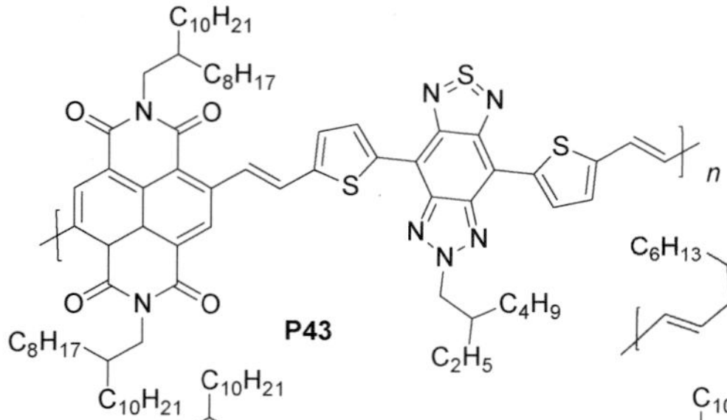

P43

P44

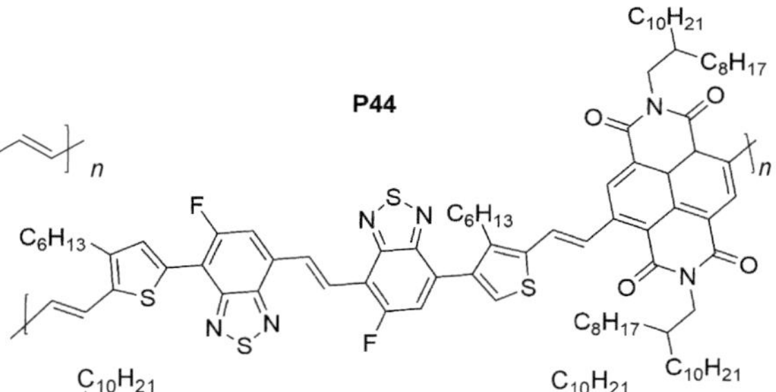

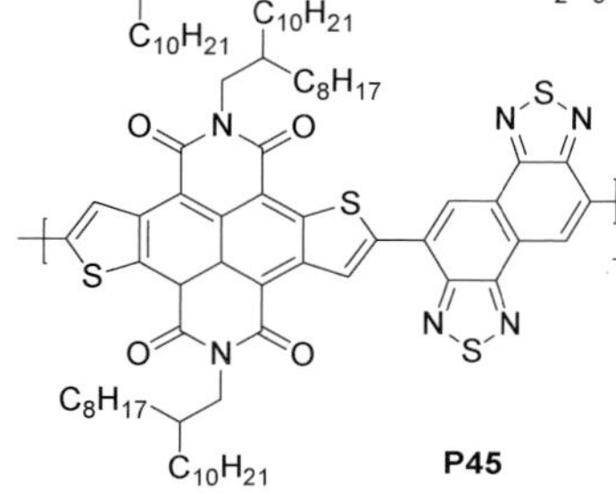

P45

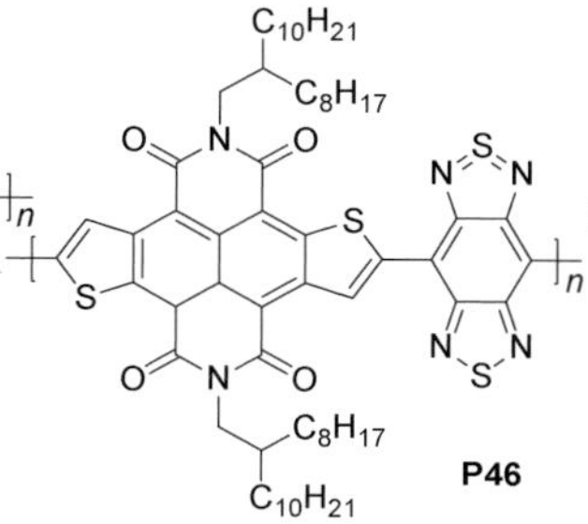

P46

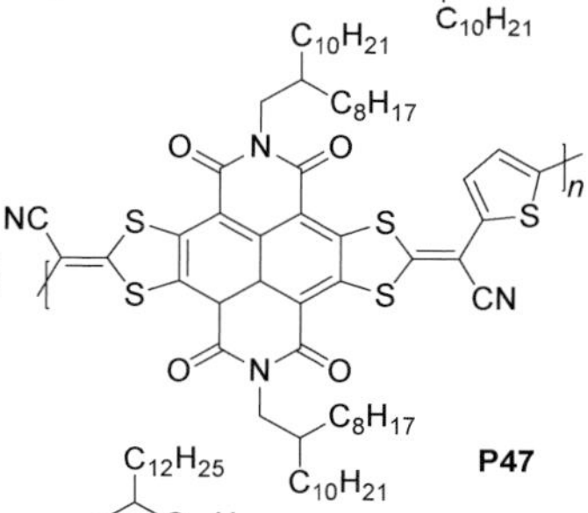

P47

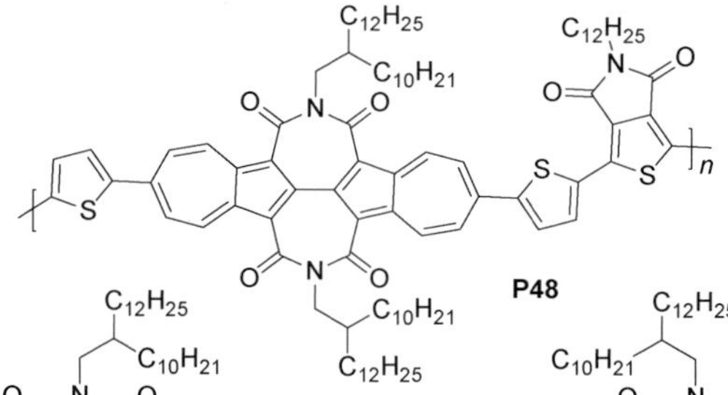

P48

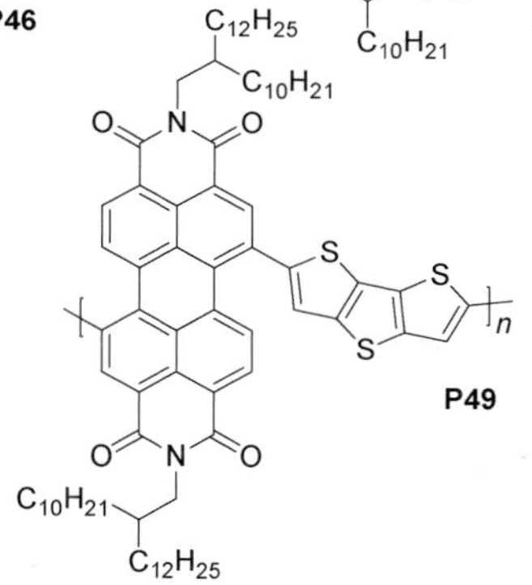

P49

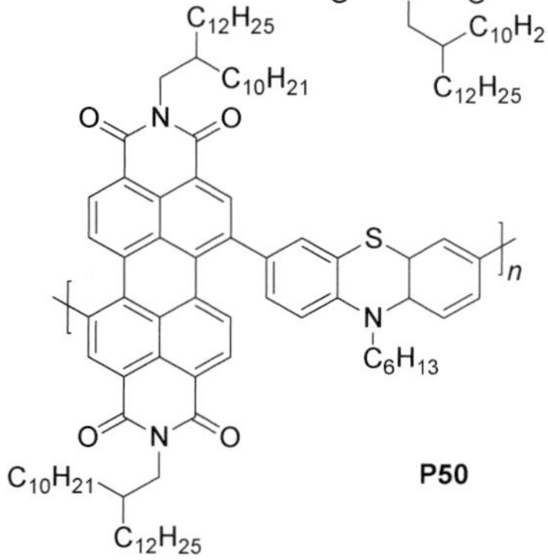

P50

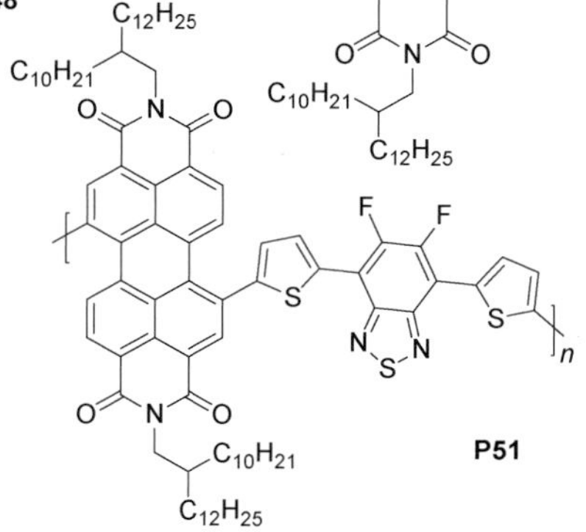

P51

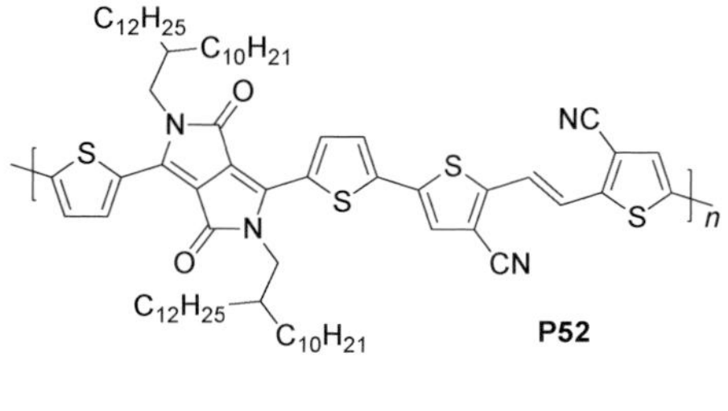

P52

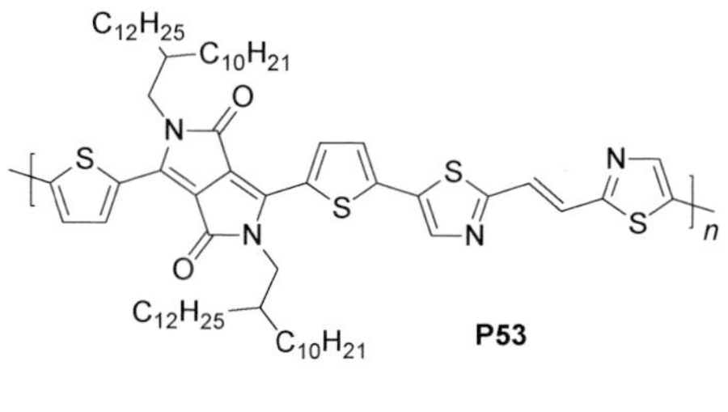

P53

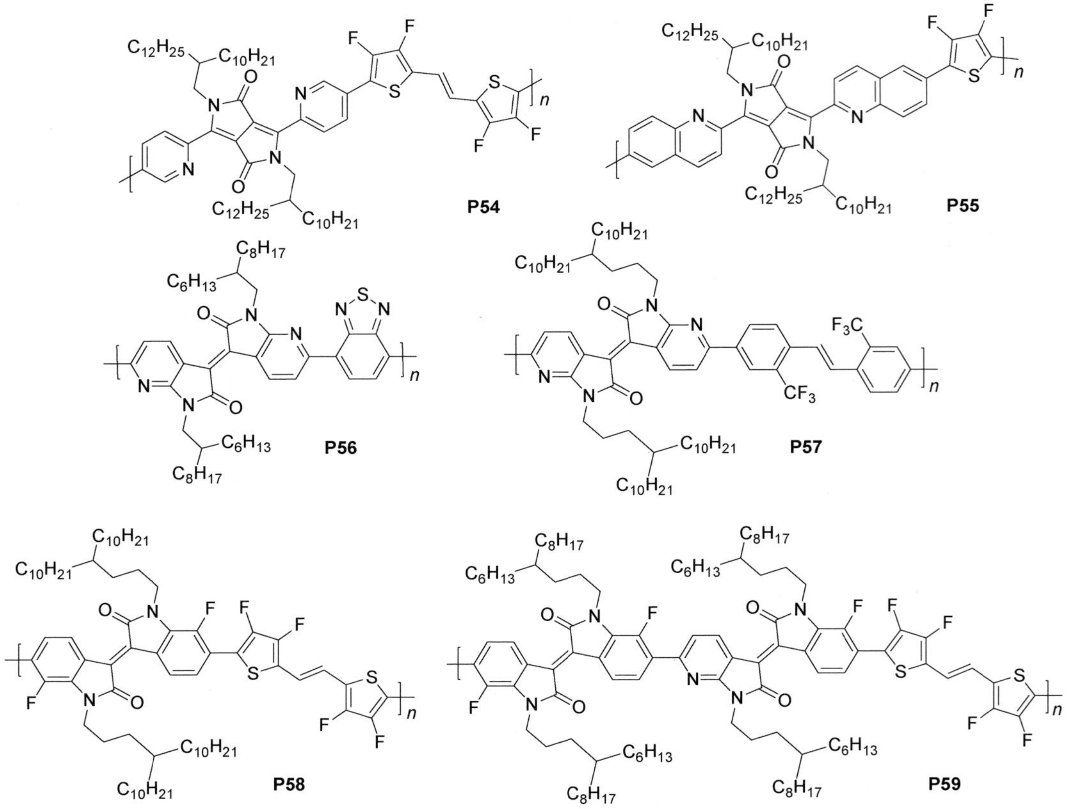

图4-9 n型聚合物场效应材料（1）

萘酰亚胺（naphthalenediimide，NDI）是一类具有较低 LUMO 能级的优秀电子给体单元。Facchetti 等人报道了第一个具有优异空气稳定性的高性能 NDI 类聚合物 **P37** 及其场效应器件,其电子迁移率达到 0.85 cm²/（V·s）[168,169]。Yang 等人发展了含有硅氧基杂化侧链的 NDI 聚合物 **P38**[170]。研究发现该聚合物薄膜中形成了 edge-on 和 face-on 平衡存在的聚集态结构,相应场效应器件的电子迁移率达到 1.04 cm²/（V·s）。刘云圻等人设计、合成了含有氟原子取代基的 NDI 类聚合物 **P39** 和 **P40**[171]。以该类聚合物构筑的场效应器件表现出了优异的电子输运性能,其电子迁移率分别为 2.2 cm²/（V·s）和 3.5 cm²/（V·s）。Cho 等人设计、合成了含有半氟烷基侧链的 NDI 类聚合物 **P41**[172]。薄膜微观结构表征结果表明聚合物的半氟烷基侧链呈现强的自组装,使得聚合物链间形成由骨架晶体和侧链晶体组成的超级结构。其构筑的薄膜器件表现出十分优异的空气稳定性和 n 型载流子输运性能,电子迁移率最高为 6.5 cm²/（V·s）。Michinobu 等人近年来也发展了多个高性能 n 型 NDI 类聚合物 **P42**～**P44**[173,174],如聚合物 **P42** 的电子迁移率最高为 5.35 cm²/(V·s)。而随着乙烯结构单元的引入，相关的聚合物 **P43** 和 **P44** 的共轭骨架的共平面性明显改善，载流子输运性能也得到了显著提高。聚合物 **P43** 场效应器件的电子迁移率最高为 7.37 cm²/(V·s)，其薄膜的 π-π 堆积距离也低至 3.45 Å。为了增强聚合物共轭骨架的共平面性，Takimiya 等人也发展了一类新型二噻吩并萘酰亚胺电子受体单元，并以此构建了聚合物 **P45** 和 **P46**[175,176]。这两种聚合物都具有较低 LUMO 能级和平面的共轭骨架构象，其电子迁移率最高为 0.31 cm²/(V·s)。朱道本、高希珂等人发展了一类新颖的 2-(1,3-二硫醇-2-亚烷基)乙腈并萘酰亚胺受体单元[177]。和噻吩共聚后得到聚合物 **P47** 的 LUMO 能级为 -4.20 eV，其电子迁移率为 0.38 cm²/(V·s)。2018 年，高希珂等人发展了一种新型含 2,6-位连接蒄结构的受体单元[178]。以其构建的聚合物 **P48** 也表现出 n 型载流子输运性能，其电子迁移率最高为 0.42 cm²/(V·s)。和 NDI 类似，苝

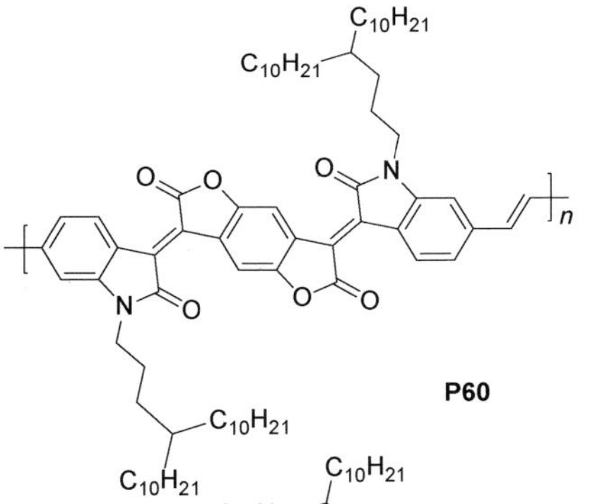

P60

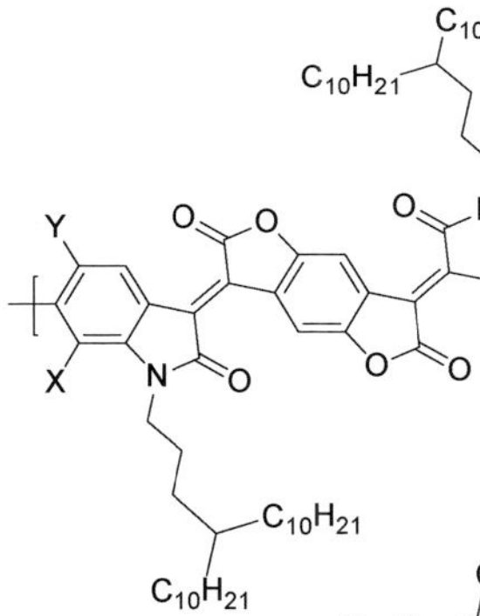

P61: X= F, Y = H
P62: X= H, Y = F
P63: X= Y = F

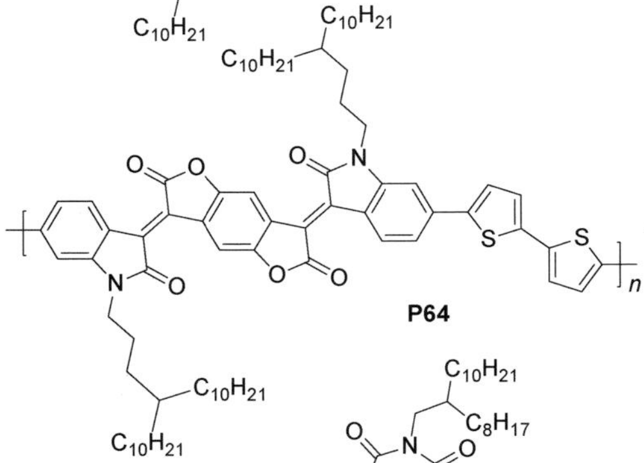

P64

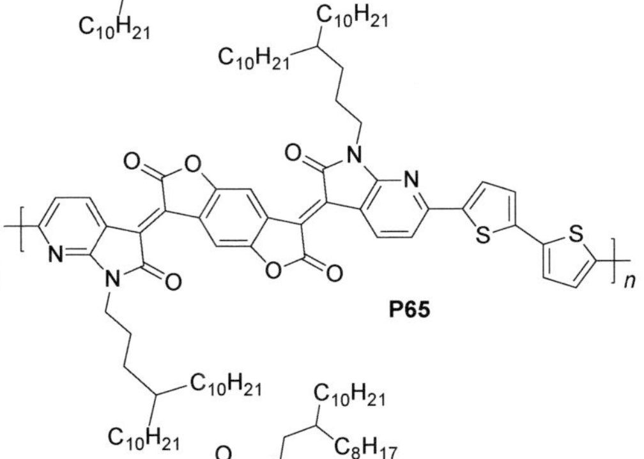

P65

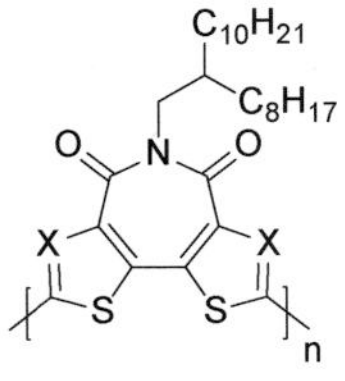

P66: X = H
P67: X = N

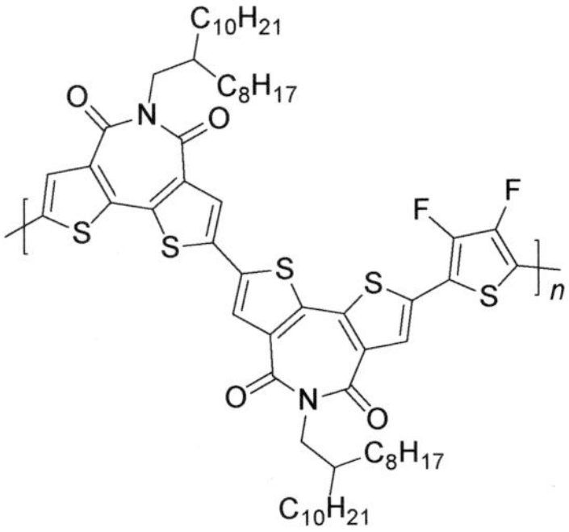

P68

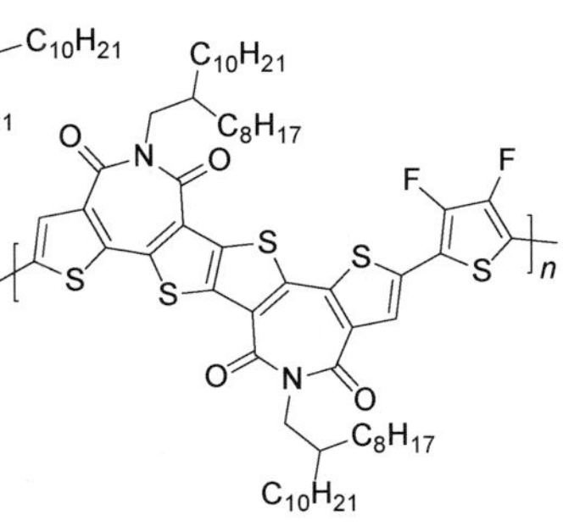

P69

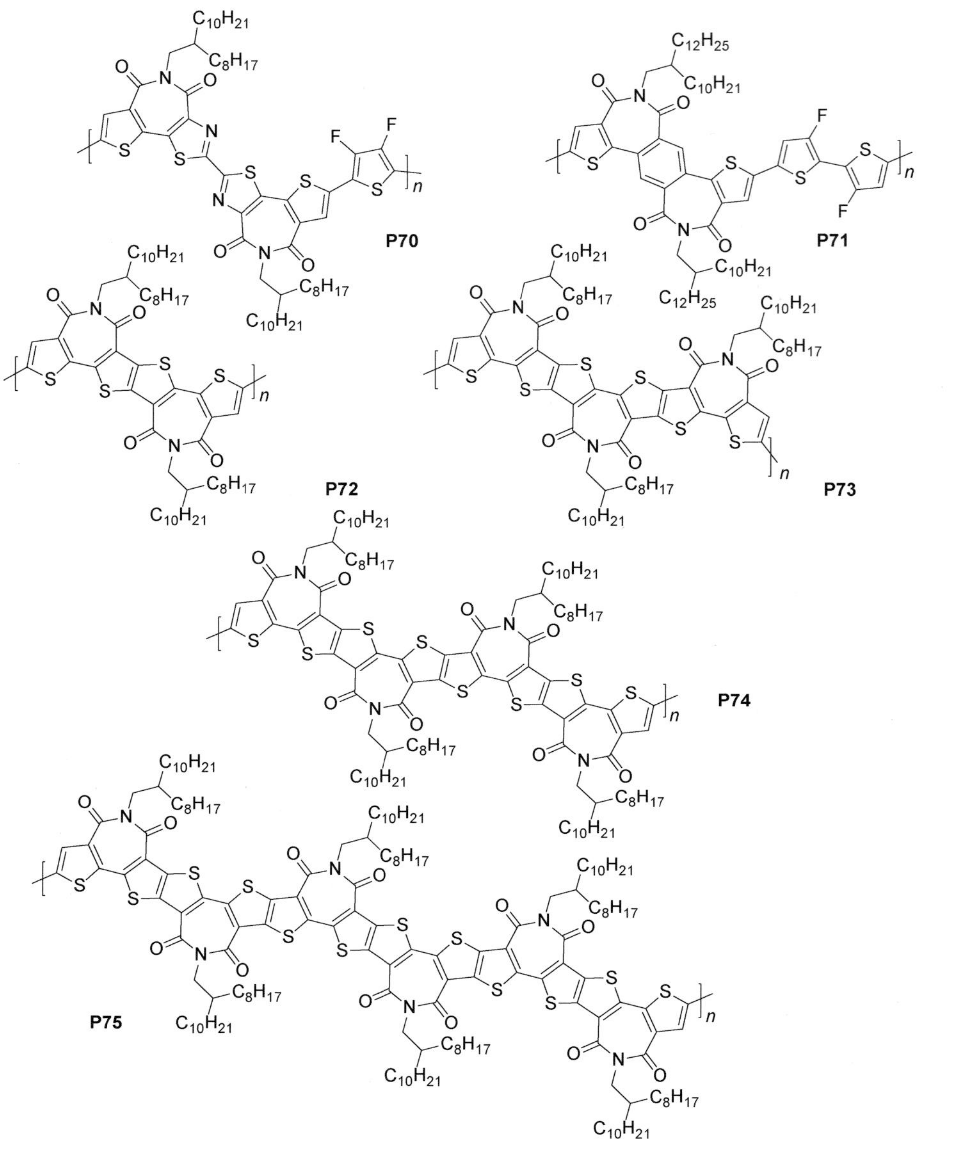

图 4-10　n 型聚合物场效应材料（2）

酰亚胺（PDI）结构单元具有较低的 LUMO 能级。占肖卫、刘云圻等人发展了第一个 PDI 类的 n 型聚合物 **P49**，其电子迁移率为 0.013 cm²/(V·s)[179]。为了优化聚合物共轭骨架的共平面性，他们又引入乙炔结构单元，发展的聚合物具有更为有序的薄膜聚集态结构，其电子迁移率进一步升高至 0.06 cm²/(V·s)[180]。另外，占肖卫等人还发展了聚合物 **P50**[181]。该聚合物的电子迁移率最高为 0.05 cm²/(V·s)。于等人基于 PDI 发展了两种具有 A-D-A'-D 结构的聚合物[182]。苯并噻二唑单元和氟原子的存在使得聚合物 **P51** 的电子迁移率进一步增至 0.07 cm^2/(V·s)。

如前所述,DPP 和异靛蓝单元的 LUMO 能级较高,要基于它们发展 n 型聚合物场效应材料就必须借助其他拉电性基团的介入。Hwang 等人报道了一种腈基取代的 DPP 类聚合物 **P52**[183]。该聚合物的 LUMO 能级低至 -4.1 eV,其电子迁移率最高达到 1.2 cm^2/(V·s)。Li 等人通过直接碳氢活化聚合方法发展了含有噻唑结构的 DPP 类聚合物 **P53**[184]。该聚合物场效应器件表现出 n 型载流子输运性能,其电子迁移率最高值为 0.53 cm^2/(V·s)。耿延候等人发展了吡啶 DPP 类聚合物 **P54**[185]。在吡啶型氮原子和氟原子取代基的共同作用下,该聚合物的 LUMO 能级降至 -3.80 eV。基于该聚合物的场效应器件的电子迁移率高达 1.35 cm^2/(V·s)。胡文平等人基于喹啉 DPP 电子受体单元发展了聚合物 **P55**。该聚合物的 LUMO 能级为 -3.84 eV[186]。由于空穴注入能垒的存在,聚合物 **P55** 场效应器件主要展现出 n 型载流子输运性能,其电子迁移率高达 6.04 cm^2/(V·s)。在相同的分子设计策略下,基于氮杂异靛蓝结构单元的聚合物也展现出 n 型载流子输运性能。McCulloch 等人将其与苯并噻二唑单元共聚发展了聚合物 **P56**[187]。研究结果显示,该聚合物具有高的电子亲和能(4.1 eV)和高平面性的共轭骨架。该聚合物场效应器件的电子迁移率最高值为 1.0 cm^2/(V·s)。于贵等人成功利用三氟甲基的引入实现了聚合物载流子极性的反转[188]。研究结果表明,三氟甲基不但能够拉低聚合物的前线轨道能级,还能诱导形成分子内非共价键相互作用从而得到高平面性的共轭骨架构象。所得聚合物 **P57** 的电子迁移率为 0.11 cm^2/(V·s)。耿延候等人用多氟化策略发展了聚合物 **P58** 和 **P59**[189,190]。在多个氟原子取代基的存在下,这两个聚合物的 LUMO 能级也达到了 -3.80 eV 和 -4.01 eV,它们的电子迁移率分别为 4.97 cm^2/(V·s) 和 1.24 cm^2/(V·s)。

发展新型电子受体单元是开发新型高性能 n 型聚合物场效应材料的有力方法。2013 年,裴坚和 Li 等人分别发展了优秀的双(氧代吲哚基亚烷基)苯并二呋喃二酮电子受体单元(BDOPV)[191,192]。由于裴坚等人采用了更长的支链烷基作为侧链,使得所得聚合物 **P60** 表现出了更好的可溶液处理性和载流子输运性能,其电子迁移率为 1.10 cm^2/(V·s)。而经过系统的侧链结构优化和性能优化后,发现聚合物 **P60** 的电子迁移率可达 1.70 cm^2/(V·s),要明显高于具有其他结构侧链的同类聚合物[193]。随后裴坚等人用氟原子对该类聚合物的前线轨道能级和分子自组装行为进行调控[194]。所得聚合物 **P61** 和 **P62** 的 LUMO 能级和 HOMO 能级分别为 -4.26/-6.19 eV 和 -4.30/-6.22 eV。尤为重要的是,聚合物 **P61** 薄膜的分子聚集态结构比聚合物 **P62** 薄膜的更为有序,同时也具有较小的 π-π 堆积距离。该研究结果反映了氟原子取代位置对聚合物的分子间相互作用和场效应性能有着重要的影响。相应的聚合物 **P61** 的电子迁移率为 $1.70\ cm^2/(V\cdot s)$,明显高于聚合物 **P62** 的 $0.81\ cm^2/(V\cdot s)$。当在单个聚合物单元中引入更多氟原子时,所得的聚合物 **P63** 的场效应器件展现出典型的非线性输运特征[195]。在低栅压区,器件的电子迁移率高达 $14.9\ cm^2/(V\cdot s)$,而在高栅压区,其电子迁移率为 $1.24\ cm^2/(V\cdot s)$。当 BDOPV 和连二噻吩共聚时,所得到的聚合物 **P64** 的电子迁移率可达 $1.74\ cm^2/(V\cdot s)$[196]。经过溶液中分子聚集态调控,聚合物 **P64** 的电子迁移率进一步提高至 $3.20\ cm^2/(V\cdot s)$[197]。裴坚等人也发展了含有氮原子的 azoBDOPV 电子受体单元及聚合物 **P65**[198]。氮原子的引入不但降低了聚合物的 LUMO 能级,也在聚合物 **P65** 链内诱导形成了 N…S 非共价键相互作用,从而有力提升了聚合物的电子输运性能,其迁移率高达 $3.22\ cm^2/(V\cdot s)$。郭旭岗等人发展了一系列含内酰亚胺结构的电子受体单元及(半)梯形聚合物场效应材料[199,200]。如双噻吩酰亚胺(BTI)均聚物 **P66** 的电子迁移率高达 $3.71\ cm^2/(V\cdot s)$,然而双噻唑酰亚胺(BTzI)均聚物 **P67** 的电子迁移率仅为 $0.015\ cm^2/(V\cdot s)$。这可能要归因于聚合物 **P67** 薄膜较差的分子排列有序性。该课题组还发展了聚合物 **P68**~**P70**[200,201]。相比聚合物 **P68**,聚合物 **P69** 具有更为线性和平面性的共轭骨架构象,所以其具有较聚合物 **P68** 更高的电子迁移率[$1.13\ cm^2/(V\cdot s)$]。由于噻唑酰亚胺二聚体(DTzTI)噻唑的强拉电性和更为平面的共轭骨架,聚合物 **P70** 也表现出比聚合物 **P68** 更高的 n 型载流子输运性能,其电子迁移率为 $0.91\ cm^2/(V\cdot s)$。类似聚合物 **P71** 的电子迁移率则最高为 $0.40\ cm^2/(V\cdot s)$。另外,郭旭岗等人还发展了系列结构新颖的均聚物 **P72**~**P75** 等[199]。其中,聚合物 **P72** 的电子输运特性最为突出,其电子迁移率高达 $1.34\ cm^2/(V\cdot s)$。其他三种聚合物较低的器件性能可能归因于它们大的、刚性的共轭骨架。这些大共轭骨架限制了聚合物分子在自组装过程中的运动自由度,从而降低了聚合物薄膜微观结构的有序性。

4.3.3 双极性聚合物场效应材料

相对来讲,发展双极性聚合物材料特别是发展具有平衡双极性、高性能聚合物材料是比较困难的,因为这个过程不但要调控聚合物的 HOMO 能级还要调控 LUMO 能级,使其都处于各自一个合理的范围内。2012 年,Wudl 等人基于苯并双噻二唑(BBT)发展了双极性聚合物 **P76**(图 4-11),其 LUMO 能级为 -3.8 eV[202]。

该聚合物薄膜器件的空穴迁移率和电子迁移率分别为 $0.7\ cm^2/(V\cdot s)$ 和 $1.0\ cm^2/(V\cdot s)$。Rumer 等人发展了一类基于苯并二吡咯烷酮结构单元的聚合物 **P77**，其 HOMO 能级为 $-5.4\ eV$，而 LUMO 能级低于 $-3.8\ eV$[203]。其场效应器件也展现出平衡的双极性载流子输运性能，其空穴迁移率和电子迁移率分别为 $0.2\ cm^2/(V\cdot s)$ 和 $0.1\ cm^2/(V\cdot s)$。刘云圻和于贵等人将二噻吩基乙烯单元和 NDI 共聚发展了双极性聚

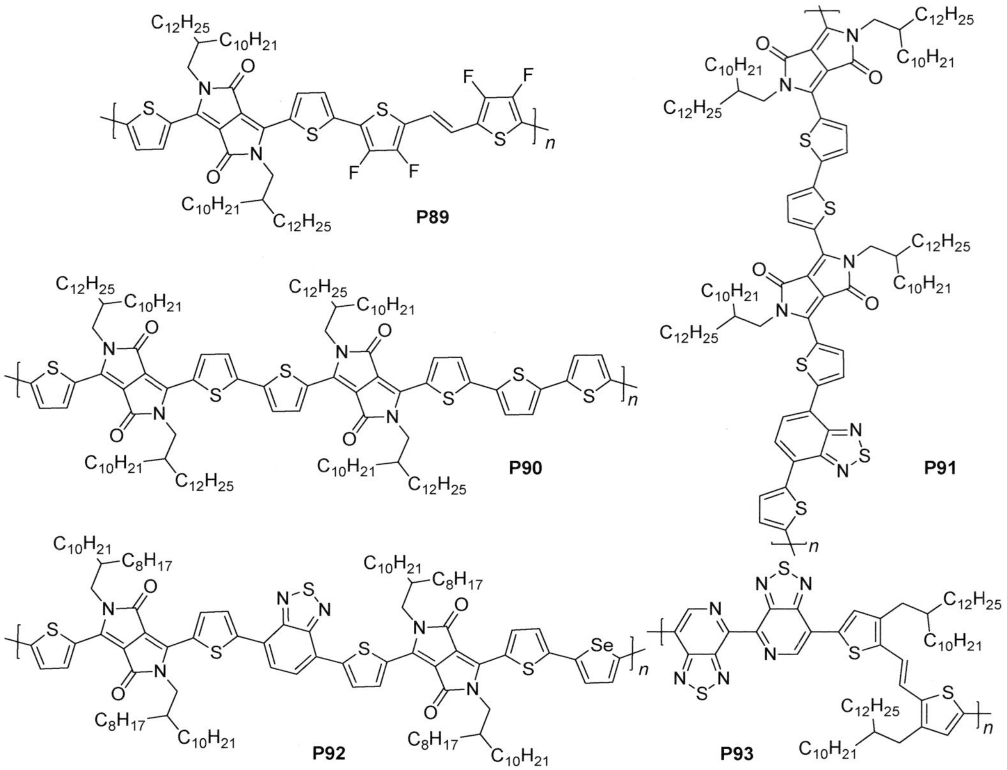

图 4‑11　双极性聚合物场效应材料（1）

合物 **P78**[204]。该聚合物的空穴迁移率和电子迁移率分别为 0.30 cm²/(V·s) 和 1.57 cm²/(V·s)。于等人将氟原子引入共轭骨架后,不但同时降低了聚合物的 HOMO 能级和 LUMO 能级,也诱导形成了 F···H 氢键,从而使得聚合物薄膜的分子聚集态结构有序性明显加强,聚合物 **P79** 的电子迁移率升高至 3.20 cm²/(V·s),但其空穴迁移率降至 6.42 × 10⁻² cm²/(V·s)[205]。刘云圻和陈华杰等人发展了两种 NDI 类聚合物 **P80** 和 **P81**[171],它们具有优异的双极性载流子输运性能,其中含有苯并噻二唑结构的聚合物 **P80** 的空穴迁移率和电子迁移率分别为 0.7 cm²/(V·s) 和 3.1 cm²/(V·s),而苯并硒二唑结构的聚合物 **P81** 的空穴迁移率和电子迁移率则高达 1.7 cm²/(V·s) 和 8.5 cm²/(V·s)。

　　DPP 结构单元也常用于制备双极性聚合物场效应材料。Dodabalapur 等人将 DPP 与苯并噻二唑单元共聚发展了聚合物 **P82**[206]。它的 HOMO 能级和 LUMO 能级分别为 −5.2 eV 和 −4.0 eV,非常有利于空穴和电子的注入与输运。以该聚合物构筑的薄膜器件的空穴迁移率和电子迁移率分别为 0.35 cm²/(V・s) 和 0.40 cm²/(V・s)。采用顶栅的薄膜器件可以给出空穴迁移率和电子迁移率都超过 0.50 cm²/(V・s) 的平衡、优异双极性载流子输运性能。Wudl 等人发展的含有 BBT 结构单元的 DPP 类聚合物 **P83**,其带隙仅为 0.65 eV[207]。该聚合物场效应器件的空穴迁移率和电子迁移率都大于 1.0 cm²/(V・s)。含有杂化硅氧醚侧链的 DPP 类聚合物 **P84**~**P86** 展现出极为优越的双极性性能[208,209]。Oh 等人通过溶液剪切工艺制备了聚合物 **P86** 场效应器件,其空穴迁移率高达 3.97 cm²/(V・s),其电子迁移率也高至 2.20 cm²/(V・s)。随后,研究人员进一步系统地优化了它们的侧链结构,其中聚合物 **P85** 的空穴迁移率和电子迁移率更是分别达到 8.84 cm²/(V・s) 和 4.34 cm²/(V・s)。研究发现,聚合物薄膜中高效的 π-π 堆积和三维的载流子输运通道是该类聚合物取得高场效应性能的主要原因。于贵等人发展的噻唑 DPP 类聚合物,也实现了平衡的双极性载流子输运性能,其中聚合物 **P87** 场效应器件的空穴迁移率和电子迁移率分别达到 1.46 cm²/(V・s) 和 1.14 cm²/(V・s)[210]。于贵等人还将 DPP 与二(3-氟噻吩)乙烯结构单元共聚,通过 F…H 构象锁的引入调控聚合物的场效应性能[211]。所得聚合物 **P88** 展现了不平衡的双极性载流子输运性能,其空穴迁移率和电子迁移率分别为 5.42 cm²/(V・s) 和 0.36 cm²/(V・s)。而耿延候等人将其与二(3,4-二氟噻吩)乙烯结构单元共聚得到的聚合物 **P89** 的电子输运性能得到很大提高,其空穴迁移率和电子迁移率最高分别为 3.40 cm²/(V・s) 和 5.86 cm²/(V・s)[212]。在发展高性能聚合物场效应材料的过程中,刘云圻等人提出了双受体分子设计策略(dual-acceptors molecular design strategy)和三受体分子设计策略(triple-acceptors molecular design strategies),并以此发展多个系列具有平衡双极性的高性能聚合物场效应材料。含有双 DPP 结构聚合物 **P90** 的空穴迁移率和电子迁移率分别为 4.16 cm²/(V・s) 和 3.01 cm²/(V・s)[213]。而含有三 DPP 结构聚合物 **P91** 也展现出优异的双极性输运性能,其空穴迁移率和电子迁移率分别为 3.01 cm²/(V・s) 和 3.84 cm²/(V・s)[214]。胡文平等人通过两步碳氢活化策略发展的聚合物 **P92** 则取得了更为优异的双极性输运性能,其空穴迁移率和电子迁移率分别为 8.90 cm²/(V・s) 和 7.71 cm²/(V・s),是目前双极性聚合物场效应材料的最高值之一[215]。刘云圻等人基于吡啶噻二唑发展了对称的双吡啶噻二唑电子受体单元。以其构建的聚合物 **P93** 具有优异的双极性载流子输运性能,其器件空穴迁移率和电子迁移率分别为 6.87 cm²/(V・s) 和 8.49 cm²/(V・s),也是目前聚合物电子学研究领域取得的最优结果之一[216]。

通过引入具有强拉电性的杂原子如卤素原子和氮原子等,异靛蓝类聚合物也展现出优异的双极性载流子输运性能。裴坚等人向聚合物共轭骨架中引入氟原子和氯原子,分别得到了聚合物 **P94** 和 **P95**[217,218](图 4-12)。含有氟聚合物 **P94** 的 HOMO 能级和 LUMO 能级分别为 -5.46 eV 和 -3.96 eV,其空穴迁移率和电子迁移率分别为 0.43 cm²/(V·s) 和 1.85 cm²/(V·s)。而含氯聚合物 **P95** 的 HOMO 能级和 LUMO 能级分别为 -5.57 eV 和 -3.84 eV,其空穴迁移率和电子迁移率分别为 0.81 cm²/(V·s) 和 0.66 cm²/(V·s)。耿延候等人采用多氟化策略发展的聚合物 **P96** 和 **P97** 也都具有平衡的双极性输运性能[189]。其中,聚合物 **P96** 的 HOMO 能级和 LUMO 能级分别为 -5.54 eV 和 -3.70 eV,聚合物 **P97** 的 HOMO 能级和 LUMO 能级分别为 -5.82 eV 和 -3.83 eV。聚合物 **P96** 的空穴迁移率和电子迁移率分别为 3.49 cm²/(V·s) 和 2.47 cm²/(V·s),而聚合物 **P97** 的空穴迁移率和电子迁移率分别为 3.94 cm²/(V·s) 和 3.50 cm²/(V·s)。于贵等人通过氟原子和氮原子结合的调控策略,发展了基于氮杂异靛蓝结构的聚合物 **P98**[219]。以该聚合物为载流子输运层制备的场效应器件展现出空穴迁移率和电子迁移率分别为 3.44 cm²/(V·s) 和 3.88 cm²/(V·s),制备的反相器件的增益值大于 200。由于具有理想的 LUMO 能级,BDOPV 也是构建高性能双极性聚合物的理想电子受体单元。裴坚等人将其与并二噻吩聚合获得了聚合物 **P99**[220],该聚合物在空气中展现出平衡的双极性输运性能,其空穴迁移率和电子迁移率分别为 1.70 cm²/(V·s) 和 1.37 cm²/(V·s)。于贵等人通过分子协同设计策略,发展了基于 azaBDOPV 结构单元的双极性聚合物 **P100** 和 **P101**[221]。其中,聚合物 **P100** 的玻璃态转化温度(140 ℃)要明显低于苯二甲酸乙二醇酯(PET)的形变温度(150 ℃),这为制备高性能柔性场效应器件奠定了良好基础。以聚合物 **P100** 为活性层、以 PET 为基底的场效应器件表现出平衡的、双极性输运性能和空气稳定性,其空穴迁移率和电子迁移率最高分别为 4.68 cm²/(V·s) 和 4.72 cm²/(V·s)。用硫醇对器件电极进行修饰后,器件的空穴迁移率和电子迁移率进一步提高至 5.97 cm²/(V·s) 和 7.07 cm²/(V·s)。在空气中放置 30 天,该柔性器件的空穴迁移率和电子迁移率依然高达 5.21 cm²/(V·s) 和 5.91 cm²/(V·s)。随后,于贵等人还为研究该类共轭骨架的硫族原子效应发展了聚合物 **P102~P104**[222]。研究发现,随着硒原子的引入,相应聚合物的载流子输运性能经过了一个先升高、后降低的过程。其中,聚合物 **P103** 的空穴迁移率和电子迁移率最高,分别为 0.27 cm²/(V·s) 和 2.68 cm²/(V·s)。

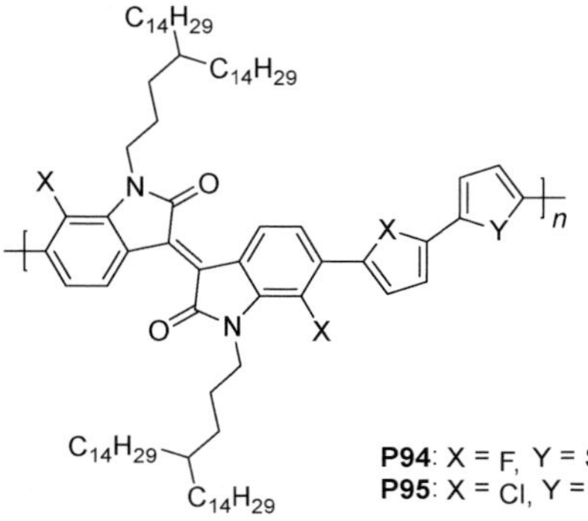

图 4-12 双极性聚合物场效应材料（2）

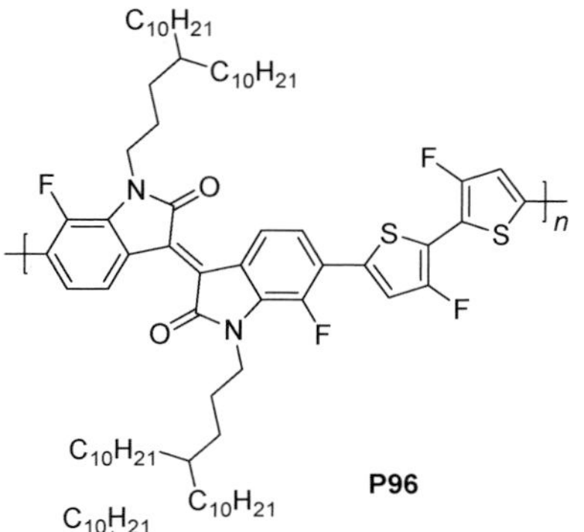

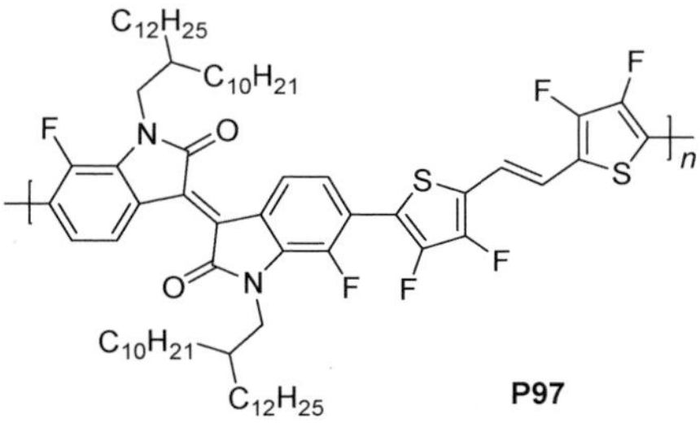

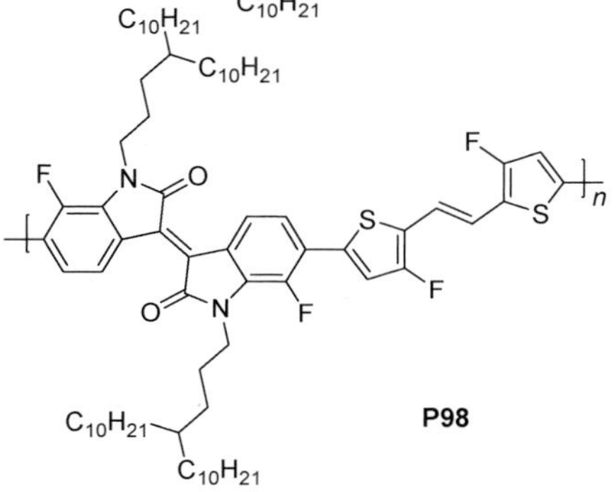

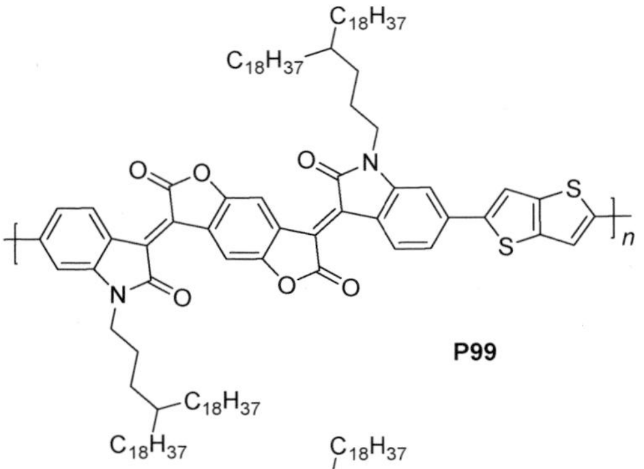

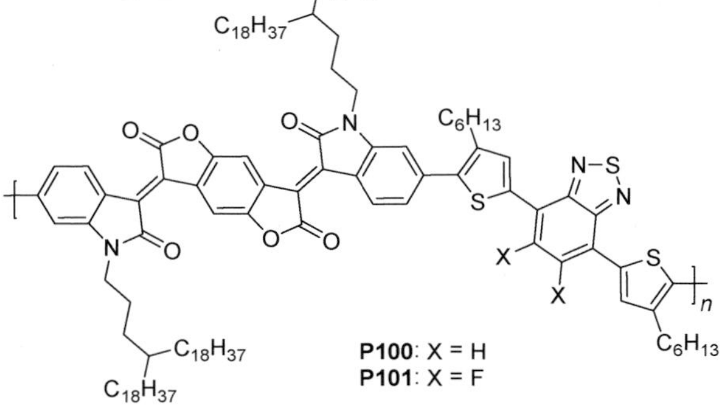

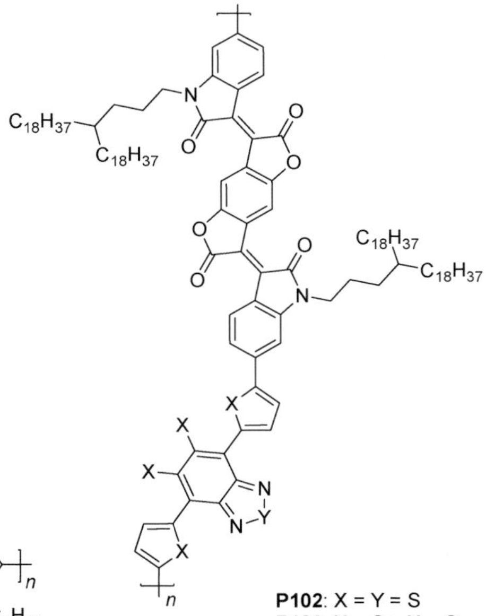

4.3.4 介观聚合物场效应材料

小分子半导体材料具有精确的分子结构,但通常因为其溶液性差而难以实现大面积溶液加工;而传统聚合物半导体材料的合成又往往存在主链结构缺陷密度高和批次差异大等问题,影响了聚合物半导体材料的品质和器件性能,严重制约了其宏量合成和大规模器件应用。针对此重要的科学问题,胡文平、董焕丽等人近期发展了一种分子量为 1~10 kDa 的新型共轭材料体系,称之为"介观聚合物(Mesopolymer)"[223]。该类共轭材料体系具有寡聚物分子量,且兼具共轭聚合物合成简单、可宏量制备、溶液加工性好、与小分子结构规整、缺陷密度低等优势,因而该类材料具有优异的电荷传输性能(表 4-1)。

表 4-1 介观聚合物和传统聚合物性能比较

材料结构式	名 称	产率/%	(M_n/M_w)/kDa	Đ	E_g/eV	(HOMO/LUMO)/(eV/eV)	$\mu_{h,max}$ [cm²/(V·s)]	$\mu_{e,max}$ [cm²/(V·s)]
	Poly-DPPBTz	68	53.0/88.7	1.67	1.20	−5.15/−3.95	0.86±0.18	0.49±0.10
	Meso-DPPBTz	93	5.3/8.5	1.61	1.22	−5.25/−4.03	0.90±0.22	3.30±0.65
	Poly-DPPPh	55	34.2/86.3	2.52	1.54	−5.23/−3.70	0.15±0.04	0.005±0.001
	Meso-DPPPh	71	8.9/20.3	2.28	1.53	−5.29/−3.75	0.48±0.12	0.62±0.13
	Poly-DPPNaPh	60	30.5/81.8	2.68	1.60	−5.19/−3.59	0.16±0.04	0.006±0.003
	Meso-DPPNaPh	83	7.2/11.1	1.54	1.62	−5.28/−3.66	0.33±0.14	0.38±0.11
	Poly-SeDPPBTz	43	36.5/75.4	2.07	1.07	−4.99/−3.92	0.80±0.20	0.43±0.12
	Meso-SeDPPBTz	82	4.9/6.0	1.25	1.09	−5.07/−3.98	1.91±0.37	1.78±0.43

材 料 结 构 式	名 称	产率/%	(M_n/M_w)/kDa	$Đ$	E_g/eV	(HOMO/LUMO)/(eV/eV)	$\mu_{h,max}$/[cm²/(V·s)]	$\mu_{e,max}$/[cm²/(V·s)]
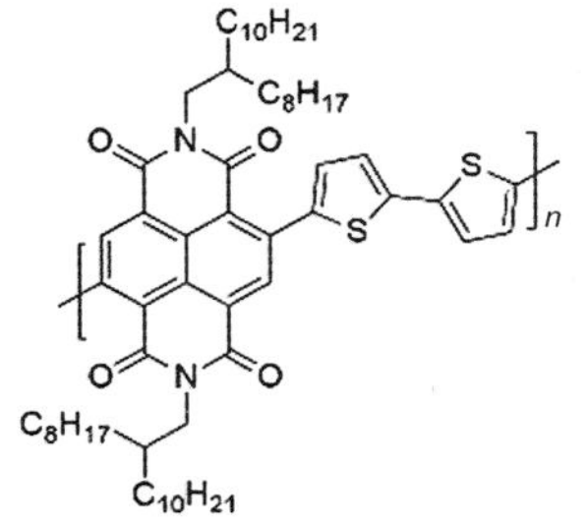	Poly-NDIBT	96	15.6/30.1	1.93	1.44	−5.63/−4.19	—	0.38 ± 0.11
	Meso-NDIBT	93	8.3/12.9	1.55	1.45	−5.68/−4.23		0.65 ± 0.14
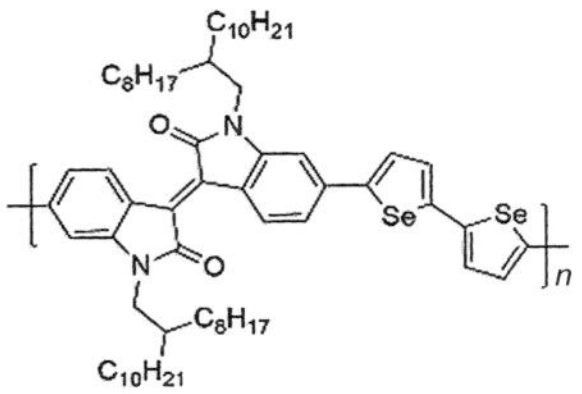	Poly-iIBSe	96	16.4/39.4	2.40	1.61	−5.26/−3.65	0.50 ± 0.11	
	Meso-iIBSe	89	7.3/11.0	1.51	1.61	−5.26/−3.65	0.46 ± 0.07	—

　　高性能介观聚合物制备的关键在于控制产物主链的增长速率,以及限制主链上自偶联和 β 位偶联缺陷的产生。传统的共轭聚合物通过 Suzuki 或者 Stille 法聚合来制备,这两种方法通常难以精确控制主链的增长。研究人员通过选择可配体调控的直接芳基化聚合反应来制备介观聚合物。通过大量条件筛选,研究人员发现大位阻、富电子的金刚烷膦配体能够满足上述要求,可以将反应产物的数均分子量控制在 1～10 kDa。研究人员基于模型底物 meso-DPPBTz 进行了主链缺陷结构的细致分析:升温核磁共振氢谱和基质辅助激光解吸电离飞行时间质谱证实 meso-DPPBTz 是严格规整的交替结构,不存在自偶联组分;小分子参照实验及理论计算结果证明 meso-DPPBTz 不存在 β 位缺陷。更重要的是,meso-DPPBTz 的多批次合成展示出良好的重复性。紫外可见吸收光谱和紫外光电子能谱揭示:meso-DPPBTz 比对应的聚合物 poly-DPPBTz 具有更宽的带隙和更低的 LUMO 能级,是一种潜在的电子和双极性传输半导体材料。进一步地,研究人员通过筛选出的直接碳氢活化聚合方法合成了一系列基于不同结构基元的介观聚合物(图 4-13)。在柔性顶栅场效应管的器件研究中,研究人员发现介观聚合物电子传输能力远超传统聚合物(最大性能提升比达 124 倍)。由于介观聚合物具有适中的分子量、溶解性和黏度特性,在大面积可溶液加工制备器件方面展现了潜在的应用前

景,如基于该类材料喷墨打印法制备的场效应晶体管器件拥有目前报道的该类器件最优性能。

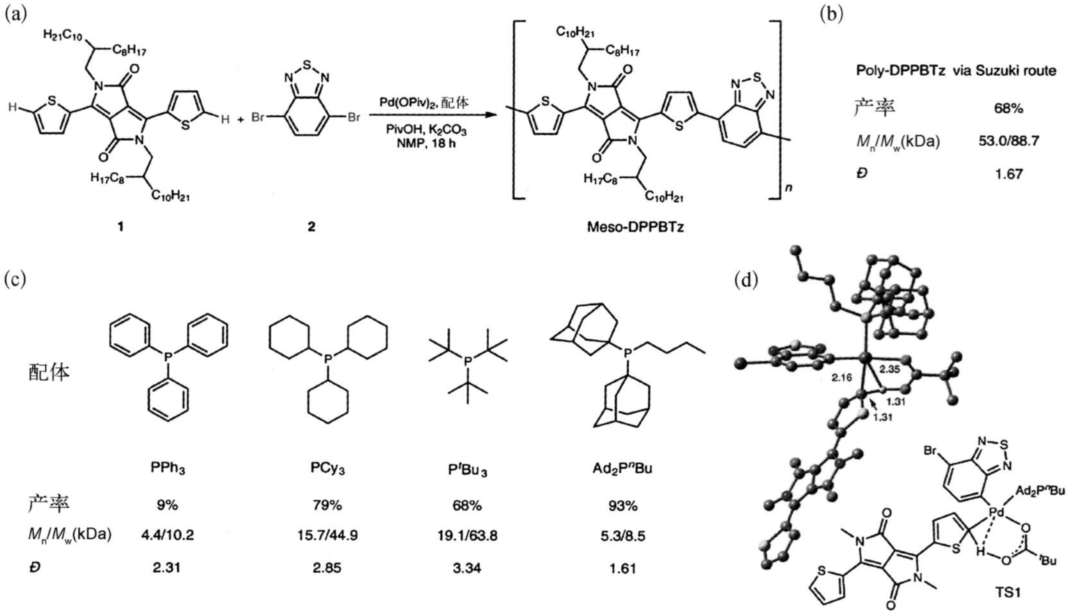

图4‑13 直接碳氢活化聚合反应制备介观聚合物 meso‑DPPBTz、催化剂筛选及金刚烷膦（Ad₂PnBu）配体催化过渡态单晶结构解析

作为一类新型共轭半导体,介观聚合物有望克服传统共轭材料的不足,实现功能方面的突破。介观聚合物新概念材料的提出,将进一步丰富有机材料体系的内涵,推动有机光子学、生物传感、生物检测等相关领域的研究。

4.3.5 有限共轭聚合物场效应材料

前面所述的聚合物场效应材料其实是共轭聚合物场效应材料的简称,它们都具有完全共轭的聚合物主链结构。尽管目前共轭聚合物的载流子迁移率已经可以满足部分柔性电子器件工作的需要,但是距离它们真正地广泛应用仍有一段较长的路要走。其主要原因在于目前的高迁移率共轭聚合物大都具有平面、刚性的共轭骨架,从而也具有较差的本征柔性,而具有优异本征柔性的共轭聚合物往往展现出较低的载流子迁移率,从而极大地阻碍了它们在柔性电子学器件中的直接应用。高迁移率和优异本征柔性犹如鱼与熊掌,两者似乎不可兼得? 其实,此类两难的科学问题也同样存在于聚合物电子学的其他领域，比如聚合物 OLET 中强发光与高迁移率的集成问题或聚合物 OPV 中给受体堆积与相分离的平衡问题等。这些都直接关系着聚合物电子学器件应用前景。所以说，实现高迁移率和优异本征柔性的本征统一不但能够推动聚合物柔性场效应晶体管器件的发展，而且对其他聚合物电子学器件的发展也具有方法论意义。

为了提高聚合物场效应材料的本征柔性，2014 年 K. Sivula 等人将 1,10 -亚癸基基团引入聚合物主链中，发展了一类新型的主链含柔性结构单元的原型聚合物材料 **P105**[224]（图 4 - 14）。尽管此聚合物的载流子输运性能较低，其空穴迁移率最高值只有 $0.04\ cm^2/(V \cdot s)$，但它的出现仍然为聚合物场效应材料的发展带来了曙光。随后，Mei 等人将不同长度的亚烷基结构引入 D - A 型聚合物主链中，发展了包括 **P106** 在内一系

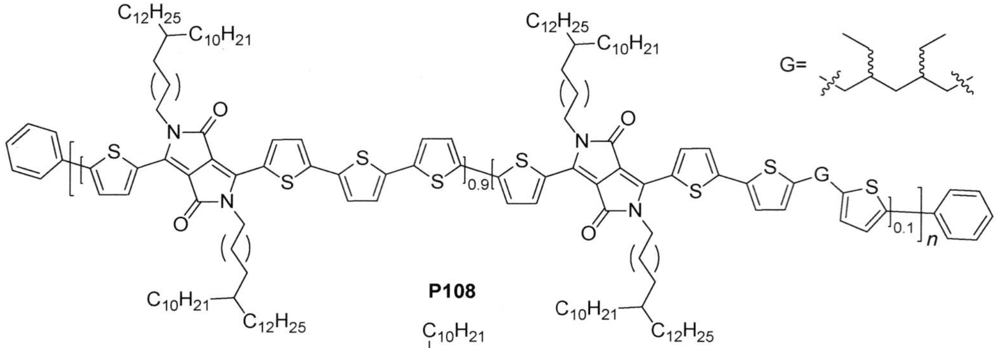

P108

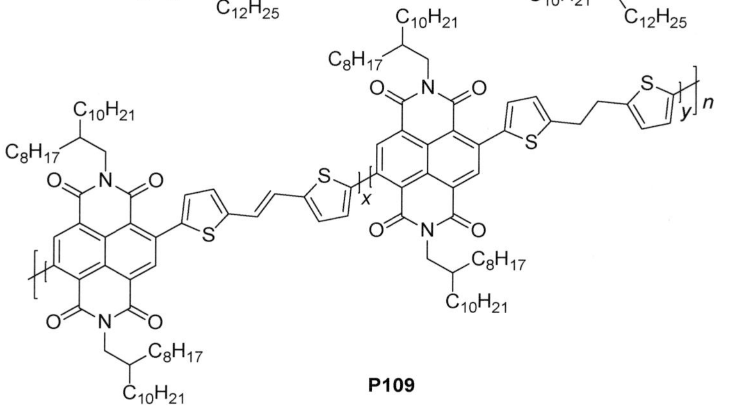

P109

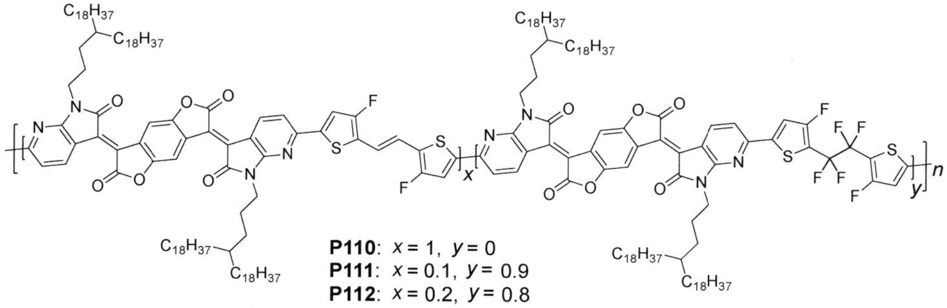

P110: x = 1, y = 0
P111: x = 0.1, y = 0.9
P112: x = 0.2, y = 0.8

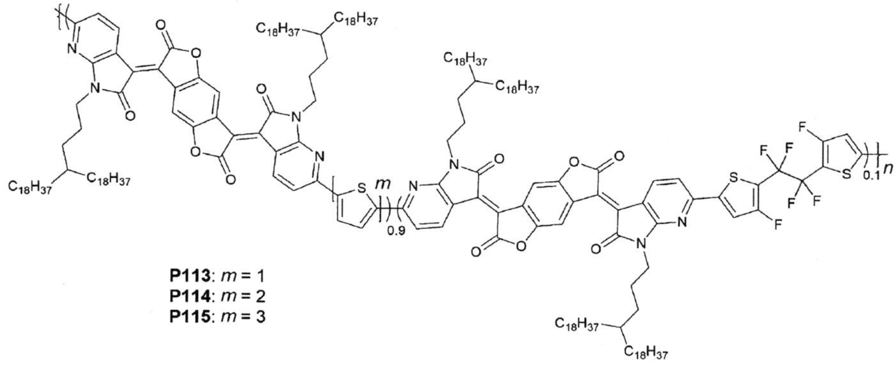

P113: m = 1
P114: m = 2
P115: m = 3

图 4-14　有限共轭聚合物半导体材料结构式

列基于 DPP 的主链含柔性结构单元聚合物,并研究了它们的场效应性能[225-228]。他们发现该类聚合物材料具有优良的热学性能和机械性能,可以和传统的共轭聚合物在共混熔融条件下制备出聚合物薄膜场效应器件。

2016 年,鲍哲南等人将含有杂化(芳基)结构的柔性结构单元引入聚合物主链中,发展了一系列主链含柔性结构单元的新型聚合物(包括 **P107** 和 **P108** 等)及其柔性场效应晶体管器件[229,230]。所得到的柔性器件展现出优越的可拉伸、弯曲等柔性性能,以及薄膜微观结构和器件性能的可恢复性。特别是以主链含有 2,6 -吡啶二酰胺结构的聚合物材料 **P107** 制备的柔性场效应阵列的空穴迁移率超过 1 cm²/(V·s),第一次真正意义上显示了主链含有柔性结构基元聚合物材料在柔性晶体管器件上使用的可能性和巨大前景。同年,Facchetti 等人发展了一类萘酰亚胺类 n 型和双极性的主链含有柔性结构单元的聚合物 **P109**[231]。基于此类聚合物制备的场效应晶体管器件的电子迁移率最高为 0.3 cm²/(V·s)。此时,主链含有柔性结构单元的聚合物场效应材料,不管是载流子输运性能还是数量,都和传统聚合物场效应材料有着巨大的差距。2020 年,于贵等人在分析了此类聚合物材料结构和性能的基础上提出了它们的结构设计原则[232,233]。(1)柔性非共轭结构片段的引入必然会导致聚合物主链共轭程度减小,从而使得主链含有柔性结构基元的聚合物场效应材料具有较其母体共轭聚合物材料更低的载流子输运性能,这也是聚合物材料本征柔性增强的代价之一。所以只有选择具有优异载流子输运性能的 D - A 型聚合物共轭结构母体(D - A 单元组合)才能得到高性能主链含有柔性结构基元的聚合物场效应材料。(2)新型柔性非共轭片段应具有和 D - A 型聚合物半导体母体共轭主链良好兼容的结构特点。理想的柔性非共轭单元不但能够增强聚合物材料的溶液加工性和内在柔性,还要能够在较小程度上影响甚至能够优化和提高聚合物材料的前线轨道能级结构、结晶性、分子内/间相互作用、分子组装性能,从而有利于取得高度有序的聚集态结构和优异的载流子输运性能。其中,有序的聚集态结构尤为重要,因为柔性非共轭片段的嵌入会在一定程度上减弱聚合物半导体的载流子链内传输,从而使其链间传输变得更为重要。而链间传输主要沿 π - π 方向进行,它取决于分子堆积的有序性。另外,潜在性能优异的柔性非共轭单元应含有能加强分子内/间相互作用的拉电性结构或取代基。进一步地,他们将四氟乙烯片段按照不同比例引入 NBDO - *alter* - FDTE 聚合物共轭主链中,得到了系列聚合物及其母体聚合物 **P110**。研究结果表明,随着四氟乙烯片段的引入,该系列聚合物的本征柔性、溶解度和溶液处理性显著增强。当四氟乙烯片段引入比例小于 0.4 时,聚合物的前线轨道能级几乎保持不变,并且其薄膜都具有高度有序、层状堆积、晶态、分子呈直立排列、强 π-π 相互作用的聚集态结构，说明四氟乙烯片段与 NBDO-*alter*-FDTE 共轭骨架有着十分优异的兼容性。当四氟乙烯片段的引入比例不大于 0.2 时，聚合物都具有优异的载流子输运性能，且其空穴迁移率和电子迁移率的比值也几乎保持不变。**P110** 的电子迁移率为 7.43 cm^2/(V·s)，而 **P111** 和 **P112** 的电子迁移率分别为 7.25 cm^2/(V·s) 和 6.00 cm^2/(V·s)，两者都是目前聚合物电子学领域取得的最优结果之一。

研究结果揭示，向 D-A 型聚合物母体共轭主链中引入氟代非共轭片段是发展高性能聚合物场效应材料的有效途径。该研究结果第一次使得该类聚合物场效应材料具有了和传统共轭聚合物场效应材料媲美的载流子输运性能，显示了该类聚合物材料具有巨大的潜在发展前景。在此基础上，于贵等人在国际上首次提出了有限共轭聚合物（finitely conjugated polymers）概念，进而将此前所有的聚合物半导体分成全共轭聚合物半导体（finitely conjugated polymer semiconductors）和有限共轭聚合物半导体（fully conjugated polymer semiconductors）两大类，使得聚合物半导体材料的研究和开发路线思路更为清晰。随后，于贵等人进一步研究了有限共轭聚合物的共轭骨架对称性效应。他们以噻吩、连二噻吩、连三噻吩为电子给体单元，发展了系列含有四氟乙烯片段的有限共轭聚合物 **P113~P115**。研究发现，具有中心对称结构的连二噻吩衍生的 **P114** 具有线性 π-共轭骨架构象，能够形成高度有序、分子呈直立状排列、具有强 π-π 相互作用的晶态薄膜，并拥有优异的电子输运性能，其电子迁移率高达 4.15 cm^2/(V·s)。而具有轴对称结构的噻吩和连三噻吩衍生的两种聚合物具有波浪形 π-共轭骨架构象，其薄膜有序性和载流子输运性能都较低。研究结果表明，构建线性 π-共轭骨架构象对发展高性能有限共轭聚合物半导体至关重要。

4.4　有机高分子材料聚集态调控

通过合理设计得到的有机半导体分子，包括小分子和聚合物，对其光电性能表征往往采取构筑基于薄膜器件这种简单方式。一般认为，有机半导体的电荷传输采取 hopping 模型，而聚集态中往往存在分子间、分子内等多种作用力，影响其在固态薄膜中的堆积方式和电荷传输机制，从而直接影响薄膜器件的光电性能。因而，要想实现对有机半导体材料本征性能的正确评估及认识，材料的聚集态研究，包括分子的有序性、规整度、缺陷密度等方面将对我们获得具有排列有序的分子结构和高效电荷传输的光电器件大有裨益。

4.4.1 小分子半导体材料聚集态结构调控

对于有机小分子的结构调控主要基于薄膜和单晶的聚集态。在有机半导体小分子器件制备过程中,最常见的成膜的制备方式是真空蒸镀,在高真空(10^{-4} Pa)下,通过对高度纯化的有机材料加热,达到其饱和蒸气压升华成气态,最后沉积在衬底上。在真空蒸镀中,基板温度和沉积速率这两个参数的优化调控对薄膜聚集态的分子堆积结构及器件性能会产生很大的影响[234,235]。研究结果表明,在一定的基板温度范围内,升高温度可以提升分子堆积的有序性和结晶度,所获得的器件迁移率也随之升高,继续升高温度则会使分子堆积趋于无序,且出现岛状生长的晶界,从而阻碍载流子传输,降低器件的性能。相较于有机小分子半导体薄膜的结构局限性,有机半导体单晶由于其长程有序、无晶界和极低的缺陷密度,有利于深入理解电荷传输的性质及小分子半导体的结构与性质之间的关系,从而能够更好地应用于构建高性能光电器件。

一般有机小分子半导体单晶可以通过溶液法和气相法生长获得,值得注意的是,生长得到的半导体晶体的质量,包括分子排列和晶体特性(大小、形状、晶面等)对于构筑的器件性能影响很大。基于有机小分子的单晶由于高度的有序性和较少的缺陷密度,其电荷传输性能优异,很多基于有机单晶的晶体管器件载流子迁移率超过 10 cm²/(V·s),高于非晶硅的迁移率[约 1 cm²/(V·s)],满足某些商业应用的要求。在过去的几十年中,研究人员对有机小分子半导体(如并五苯和红荧烯)进行了深入的研究,并在其基础上发展了系列高迁移率[> 10 cm²/(V·s)]的有机半导体材料,诸如前面所列举的C8 - BTBT、C10 - DNTT、F2 - TCNQ 等经典的有机小分子。

需要强调的是,基于有机单晶的场效应晶体管性能虽然优于其薄膜器件,但通过常规的晶体生长方法(如溶液滴注法、物理气相传输法)得到的晶体尺寸较小(微米-纳米级),限制了大面积集成器件的应用。为此,针对大面积二维单晶的研究引起了人们的关注,胡文平研究团队开创了"水面空间限域法",[74,236]利用单个或数个分子层厚的二维有机单晶制备有机场效应晶体管,首次实现了"二维有机单晶可控制备",提供了一类新型、高性能有机晶体管材料。近来,该课题组在印刷有机单晶器件电路方面取得了重要进展,通过利用溶液剪切法制备大面积(厘米级)有机小分子二维单晶,并辅以丝网印刷和湿法刻蚀,成功实现了全溶液法、无需真空条件的大面积有机二维单晶阵列的制备,并进一步构筑了 OFET 器件阵列和反向器等逻辑电路,获得了优异的器件性能(图 4 - 15)。[237]

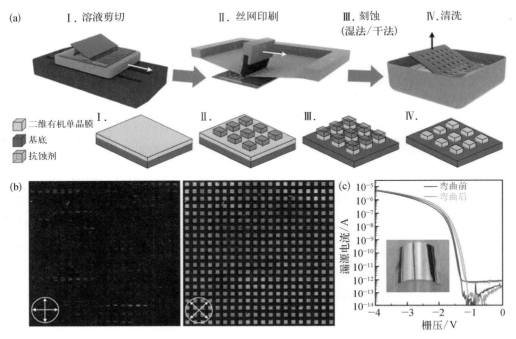

图 4 - 15　(a)大面积高度结晶有机半导体阵列的溶液印刷和图案化过程的示意图;(b)柔性基底上 C₈ - BTBT 英寸级单晶薄膜阵列的 POM 图像,正方形的边长为 400 μm;(c)柔性基底上的图案化 C₈ - BTBT 单晶晶体管在弯曲前后的典型转移 I - V 曲线,插图为柔性基底上的图案化 C₈ - BTBT 单晶晶体管阵列的 OM 图像

4.4.2　共轭高分子聚集态结构调控

相比有机小分子,共轭高分子材料由于分子量大、分子链缠结等因素,通常采用基于溶液加工方式得到的薄膜形态来开展其光电性能的研究。早期的研究侧重于设计各种结构新型的高分子,然而在器件制备过程中,发现尽管使用相同的有机半导体材料,其器件性能往往也会存在较大的差异。这主要是由于采用不同策略获得的共轭高分子的薄膜聚集态行为不同,而薄膜中共轭高分子分子链的取向、π - π 堆积距离及结晶区的大小等均会对器件性能产生显著影响。因此,多层次共轭高分子聚集态结构的调控对于材料本征性能研究和高性能器件构筑具有重要的意义,是目前该领域中研究的一个重要内容。为了获得分子链堆积紧密,以及分子高度有序取向的共轭高分子薄膜,研究

人员分别从分子设计、外界加工等角度出发,发展了系列有效控制共轭聚合物薄膜聚集的策略(图4-16),以此提高电荷在高分子链方向和链间的有效传输。

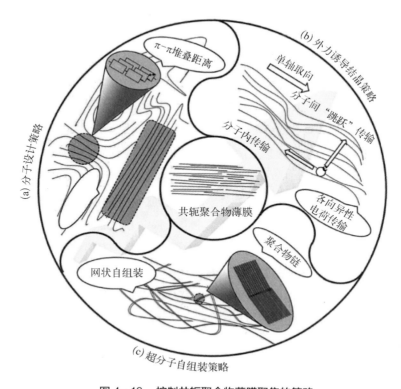

图4-16 控制共轭聚合物薄膜聚集的策略

　　(a)分子设计策略,以实现理想的分子堆积模型,提高结晶度并减小π-π堆积距离;(b)外力诱导结晶策略,以实现单轴排列的共轭聚合物薄膜,以便沿聚合物链的方向有效地进行电荷转移;(c)超分子共轭聚合物组装薄膜形态的组装策略

　　分子结构直接决定了材料的组装特性,除了前面通过对共轭骨架单元的设计来调控分子组装行为获得理想紧密的分子堆积外,侧链的调控工程同样很有必要。共轭高分子的烷基取代侧链不仅可以增加高分子的溶解度,还可能对聚合物分子平面相对于基底的堆积取向(face on:面向上;edge on:边向上)、π-π堆积的距离和薄膜中有序结晶区的大小等产生重要影响。2012年,刘云圻等人[238]通过对比不同长度烷基侧链的高分子 PDVT-8 和 PDVT-10 发现,具有更长烷基侧链的 PDVT-10 倾向于形成更规整的聚集态结构及更紧密的 π-π 堆积,从而取得了高达 8.0 cm²/(V·s) 的空穴迁移率(比 PDVT-8 性能高出 2 倍)。2014年,裴坚等[193]通过对传统的苯撑乙烯类(PPV)聚合物进行骨架结构优化与侧链工程研究,在提升 PPV 类材料电子迁移率的同时,发现较

远分叉的烷基侧链可以缩短 π－π 堆积距离,影响薄膜的形貌,其中具有奇数碳的 BDPPV－C5 具有更加有序的层状堆积结构,而性能最好的 BDPPV－C3 的电子迁移率达到了 1.40 cm²/(V·s)。可见,通过改变支链位置以缩短 π－π 堆积距离通常有助于能提升传输性能,支链取代位置还对高分子结晶性、薄膜无序性、堆积形貌等产生复杂影响,进而影响器件性能。2016 年,张德清等[166]在聚合物侧链中引入脲基团,得到了侧链含功能基团的共轭聚合物。由于侧链间的氢键相互作用,聚合物薄膜的有序性增强;与不含脲基团的聚合物相比,其场效应晶体管迁移率由 3.4 cm²/(V·s)提升到 13.1 cm²/(V·s)。在共轭给-受体聚合物(DPPTTT)薄膜中引入四甲基铵盐,可限制侧链扭转,使薄膜有序性得到了提高,以此掺杂后的共轭高分子薄膜制备的场效应晶体管的迁移率达到 26.2 cm²/(V·s),而且具有高开关比、强空气稳定性等优点。

与以上基于分子侧链调控的共轭高分子的各向同性薄膜不同,高分子在特定的外力下,容易受到各向异性力的诱导作用,在薄膜中沿着特定方向排列,形成单轴取向的各向异性薄膜,这对于实现沿着共轭高分子链方向的高效电荷传输具有重要意义[239,240]。目前用来实现高度有序共轭高分子薄膜的方法有提拉法、浸涂法、刮涂法、溶液剪切法和棒涂法等,此类以弯月面引导的涂布技术,由于涂覆过程的固有方向性,可以赋予沉积的有机半导体层分子取向,并且非常适合连续的稳态打印,如工业中广泛使用的卷对卷处理技术。近年来,通过溶液法制备高质量的有序有机半导体薄膜的工艺获得了快速的发展,真正发挥了有机共轭高分子的低温、快速、大面积、可溶液加工等自身优势。

2008 年,闫寿科、胡文平等[241]在取向的聚四氟乙烯(PTFE)基底上滴铸聚苯亚基乙炔高分子(TA－PPE),诱导其生长得到单轴取向高分子薄膜,器件测试表明平行和垂直高分子链取向方向的光电转换各向异性比高达 40[图 4－17(a)(b)]。Heeger[242]利用毛细管诱导取向作用,不断提高受体二噻吩并环戊二烯-吡啶并噻二唑共聚物薄膜的有序度,并结合对该分子分子量的调控,其薄膜载流子迁移率显著提高了 20 余倍,由 0.8 cm²/(V·s)提升至 21.3 cm²/(V·s)[图 4－17(c)(d)]。此外,通过外加电、磁场的作用,对共轭高分子的形貌及聚集态调控同样值得关注与研究。2015 年,张德清等[243]通过外加磁场途径实现了聚合物 P(NDI2OD－T2)的薄膜形貌调控,磁控聚集态形貌调控基于聚合物分子抗磁化率的各向异性。相对于未加磁场的材料,磁诱导的 P(NDI2OD－T2)高分子薄膜取向和迁移率提升了 4 倍。2018 年,鲍哲南等[244]在刮刀和衬底之间外加电场,所选择的 DPP 类共轭高分子产生介电电泳,与没有电场作用下的溶液剪切工艺制备的薄膜相比,它们的迁移率提高了 3 倍,并且电荷传输各向异性大大增强。2017 年,江雷等[245]借用中国传统的毛笔"写出"了高度有序的 DPPDTT 共轭高分子薄膜,相比同等条件无序薄膜,迁移率提升了 6

倍之多。2018年,刘云圻等[246]采用棒涂法(bar-coating method)[图4-17(e)],利用滚轴上金属丝微纳结构在成膜过程中带来的剪切力和毛细作用[247],快速制备了面积达A4纸张大小的高取向PFIBI-BT薄膜,获得了沿高分子链取向方向5.5 cm²/(V·s)的高空穴迁移率和4.5 cm²/(V·s)的电子迁移率,均衡且优异的双极性传输特性进一步推动了其在高性能反相器件中的应用。2020年,耿延候等人[248]同样利用棒涂法的溶液加工工艺,针对基于DPP类的共轭高分子P4FTVT-C32,获得了由晶体纤维组成的高取向薄膜,所制备的OFET器件在饱和和线性状态下的电子迁移率分别高达9.38 cm²/(V·s)和8.35 cm²/(V·s),开关比为$10^5 \sim 10^6$,可靠因子大于80%。若考虑可靠性,这是目前饱和与线性迁移率均为最高值的可溶液加工的n型材料。

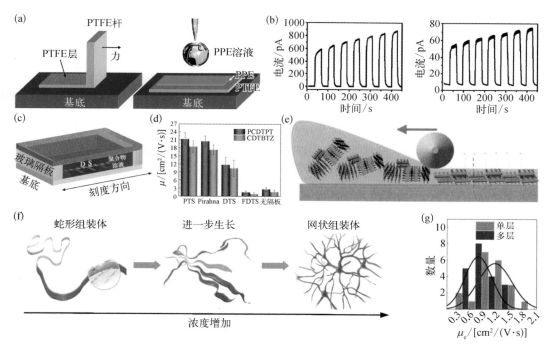

图4-17　（a）取向PTFE基底上诱导TA-PPE晶体生长过程的示意图；（b）基于取向（左）和未取向（右）的TA-PPE膜的光开关行为；（c）和（d）毛细作用溶液组装与OFET器件性能比较；（e）棒涂法制备共轭聚合物示意图；（f）和（g）共轭聚合物纳米线网络组装示意图和OFET器件迁移率分布

除了分子结构与外界成膜环境外,共轭高分子溶液组装特性也直接影响着聚集态。2017年,裴坚等[249]首次阐述了聚合物的薄膜聚集态可以继承溶液组装的结构特征,并以电子传输型材料BDOPV-2T为例,发现良溶剂与不良溶剂对分子组装影响很大,分别倾向形成一维棒状和二维层状结构,而利用混合溶剂控制组装的具有高结晶性和晶畴间有效连接的 BDOPV‐2T 薄膜,电子迁移率高达 3.2 cm²/(V·s),器件性能为其在纯良溶剂中成膜器件的近 2 倍。最近,他们进一步通过调控溶液中高分子的多级组装过程(即由一维蛇形组装逐渐形成二维网络结构),制备了面积达 50 cm² 的高度有序的纳米线网络构成的单分子层 F4BDOPV‐2T 薄膜,其器件展现了 1.88 cm²/(V·s) 的电子迁移率[图 4‐17(f)(g)][250]。2018 年,Ong 等[251] 发展了通过外加蜡状烃类化合物调控共轭高分子组装及相分离的策略,同样实现了具有理想分子堆积结构的高度有序 DPP‐DTT 纳米线网络薄膜的制备,其器件在室温下就展现了接近 5 cm²/(V·s) 的载流子迁移率,并且具有非常好的热稳定性。

尽管通过各种策略的调控,可以不断提高共轭高分子的有序性、规整度,以及减小器件沟道电荷传输过程中的晶界及缺陷密度,但是实际上薄膜中大量晶界缺陷的存在仍会严重限制其电荷传输特性,更会限制对于高分子材料中基本物性的研究。相比于薄膜状态,高分子单晶作为一种完美有序共轭高分子聚集态的理想模型,具有分子长程有序和无晶界低缺陷密度的特点,使其成为揭示材料本征性能和实现高性能器件构筑的最佳载体。

与其他传统的线形高分子体系的单晶相比,共轭高分子结晶行为的研究更具有复杂性和挑战性,原因在于共轭高分子在生长过程中,分子易发生旋转偏移以达到最低能量状态、生长速率难以得到控制等。20 世纪 60 年代,德国的 Wegner[252] 开始对聚丁二炔展开了研究,这是对共轭高分子结晶的最早研究。由于共轭高分子的分子量大,不能升华,因而一般只能通过溶液法组装制备共轭高分子微/纳晶。2006 年,韩国的研究者 Cho 等[253] 通过籽晶诱导方式获得了经典的共轭高分子聚 3‐己基噻吩(P3HT)的微纳米线单晶,并通过结构分析认为 π‐π 堆积为其主要生长驱动力。2012 年,德国科学家 Ludwigs 也成功制备了 P3HT 单晶[254]。同时,德国 Müllen 等[255] 制备了二噻吩并环戊二烯和苯并噻二唑的共聚物(CDT‐BTZ)的高规整微米线晶体。2014 年,Cho[256] 又紧接着成功制备了聚乙撑二氧噻吩(PEDOT)单晶。除此之外,我国研究人员在对共轭高分子单晶的研究上也取得了很大的突破进展。2007 年,杨上光等人[257] 对聚噻吩类高分子的结晶动力学和热力学行为进行了系统的研究,指出其主链垂直于基底排列是热力学上的稳定态。2007 年和 2010 年,闫东航和何天白等通过控制组装条件得到不含同碳链长度聚噻吩衍生物的单晶微纳米线,通过热力学及动力学过程的调控,获得了共轭分子链垂直于基底,但长轴方向分别沿着侧链方向,平行于和垂直于共轭分子链方向的不同 edge-on 堆积模式[258,259]。2013 年,闫东航成功获得了系列聚芴(PFO)微米线片层单晶,对其结晶行为研究发现,分子量对 PFO 的分子堆积方式有影响,低分子量的 PFO 分子倾向于以伸展方式站立于基底,侧链沿微米线长轴方向,并提出了高低分子量分子二元混合结晶模式[260-262]。2015 年,Xue 等[263]通过模板辅助原位无溶剂聚合技术同时制备了聚 3-丁基噻吩(P3BT)和聚吡咯(PPy)单晶。

胡文平团队通过溶液法调控共轭高分子的有序性,对其光电性能方面做出了细致而系统的研究。2009 年,董焕丽等[264]利用溶剂辅助组装法,获得了单晶特性的 TA-PPE 微纳米线,通过其微纳晶发现了共轭高分子晶体沿着高分子链生长的新模式,这与以往沿有机共轭分子中 π-π 堆积的传统认知不同。基于 TA-PPE 微纳米线晶体场效应晶体管器件,载流子迁移率最高可达 $0.1\ cm^2/(V \cdot s)$(比有序薄膜提高了 1 ～ 2 个数量级,比无序薄膜提高了 3 ～ 4 个数量级),进一步证实沿着共轭高分子链的高效电荷传输特性。

随后,该课题组将这一策略进一步拓展到了给-受体共轭高分子微纳晶的研究中。2013 年,胡文平和占肖卫等[265]制备了双噻唑-噻唑并噻唑(PTz)给受体共轭高分子的高质量单晶微米线,并首次构筑了基于共轭高分子微纳晶的光控晶体管器件,其响应开关比达 1.7×10^4,响应率为 2 531 A/W。2015 年,王朝晖、胡文平等[266]合作采用氯仿和高沸点的邻二氯苯混合溶剂滴注组装法,制备了 DPP 类共聚合物 PDPP2TBDT 和 PDPP2TzBDT 的单晶微米线,且两者的纳米线生长方向平行于共轭分子链。而分子骨架结构上噻吩(T)基元到噻唑(Tz)基元的精细调控,实现了其分子堆积方式由 edge-on 到 face-on 的转化。对两种微米线晶体的场效应晶体管器件性能测试,发现尽管两者分子堆积模式不同,由于共轭高分子中沿分子链方向可以实现高效电荷传输,两种材料均展现出优异的双极性场效应性能[PDPP2TBDT: $\mu_e = 7.42\ cm^2/(V \cdot s)$,$\mu_h = 0.04\ cm^2/(V \cdot s)$;PDPP2TzBDT: $\mu_e = 5.47\ cm^2/(V \cdot s)$,$\mu_h = 5.33\ cm^2/(V \cdot s)$]。

溶液法组装制备共轭高分子微/纳晶虽然普遍,但实际操作过程中,溶液的浓度、溶剂的选择(极性、溶解度、高低沸点、黏度)等因素对于共轭高分子的结晶过程影响很大,些许差别很大可能会对其结晶质量产生重要影响。另外,过度使用的溶剂不符合环境友好发展的现实需要,为此,需要开发新的策略以拓展高效制备共轭高分子晶体的方式。

固相拓扑化学聚合是一种合成有机高分子材料的重要手段,具有无需溶剂、环境友好及立体性与区域性反应产率高等优点。同时,还可以通过对有机分子结构的有效控制,实现单体分子晶体到高分子晶体的直接转换,在一定程度上可解决高分子材料直接组装形成晶体难以控制的挑战,是一种潜在的制备高分子晶体的有效途径。20 世纪 60 年代,Wegner 等将拓扑化学聚合方法应用于丁二炔体系,实现了首个可以通过拓扑化学聚合方法制备的共轭高分子材料体系——聚丁二炔单晶。但遗憾的是由于理论预测和实验所得性能之间的巨大差异,近二十年对其研究越来越少。2017年,董焕丽和胡文平等[267]通过改进丁二炔单体制备方式,在高质量聚丁二炔晶体制备及器件应用方面取得了新的进展。他们以10,12-二十五碳二炔酸(PCDA)为研究对象,通过物理气相传输法(PVT)首先可控制备了厚度在几十到一百纳米的PCDA片状和棒状单晶,进一步通过原位的光照聚合实现了单体晶体到高质量聚丁二炔(poly-PCDA)片状和棒状晶体的转化。所得高分子晶体结晶性高、形貌完整规则、晶体表面平整、聚合度高,保证了器件制备中良好的接触及高效的电荷传输。基于单个片状poly-PCDA晶体,他们探究了沿着和垂直于聚丁二炔高分子链方向电荷传输的各向异性,证实了高分子链方向的高效传输,获得了高达42.7 cm²/(V·s)的载流子迁移率。

共轭聚合物单晶发展脉络图如图4-18所示。

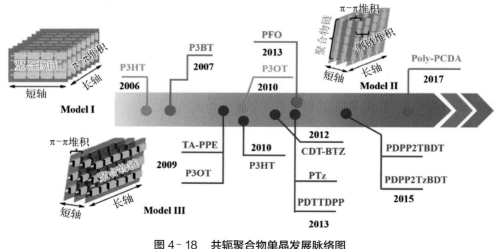

图4-18　共轭聚合物单晶发展脉络图

4.5　有机高分子场效应晶体管器件

场效应晶体管是一种利用垂直电场控制沟道电导的半导体器件,利用其沟道电导可在栅电压作用下呈现数量级变化的特性,在逻辑门电路和传感器单元中可以发挥放大和开关的作用。相较于无机半导体材料,包括有机小分子和高分子在内的有机半导体材料由于具有可溶解性和本征机械柔性,有机场效应晶体管(OFET)在晶体管集成密度要求较低的用途中,如液晶显示(LCD)驱动、柔性电子器件等方面展现出潜在的应用前景。同时,基于有机场效应晶体管的光电多功能器件也获得了重要发展,光电/电光转化性能得到了进一步的提升,推动了有机光电子学领域的发展。

当然,OFET 难以直接取代无机单晶硅晶体管,但在大面积柔性有机器件/光电子器件中,其可以发挥独特的优势,在显示及光电转换方面都有很好的应用前景。目前基于OFET 的多功能光电集成器件越来越受到广泛的关注与研究,主要体现在有机光控晶体管(OPT)、有机发光场效应晶体管(OLET)、有机场效应波导器件等方面。

4.5.1 高性能有机场效应晶体管

OFET 在有机电路中起到电学开关的作用,是不可或缺的基本构筑基元。近年来,随着高性能有机半导体材料体系的发展、材料的聚集态调控策略的优化、器件工艺的提升,高性能 OFET 的迁移率已经达到多晶硅的水准$[>10\ cm^2/(V \cdot s)]$,可以满足在驱动显示、可穿戴电子学等方面的研究应用需求。[92,268,269]

OFET 器件结构为三端的电压控制电流型半导体器件,由栅极、源/漏电极、介电层和有机半导体活性层构成。根据栅电极、活性层与源/漏电极空间位置可划分为四种基本器件结构:底栅顶接触型、底栅底接触型、顶栅顶接触型,以及顶栅底接触型。顶栅器件结构得益于介电层对有机半导体的封装保护作用,适合在空气中表征电子传输不稳定的 n 型和双极性材料,此外,因其栅电极暴露在外,相比底栅型晶体管更适合有机场效应晶体管电路集成工艺。衡量 OFET 器件性能的主要参数有:载流子迁移率(μ)、电流开关比(I_{on}/I_{off})、阈值电压(V_T)及亚阈值斜率(S),其中,载流子迁移率为主要的性能参数。

关于高性能的 OFET 器件,主要归因于高性能的有机半导体材料的制备,以及材料聚集态的调控,4.2 节和 4.3 节分别有详细的介绍,这里不再赘述。除了有机半导体材料的固有特性(质量、形状、分子堆积等),实际的 OFET 所产生的载流子迁移率还受到介电层性质(介电常数、粗糙度、界面化学性质等)的强烈影响。例如,为了获得较高的器件性能,大多数基于有机半导体材料的 OFET 都通过自组装单分子层(如十八烷基三氯硅烷)或通过直接旋涂薄的聚合物介电薄膜在改性的 Si/SiO_2 基底上构建,以防止由

SiO$_2$ 表面上的—OH 基引起的电荷俘获。[107,109,270]

此外,研究人员发现,以气相沉积的聚对二甲苯作为介电层,基于 C$_8$ - BTBT 有机小分子半导体有源层的顶栅顶接触 OFET,由于气相沉积的聚对二甲苯介电层具有紧密结构和较低的介电常数,其 OFET 器件具有很小的漏电流和很高的迁移率[高达 31.3 cm^2/(V·s)]。[271] 而关于聚合物 OFET,Heeger 组的研究成果目前仍保持着最高的空穴迁移率[47 cm^2/(V·s)]。[242] 高性能的 OFET 的蓬勃发展正持续推动着其在 LCD/OLED 驱动、柔性电子器件等方面的实际应用。

4.5.2　有机场效应光电功能器件

1. 有机光控晶体管

相比于有机光电二极管,有机光控晶体管(OPT)作为一种三端器件,兼具信号放大和开关的功能,且其独特的工作机制对光电信号探测具有更高的灵敏度和更低的噪声值。这是因为 OPT 不仅具备 OFET 的电学开关的基本性能,而且增加了对光信号的响应特性,在光照的激发下诱导并分离成光生载流子,可以进一步将光信号转化成电学信号并进行放大,故而 OPT 对光信号和电信号均具有高的响应灵敏性,能够将光检测、能量转换和信号放大结合在一起,可以集成到各种光电子器件中,如灯开关、光存储器、光探测器等。

早期的 OPT 性能相较于无机光晶体管性能并不理想[272],但随着包括小分子和聚合物在内的性能优异的材料体系开发、水平和垂直型器件结构的优化,OPT 对紫外光、红外等多范围的探测能力已经显著提升,甚至某些方面可以达到无机半导体的水平。根据有机半导体材料的种类不同,OPT 也可简单地分为基于有机小分子和聚合物的有机光晶体管。其中,并苯类材料在有机小分子 OPT 中研究得较为广泛。例如,基于早期的经典 p 型半导体材料并五苯 OPT 的光强度[273]、栅极介电层[274]和沟道长度[275]等影响已经得到了系统的研究,但是可能因为其用于光吸收的活性层厚度小,其 OPT 的光敏性很低。

早期的有机小分子和聚合物 OPT 性能不佳,主要是因为大多数有机光响应材料的低迁移率限制了运输和收集电荷载体的效率。为此,在过去较长的一段时间里,研究人员一直在开发同时具备高迁移率和高光响应的有机材料。董焕丽和胡文平等人[276]在前期合成的明星分子(高迁移率、强荧光)2,6 - 二苯基蒽(DPA)基础上,制备了基于 DPA 单晶的垂直型的有机光晶体管[图 4 - 19(a)～(c)],该器件在 - 5 V 的小电压下展现出 10^6 的高开关比和 100 mA/cm² 的高电流密度,这是有机垂直光晶体管的最佳性能之一。通过石墨烯-DPA 结处固有的肖特基势垒高度的控制及良好的界面接触,可有效抑制暗电流,从而实现大的开关比和高的光探测率(10^{13} Jones)。这种简单有效的制造工艺,石墨烯与有机单晶的垂直集成为实现高性能有机垂直电子集成器件创造了新的机遇。在此研究基础上,他们又与 Harald Fuchs 团队合作[277],通过对 DPA 的理论模拟计算发现,光诱导电子进行了重新分布,并使电子激发后 DPA 分子之间电子密度增加[图 4 - 19(d)~(f)]。基于 DPA 薄膜制备的 OPT 可以在很低的暗电流(约 10^{-12} A)下工作,如光敏度 P 为 8.5×10^7、光响应率 R 为 1.34×10^5 A/W 和比探测度 $D*$ 为 10^{17} Jones。因此器件展现了优异的光电性能,这些参数在 OPT 中均处于最高值之列,并且基于 DPA 的薄膜 OPT 还具有很好的空气稳定性,在四个月的连续测试中性能未有明显衰减。苯并噻吩并苯并噻吩的烷基链衍生物 C_8 - BTBT 由于其具有高迁移率和易于加工的特点,被认为是 OPT 中潜在的可溶液加工处理的有机小分子材料。Yuan 等人[278]基于 C_8 - BTBT 和聚苯乙烯(PS)共混溶液利用偏轴旋涂(off-center spin-coating)得到高取向的 C_8 - BTBT 多晶膜,在此基础上构筑了一种具有超高增益和低噪声的超强紫外光电探测器。暗态下,C_8 - BTBT 晶体管的阈值电压低至 -1.5 V 且空穴迁移率超过了 20 cm²/(V·s),而在强度为 42 pW/cm² 的弱紫外光下,其具有非常高的光响应率,R 为 3.1×10^5 A/W。

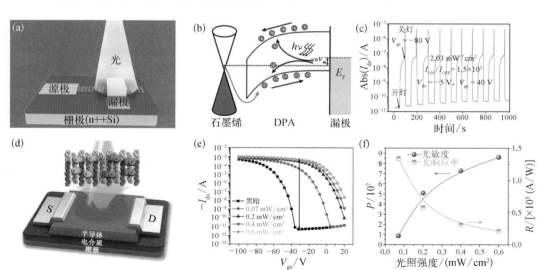

图 4 - 19 (a)基于 DPA 单晶的有机垂直光电晶体管的示意图;(b)光照下的光电晶体管的能带图;(c)DPA 单晶垂直场效应晶体管的光电开关,在 2.03 mW/cm² 的强度下其具有大的开关比;(d)基于 DPA 薄膜的有机平面光电晶体管的示意图;(e)在空气中不同光照强度下测得的基于 DPA 的薄膜光晶体管的传输特性;(f)P 和 R 与光照强度的关系

同时，田文晶和董焕丽基于两种新型芘类衍生物 1,6-DTEP 和 2,7-DTEP 的紫外光电光晶体管展开合作[279]，材料设计上使用具有强紫外吸收的芘和三苯胺(TPA)来实现分子的强紫外吸收，通过三键连接延长 π 共轭长度，这有利于增强分子共平面性和高效的电荷传输。利用 PVT 工艺转移得到的单晶进一步制备成晶体管器件，最高空穴迁移率可达 2.1 cm²/(V·s)，并且两者的光晶体管对紫外光表现出超高的灵敏度，R 高达 10^5 A/W 和 10^6 A/W，比探测率 D^* 最高达 1.49×10^{18} Jones，达到了无机半导体紫外光晶体管的水平，其中比探测率为目前有机 OPT 报道的最高值(图 4-20)。

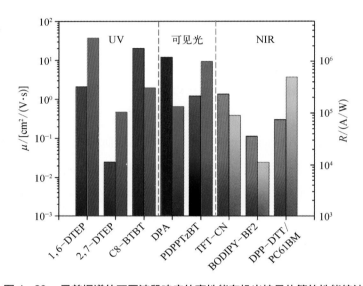

图 4-20　目前报道的不同波段响应的高性能有机光控晶体管的性能统计

除了对弱紫外光的高效探测，有机半导体材料对微弱红外信号的探测同样得到了研究人员的重视与关注，这也为下一步制造高性能柔性红外探测器奠定了基础。胡文平团队首次通过"水面空间限域法"获得了单个或数个分子层厚的二维有机单晶，由此方式构筑的基于 n 型半导体材料呋喃噻吩醌式(TFT-CN)的二维单晶场效应晶体管[74]，二维单晶厚度仅有 4.8 nm，为 2～3 层分子层，电子迁移率为 1.36 cm²/(V·s)。TFT-CN 光晶体管对于 830 nm 的近红外波段具有很强的吸收，R 为 9×10^4 A/W，D^* 达 6×10^{14} Jones。相较小分子，共轭聚合物因其 D-A 结构的优化更容易实现带隙变窄和分子间电荷转移(CT)吸收从而提升对近红外区域的探测。胡文平团队对此也进行了相关的研究探索，他们基于吡咯并吡咯二酮(DPP)类的聚合物 PDPPTzBT 制备了 OPT[280]，并通过光刻和喷墨打印的工艺获得了高分辨率的短沟道晶体管，其空穴迁移率达到了 1.20 cm²/(V·s)，并且在弱的红光下展现出超高的光响应特性，R 达到 10^6 A/W。

刘云圻团队与胡文平团队合作研究，基于四种有机染料衍生物半导体，通过集成可将近红外光转换成电压信号的光传感器和双极性的浮栅晶体管，成功地构筑了一款免滤光片、高度选择性地将近红外光转换为非挥发电导记忆行为的超薄光传感器[图 4-21(a)~(c)]。[281]浮栅晶体管存储器在足够大的栅电压信号的刺激下，完成"写入"操作，从而将近红外光"记住"。该器件可在 62 分贝的动态范围内将 850 nm 近红外光转换成非挥发记忆电导信号，在 86 分贝动态范围内将 550 nm 绿光转换成动态光开关信号，因此该工作实现了对近红外光信号的选择性记忆，模仿了人视觉系统的感光-记忆能力。此外，他们使用茈酰亚胺、酞菁作为光导体和并五苯作为场效应管沟道活性层，成功地构筑了一种可识别灰度入射光的集成可见光传感器[图 4-21(d)~(f)]。[282]集成后的传感器在 8.8 mW/cm² 入射光强下，光暗电流开关比可达八个数量级(10^8)，而通过水浮法剥离、贴合技术，成功展示了厚度低至 470 nm 的超薄有机集成光传感器在苛刻的挠曲环境(挠曲半径 5 μm)下仍能正常工作，该研究为柔性光传感元件打下了良好的基础。

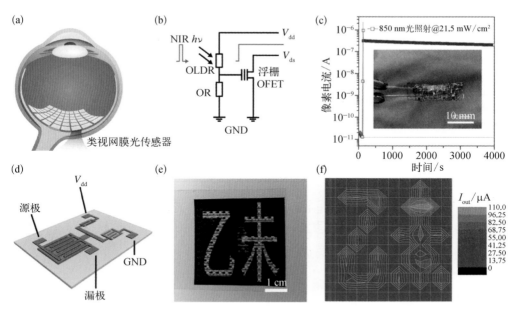

图 4-21 （a）模仿人眼成像示意图；（b）有机视网膜状光电传感器的电气图；（c）包裹在 NIR LED 周围的箔状视网膜像素的动态光响应，非挥发性信号在 4 000 s 内保持其低电阻状态，而没有明显的衰减，表明在弯曲条件下的数据保持可靠性；（d）单个光探测器的示意图；（e）和（f）列化器件成功地应用于汉字"乙未"成像

2. 有机发光场效应晶体管

有机发光场效应晶体管（OLET）作为一种兼具 OFET 的开关特性和有机发光二极管（OLED）的发光显示功能的新型集成有机光电器件，其器件结构和有机场效应晶体管类似，通过栅极的调控，电子和空穴两种载流子在沟道中复合成激子，并通过辐射跃迁发光。OLET 具有制备工艺简单、集成度高、工作电流大等优势，被认为是下一代变革性柔性显示技术和实现有机电泵浦激光的理想途径之一，其研究具有重要的科学和技术意义。值得关注的是，OLET 虽已经被提出十多年，但其发展一直严重滞后[87][283]，主要是受限于核心有机半导体材料体系的严重缺乏，OLET 器件的构筑要求有机半导体活性层需同时具备高迁移率和强荧光特性，但高的迁移率通常要求分子材料具有较大的 π 共轭体系及紧密的分子堆积，导致分子的能级劈裂大，造成材料荧光严重猝灭甚至没有荧光；而较强荧光的分子往往具有扭曲的立体结构和较弱的分子间相互作用，这类分子由于分子间 π 耦合作用小，其载流子迁移率通常比较低。因此，高迁移率和强发光特性的集成困难，极大地限制了高迁移率发光有机半导体材料的开发，进而限制了 OLET 器件的发展及在相关领域的应用。[92,284]

近年来，研究人员相继在此方面进行了较为深入的探究，制备了性能较为优异的 OLET 器件（图 4-22）。马於光团队报道了一个具有聚集诱导发光特性的寡聚苯乙烯类分子 β-CNDSB，单晶中分子采用鱼骨状堆积，分子具有良好的平面性且采用 J 聚集形态，使

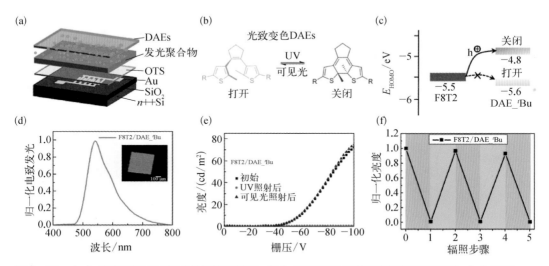

图 4-22　（a）光学可调 OLET 器件结构示意图；（b）光致变色二芳烃构型转变示意图；（c）基于 DAE 的 HOMO 能级的 OSOLET 的可切换电荷捕获机制的示意图；（d）电致发光光谱和绿光发射图像；（e）紫外线和可见光照射后，绿色 OSOLET 中光触发的亮度切换；（f）辐照周期中 OSOLET 亮度的可逆调制

得分子具有高发光效率（晶体的荧光量子产率高达 70%），另外也具有良好的电荷传输性能，最高电子迁移率、空穴迁移率分别为 2.50 cm²/(V·s) 和 2.10 cm²/(V·s)。器件工作过程中，在晶体边缘观察到了明显的绿光发射。[96] Samorì 组将光致变色分子与有机发光半导体材料巧妙结合，开发了一种光切换的有机发光晶体管，在选定的波长下对处理过的薄膜进行照射，可以高效且可逆地同时调节电荷传输和电致发光特性，并对 RGB 三原色均具有很高的调制（开关比最高为 500），[285] 实现了在无损且无掩模过程的在单个器件中以几微米的尺度来写入和擦除不同的发射图案，从而使该技术有望应用于光学门控的高度集成的全彩色显示器和有源光学存储器。

　　胡文平团队前期发展的蒽扩展衍生物 DPA 和 dNaAnt 是一类高迁移率发光有机半导体材料，利用它们作为活性层，在一般情况下表现为空穴传输，而利用不对称电极和界面能级调控策略实现了 OLET 器件中高效平衡的双极性注入和传输（图 4-23）[286]。

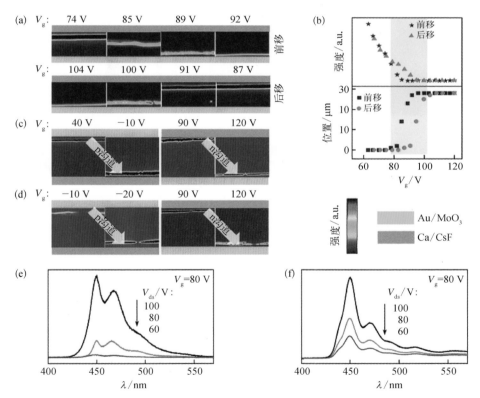

图 4-23　（a）dNaAnt-OLET 的系列彩色编码图像，提取于 CCD 捕获的光发射，通道长度为 28 μm；（b）dNaAnt-OLET 器件的发光位置和强度的输出特性；（c）为 DPA-OLET；（d）为 dNaAnt-OLET 分别在 p 沟道、n 沟道下的彩色编码图像；（e）和（f）分别为 DPA-OLET 与 dNaAnt-OLET 的电致发光光谱

所构筑的 DPA－和 dNaAnt－OLET 器件均展现了稳定且较强的沟道发光特性，并且电子和空穴复合发光位置可以随着栅压变化得到很好的调控，表现出其典型的双极性发光特性，EQE_{max} 分别达到了 1.61% 和 1.75%，为目前报道的单组分 OLET 器件的最高值。最近，董焕丽课题组从芴核拓展共轭长度角度出发，得到一种新型的有机激光分子 LD－1，其具有深蓝光和良好的传输特性，并被成功应用于垂直型 OLET 中（图 4－24）。[44]这些研究结果表明，高迁移率发光材料的发展有望促进有机发光场效应晶体管器件及其相关领域研究的快速发展。

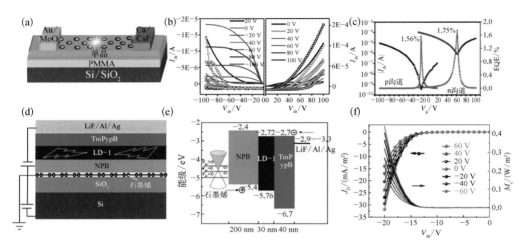

图 4－24 （a）平面型 OLET 器件结构示意图；（b）输出特性和相应的发光输出；（c）p 沟道和 n 沟道区域内 dNaAnt－OLET 的 EQE 与 V_g 的关系；（d）垂直型 OLET 器件结构示意图；（e）器件中材料的能级图；（f）LD－1 OLET 的典型光电输出特性

4.5.3 新型有机光电子集成器件

在过去几十年中，以电子作为传输载体的电子学器件极大地促进了科学技术的发展和进步。其中场效应晶体管作为一种利用电场效应来控制输出电流的半导体器件，已经成为现代电子学、微电子学、信息科学的基石之一。相比于电子，光子具有更快的传输速度，在未来信息的探测、传输、存储、显示、运算和处理中具有重要潜在应用。但是光子不带电荷，没有静止质量，其相互之间的作用力比较弱，对其传输行为的操纵比较困难，这是光子学器件集成面临的巨大挑战。集成光电子学是光电子学领域发展的前沿方向之一，光电子集成器件是连接电子学器件和光子学器件的桥梁，是实现高密度光电子集成芯片的基本构筑单元。但是,如何实现同一器件回路中光电信号的有效转换和调控仍需解决科学和技术上的众多难题。

针对有机电子学器件和光子学器件难以集成的难题,科研人员巧妙利用有机场效应晶体管器件特有的信号放大和开关特性,同时结合有机单晶兼具场效应和光波导特性,提出了一种新型有机光电子集成器件——有机场效应波导器件(organic field-effect optical waveguides),首次实现了同一回路中光电信号的有效转换和调控,证实了有机电子学器件和有机光子学器件集成的可能。

董焕丽和胡文平团队利用前期发展的氯代吲哚[3,2-b]咔唑(CHICZ)有机半导体分子,通过多金膜掩模方法,构筑了基于 CHICZ 微纳单晶的有机场效应波导器件(图 4-25)[287]。根据波导和电荷传输方向不同(平行或垂直),该器件可以有两种工作模式,分别对应 Model Ⅰ 平行模式和 Model Ⅱ 垂直模式。通过系统研究在两个工作模式下电场对 CHICZ 单晶中光波导传输特性的影响,证实栅极电场对于晶体中光波导传输特性的放大调制作用,在平行和垂直方向分别获得了高达 70% 和 50% 的调控幅度。同时,以入射激光作为场效应晶体管的另一个调控变量,实现了光信号传输对于晶体管电荷传输性能的调控,其调控开关比在 Model Ⅰ 模式下可高达 14 800,在 Model Ⅱ 模式下为 100。

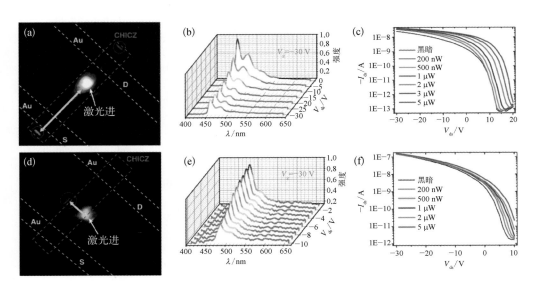

图 4-25 CHICZ 有机场效应波导器件的光电调控性能

(a)和(d)分别以Ⅰ和Ⅱ模式工作的激光进出图像,展示了典型光波导特征;(b)和(e)分别在Ⅰ和Ⅱ模式下 PL 强度对源漏电压的依赖性;(c)和(f)为光波导调制对场效应的影响,分别在(c)模式Ⅰ和(f)模式Ⅱ下工作的不同激光照射强度的传输特性

这一研究结果证实了有机半导体材料中光电子微观层面的相互作用,这种各向异性的光电调控特性也进一步说明了光电耦合作用强弱对光电转换效率的影响。理论研究表明,电荷的注入影响了分子的能级结构,进而造成相邻分子之间能级结构的失配,是实现电场对于光信号传输特性调控的主要原因。电场越大,这种能级失配特性越大,其调控幅度越大。这一研究可进一步拓展到其他更多有机共轭材料体系,为有机半导体材料中光电耦合及调控机制等基本物性研究提供了良好的平台,为全新多功能光电集成器件构筑提供了新思路,为高密度高速度有机光电子芯片集成提供了新途径。

参考文献

[1] Warta W, Karl N. Hot holes in naphthalene: High, electric-field-dependent mobilities[J]. Physical Review B, Condensed Matter, 1985, 32(2): 1172-1182.

[2] Mette H, Pick H. Elektronenleitfähigkeit von anthracen-einkristallen[J]. Zeitschrift Für Physik, 1953, 134(5): 566-575.

[3] Pope M, Kallmann H P, Magnante P. Electroluminescence in organic crystals[J]. The Journal of Chemical Physics, 1963, 38(8): 2042-2043.

[4] Aleshin A N, Lee J Y, Chu S W, et al. Mobility studies of field-effect transistor structures basedon anthracene single crystals[J]. Applied Physics Letters, 2004, 84(26): 5383-5385.

[5] Reese C, Chung W J, Ling M M, et al. High-performance microscale single-crystal transistors by lithography on an elastomer dielectric[J]. Applied Physics Letters, 2006, 89(20): 202108.

[6] Kelley T W, Muyres D V, Baude P F, et al. High performance organic thin film transistors[J]. MRS Online Proceedings Library, 2003, 771(1): 65.

[7] Zhang Y H, Wang Y S, Gao C, et al. Recent advances in n-type and ambipolar organic semiconductors and their multi-functional applications[J]. Chemical Society Reviews, 2023, 52(4): 1331-1381.

[8] Jurchescu O D, Baas J, Palstra T T M. Effect of impurities on the mobility of single crystal pentacene[J]. Applied Physics Letters, 2004, 84(16): 3061-3063.

[9] Jurchescu O, Popinciuc M, Van Wees B, et al. Interface-controlled, high-mobility organic transistors[J]. Advanced Materials, 2007, 19(5): 688-692.

[10] Jiang W, Li Y, Wang Z H. Heteroarenes as high performance organic semiconductors[J]. Chemical Society Reviews, 2013, 42(14): 6113-6127.

[11] Xiao K, Liu Y Q, Qi T, et al. A highly pi-stacked organic semiconductor for field-effect transistors based on linearly condensed pentathienoacene[J]. Journal of the American Chemical Society, 2005, 127(38): 13281-13286.

[12] Xu C H, He P, Liu J, et al. A general method for growing two-dimensional crystals of organic semiconductors by "solution epitaxy"[J]. Angewandte Chemie (International Ed in English), 2016, 55(33): 9519-9523.

[13] Ebata H, Izawa T, Miyazaki E, et al. Highly soluble[1]benzothieno[3,2-b]benzothiophene (BTBT) derivatives for high-performance, solution-processed organic field-effect transistors[J].

Journal of the American Chemical Society, 2007, 129(51): 15732 - 15733.

[14] Izawa T, Miyazaki E, Takimiya K. Molecular ordering of high-performance soluble molecular semiconductors and re-evaluation of their field-effect transistor characteristics[J]. Advanced Materials, 2008, 20(18): 3388 - 3392.

[15] Chung S, Cho K, Lee T. Recent progress in inkjet-printed thin-film transistors[J]. Advanced Science, 2019, 6(6): 1801445.

[16] He P, Tu Z Y, Zhao G Y, et al. Tuning the crystal polymorphs of alkyl thienoacene via solution self-assembly toward air-stable and high-performance organic field-effect transistors[J]. Advanced Materials, 2015, 27(5): 825 - 830.

[17] Yamamoto T, Takimiya K. Facile synthesis of highly pi-extended heteroarenes, dinaphtho[2, 3 - b: 2', 3' - f]chalcogenopheno[3, 2 - b]chalcogenophenes, and their application to field-effect transistors[J]. Journal of the American Chemical Society, 2007, 129(8): 2224 - 2225.

[18] Haas S, Takahashi Y, Takimiya K, et al. High-performance dinaphtho-thieno-thiophene single crystal field-effect transistors[J]. Applied Physics Letters, 2009, 95(2): 022111.

[19] Miao Q, Nguyen T Q, Someya T, et al. Synthesis, assembly, and thin film transistors of dihydrodiazapentacene: An isostructural motif for pentacene[J]. Journal of the American Chemical Society, 2003, 125(34): 10284 - 10287.

[20] Weng S Z, Shukla P, Kuo M Y, et al. Diazapentacene derivatives as thin-film transistor materials: Morphology control in realizing high-field-effect mobility[J]. ACS Applied Materials & Interfaces, 2009, 1(9): 2071 - 2079.

[21] Wei Z M, Hong W, Geng H, et al. Organic single crystal field-effect transistors based on 6H - pyrrolo[3, 2 - b: 4, 5 - b]bis[1, 4]benzothiazine and its derivatives[J]. Advanced Materials, 2010, 22(22): 2458 - 2462.

[22] Sundar V C, Zaumseil J, Podzorov V, et al. Elastomeric transistor stamps: Reversible probing of charge transport in organic crystals[J]. Science, 2004, 303(5664): 1644 - 1646.

[23] Yamagishi M, Takeya J, Tominari Y, et al. High-mobility double-gate organic single-crystal transistors with organic crystal gate insulators[J]. Applied Physics Letters, 2007, 90(18): 182117.

[24] Yang Y S, Yasuda T, Kakizoe H, et al. High performance organic field-effect transistors based on single-crystal microribbons and microsheets of solution-processed dithieno[3, 2 - b: 2', 3' - d]thiophene derivatives[J]. Chemical Communications, 2013, 49(58): 6483 - 6485.

[25] Liu J, Zhang H T, Dong H L, et al. High mobility emissive organic semiconductor[J]. Nature Communications, 2015, 6: 10032.

[26] Li J, Zhou K, Liu J, et al. Aromatic extension at 2, 6-positions of anthracene toward an elegant strategy for organic semiconductors with efficient charge transport and strong solid state emission [J]. Journal of the American Chemical Society, 2017, 139(48): 17261 - 17264.

[27] Jiang L, Hu W P, Wei Z M, et al. High-performance organic single-crystal transistors and digital inverters of an anthracene derivative[J]. Advanced Materials, 2009, 21(36): 3649 - 3653.

[28] Park S K, Jackson T N, Anthony J E, et al. High mobility solution processed 6, 13-bis (triisopropyl-silylethynyl) pentacene organic thin film transistors[J]. Applied Physics Letters, 2007, 91(6): 63514.

[29] Diao Y, Tee B C K, Giri G, et al. Solution coating of large-area organic semiconductor thin films with aligned single-crystalline domains[J]. Nature Materials, 2013, 12(7): 665 - 671.

[30] Guo X F, Zhang Y H, Hu Y X, et al. Molecular weight engineering in high-performance ambipolar emissive mesopolymers[J]. Angewandte Chemie International Edition, 2021, 60(27): 14902 - 14908.

[31] Halik M, Klauk H, Zschieschang U, et al. Relationship between molecular structure and electrical performance of oligothiophene organic thin film transistors[J]. Advanced Materials, 2003, 15 (11): 917 - 922.

[32] Bisri S Z, Takenobu T, Yomogida Y, et al. High mobility and luminescent efficiency in organic single-crystal light-emitting transistors[J]. Advanced Functional Materials, 2009, 19(11): 1728 - 1735.

[33] Dong S H, Zhang H T, Yang L, et al. Solution-crystallized organic semiconductors with high carrier mobility and air stability[J]. Advanced Materials, 2012, 24(41): 5576 - 5580, 5518.

[34] Meng Q, Gao J H, Li R J, et al. New type of organic semiconductors for field-effect transistors with carbon-carbon triple bonds[J]. Journal of Materials Chemistry, 2009, 19(10): 1477 - 1482.

[35] Jiang L, Dong H L, Meng Q, et al. Millimeter-sized molecular monolayer two-dimensional crystals[J]. Advanced Materials, 2011, 23(18): 2059 - 2063.

[36] Ma S Q, Zhou K, Hu M X, et al. Integrating efficient optical gain in high-mobility organic semiconductors for multifunctional optoelectronic applications [J]. Advanced Functional Materials, 2018, 28(36): 1802454.

[37] Bendikov M, Wudl F, Perepichka D F. Tetrathiafulvalenes, oligoacenenes, and their buckminsterfullerene derivatives: The brick and mortar of organic electronics[J]. Chemical Reviews, 2004, 104(11): 4891 - 4946.

[38] Wudl F, Wobschall D, Hufnagel E J. Electrical conductivity by the bis(1, 3 - dithiole)- bis(1, 3 - dithiolium) system[J]. Journal of the American Chemical Society, 1972, 94(2): 670 - 672.

[39] Jiang H, Yang X J, Cui Z D, et al. Phase dependence of single crystalline transistors of tetrathiafulvalene[J]. Applied Physics Letters, 2007, 91(12): 123505.

[40] Xie H, Alves H, Morpurgo A F. Quantitative analysis of density-dependent transport in tetramethyltetraselenafulvalene single-crystal transistors: Intrinsic properties and trapping[J]. Physical Review B, 2009, 80(24): 245305.

[41] Takahashi Y, Hasegawa T, Horiuchi S, et al. High mobility organic field-effect transistor based on hexamethylenetetrathiafulvalene with organic metal electrodes[J]. Chemistry of Materials, 2007, 19(26): 6382 - 6384.

[42] Leufgen M, Rost O, Gould C, et al. High-mobility tetrathiafulvalene organic field-effect transistors from solution processing[J]. Organic Electronics, 2008, 9(6): 1101 - 1106.

[43] Chen J H, Yang K, Zhou X, et al. Ladder-type heteroarene-based organic semiconductors[J]. Chemistry, an Asian Journal, 2018, 13(18): 2587 - 2600.

[44] Liu D, De J B, Gao H K, et al. Organic laser molecule with high mobility, high photoluminescence quantum yield, and deep-blue lasing characteristics [J]. Journal of the American Chemical Society, 2020, 142(13): 6332 - 6339.

[45] Jiang H, Hu P, Ye J, et al. From linear to angular isomers: Achieving tunable charge transport in single-crystal indolocarbazoles through delicate synergetic CH/NH … π interactions [J]. Angewandte Chemie (International Ed in English), 2018, 57(29): 8875 - 8880.

[46] Jiang H, Hu P, Ye J, et al. Molecular crystal engineering: Tuning organic semiconductor from p-type to n-type by adjusting their substitutional symmetry[J]. Advanced Materials, 2017, 29 (10): 1605053.

[47] Li L, Tang Q, Li H, et al. An ultra closely π - stacked organic semiconductor for high performance field-effect transistors[J]. Advanced Materials, 2007, 19(18): 2613 - 2617.

[48] Li L Q, Tang Q X, Li H X, et al. Molecular orientation and interface compatibility for high performance organic thin film transistor based on vanadyl phthalocyanine[J]. The Journal of

Physical Chemistry B，2008，112(34)：10405 - 10410.

[49] Chen L，Hernandez Y，Feng X L，et al. From nanographene and graphene nanoribbons to graphene sheets：Chemical synthesis[J]. Angewandte Chemie（International Ed in English），2012，51(31)：7640 - 7654.

[50] Tan L，Jiang W，Jiang L，et al. Single crystalline microribbons of perylo[1，12 - *b*，*c*，*d*] selenophene for high performance transistors[J]. Applied Physics Letters，2009，94(15)：153306.

[51] Sagade A A，Rao K V，Mogera U，et al. High-mobility field effect transistors based on supramolecular charge transfer nanofibres[J]. Advanced Materials，2013，25(4)：559 - 564.

[52] Luo J Y，Xu X M，Mao R X，et al. Curved polycyclic aromatic molecules that are π - isoelectronic to hexabenzocoronene[J]. Journal of the American Chemical Society，2012，134(33)：13796 - 13803.

[53] Li C Q，Wu H，Zhang T K，et al. Functionalized π stacks of hexabenzoperylenes as a platform for chemical and biological sensing[J]. Chem，2018，4(6)：1416 - 1426.

[54] Yang J，Zhao Z Y，Wang S，et al. Insight into high-performance conjugated polymers for organic field-effect transistors[J]. Chem，2018，4(12)：2748 - 2785.

[55] Shi L X，Guo Y L，Hu W P，et al. Design and effective synthesis methods for high-performance polymer semiconductors in organic field-effect transistors[J]. Materials Chemistry Frontiers，2017，1(12)：2423 - 2456.

[56] He T，Stolte M，Würthner F. Air-stable n-channel organic single crystal field-effect transistors based on microribbons of core-chlorinated naphthalene diimide[J]. Advanced Materials，2013，25(48)：6951 - 6955.

[57] Zhang F J，Hu Y B，Schuettfort T，et al. Critical role of alkyl chain branching of organic semiconductors in enabling solution-processed N-channel organic thin-film transistors with mobility of up to 3.50 cm^2 V^{-1}s^{-1}[J]. Journal of the American Chemical Society，2013，135(6)：2338 - 2349.

[58] Feng J J，Jiang W，Wang Z H. Synthesis and application of rylene imide dyes as organic semiconducting materials[J]. Chemistry，an Asian Journal，2018，13(1)：20 - 30.

[59] Schmidt R，Oh J H，Sun Y S，et al. High-performance air-stable n-channel organic thin film transistors based on halogenated perylene bisimide semiconductors[J]. Journal of the American Chemical Society，2009，131(17)：6215 - 6228.

[60] Molinari A S，Alves H，Chen Z H，et al. High electron mobility in vacuum and ambient for PDIF - CN2 single-crystal transistors[J]. Journal of the American Chemical Society，2009，131(7)：2462 - 2463.

[61] Zhong Y，Kumar B，Oh S，et al. Helical ribbons for molecular electronics[J]. Journal of the American Chemical Society，2014，136(22)：8122 - 8130.

[62] Liu G G，Xiao C Y，Negri F，et al. Dodecatwistarene imides with zigzag-twisted conformation for organic electronics[J]. Angewandte Chemie（International Ed in English），2020，59(5)：2008 - 2012.

[63] Lv A F，Puniredd S R，Zhang J H，et al. High mobility，air stable，organic single crystal transistors of an n-type diperylene bisimide[J]. Advanced Materials，2012，24(19)：2626 - 2630.

[64] Meng D，Liu G G，Xiao C Y，et al. Corannurylene pentapetalae[J]. Journal of the American Chemical Society，2019，141(13)：5402 - 5408.

[65] Wang Z M，Kim C，Facchetti A，et al. Anthracenedicarboximides as air-stable N - channel semiconductors for thin-film transistors with remarkable current on-off ratios[J]. Journal of the American Chemical Society，2007，129(44)：13362 - 13363.

[66] Wu Z H, Huang Z T, Guo R X, et al. 4, 5, 9, 10 - *Pyrene* diimides: A family of aromatic diimides exhibiting high electron mobility and two-photon excited emission[J]. Angewandte Chemie (International Ed in English), 2017, 56(42): 13031 - 13035.

[67] Dou J H, Zheng Y Q, Yao Z F, et al. Fine-tuning of crystal packing and charge transport properties of BDOPV derivatives through fluorine substitution[J]. Journal of the American Chemical Society, 2015, 137(50): 15947 - 15956.

[68] Anthopoulos T D, Singh B, Marjanovic N, et al. High performance n-channel organic field-effect transistors and ring oscillators based on C_{60} fullerene films[J]. Applied Physics Letters, 2006, 89 (21): 213504.

[69] Li H Y, Tee B C K, Cha J J, et al. High-mobility field-effect transistors from large-area solution-grown aligned C_{60} single crystals[J]. Journal of the American Chemical Society, 2012, 134(5): 2760 - 2765.

[70] Brown A R, de Leeuw D M, Lous E J, et al. Organic n-type field-effect transistor[J]. Synthetic Metals, 1994, 66(3): 257 - 261.

[71] Menard E, Podzorov V, Hur S H, et al. High-performance n- and p-type single-crystal organic transistors with free-space gate dielectrics[J]. Advanced Materials, 2004, 16(23/24): 2097 - 2101.

[72] Krupskaya Y, Gibertini M, Marzari N, et al. Band-like electron transport with record-high mobility in the TCNQ family[J]. Advanced Materials, 2015, 27(15): 2453 - 2458.

[73] Zhang C, Zang Y P, Gann E, et al. Two-dimensional π - expanded quinoidal terthiophenes terminated with dicyanomethylenes as n-type semiconductors for high-performance organic thin-film transistors[J]. Journal of the American Chemical Society, 2014, 136(46): 16176 - 16184.

[74] Wang C, Ren X C, Xu C H, et al. N - type 2D organic single crystals for high-performance organic field-effect transistors and near-infrared phototransistors[J]. Advanced Materials, 2018, 30(16): e1706260.

[75] Shi Y J, Jiang L, Liu J, et al. Bottom-up growth of n-type monolayer molecular crystals on polymeric substrate for optoelectronic device applications[J]. Nature Communications, 2018, 9 (1): 2933.

[76] Ichikawa M, Kato T, Uchino T, et al. Thin-film and single-crystal transistors based on a trifluoromethyl-substituted alternating (thiophene/phenylene)-co-oligomer [J]. Organic Electronics, 2010, 11(9): 1549 - 1554.

[77] Jiang H, Ye J, Hu P, et al. Fluorination of metal phthalocyanines: Single-crystal growth, efficient N - channel organic field-effect transistors and structure-property relationships[J]. Scientific Reports, 2014, 4: 7573.

[78] Chu M, Fan J X, Yang S J, et al. Halogenated tetraazapentacenes with electron mobility as high as 27.8 $cm^2 V^{-1}s^{-1}$ in solution-processed n-channel organic thin-film transistors[J]. Advanced Materials, 2018, 30(38): e1803467.

[79] Ando S, Murakami R, Nishida J I, et al. N-type organic field-effect transistors with very high electron mobility based on thiazole oligomers with trifluoromethylphenyl groups[J]. Journal of the American Chemical Society, 2005, 127(43): 14996 - 14997.

[80] Kumaki D, Ando S, Shimono S, et al. Significant improvement of electron mobility in organic thin-film transistors based on thiazolothiazole derivative by employing self-assembled monolayer[J]. Applied Physics Letters, 2007, 90(5): 053506.

[81] Deng J, Xu Y X, Liu L Q, et al. An ambipolar organic field-effect transistor based on an AIE - active single crystal with a high mobility level of 2.0 $cm^2 V^{-1}s^{-1}$[J]. Chemical Communications,

2016, 52(11): 2370 - 2373.

[82] Xie W, Prabhumirashi P L, Nakayama Y, et al. Utilizing carbon nanotube electrodes to improve charge injection and transport in bis(trifluoromethyl)-dimethyl-rubrene ambipolar single crystal transistors[J]. ACS Nano, 2013, 7(11): 10245 - 10256.

[83] Ball M, Zhang B Y, Zhong Y, et al. Conjugated macrocycles in organic electronics[J]. Accounts of Chemical Research, 2019, 52(4): 1068 - 1078.

[84] Wang Y F, Guo H, Ling S H, et al. Ladder-type heteroarenes: Up to 15 rings with five imide groups[J]. Angewandte Chemie (International Ed in English), 2017, 56(33): 9924 - 9929.

[85] Hwang H, Khim D, Yun J M, et al. Quinoidal molecules as a new class of ambipolar semiconductor originating from amphoteric redox behavior[J]. Advanced Functional Materials, 2015, 25(7): 1146 - 1156.

[86] Hepp A, Heil H, Weise W, et al. Light-emitting field-effect transistor based on a tetracene thin film[J]. Physical Review Letters, 2003, 91(15): 157406.

[87] Zhang C C, Chen P L, Hu W P. Organic light-emitting transistors: Materials, device configurations, and operations[J]. Small, 2016, 12(10): 1252 - 1294.

[88] Muhieddine K, Ullah M, Pal B N, et al. All solution-processed, hybrid light emitting field-effect transistors[J]. Advanced Materials, 2014, 26(37): 6410 - 6415.

[89] Liu C F, Liu X, Lai W Y, et al. Organic light-emitting field-effect transistors: Device geometries and fabrication techniques[J]. Advanced Materials, 2018, 30(52): e1802466.

[90] Xie Z Y, Liu D, Zhang Y H, et al. Recent Advances on High Mobility Emissive Anthracene-derived Organic Semiconductors [J]. Chemical Journal of Chinese Universities, 2020, 41 (6): 1179.

[91] 马於光, 沈家骢. 光电功能有机晶体研究进展[J]. 中国科学 B 辑, 2007, 37(2): 105 - 123.

[92] Zhang X T, Dong H L, Hu W P. Organic semiconductor single crystals for electronics and photonics[J]. Advanced Materials, 2018, 30(44): e1801048.

[93] Ju H J, Wang K, Zhang J, et al. 1, 6- and 2, 7 - $trans$ - β - styryl substituted pyrenes exhibiting both emissive and semiconducting properties in the solid state[J]. Chemistry of Materials, 2017, 29(8): 3580 - 3588.

[94] Katagiri T, Shimizu Y, Terasaki K, et al. Light-emitting field-effect transistors made of single crystals of an ambipolar thiophene/phenylene co-oligomer[J]. Organic Electronics, 2011, 12(1): 8 - 14.

[95] Komori T, Nakanotani H, Yasuda T, et al. Light-emitting organic field-effect transistors based on highly luminescent single crystals of thiophene/phenylene co-oligomers[J]. Journal of Materials Chemistry C, 2014, 2(25): 4918 - 4921.

[96] Zhang Y H, Ye J, Liu Z Y, et al. Red-emissive poly (phenylene vinylene)-derivated semiconductors with well-balanced ambipolar electrical transporting properties[J]. Journal of Materials Chemistry C, 2020, 8(31): 10868 - 10879.

[97] An B K, Gierschner J, Park S Y. π - Conjugated cyanostilbene derivatives: A unique self-assembly motif for molecular nanostructures with enhanced emission and transport [J]. Accounts of Chemical Research, 2012, 45(4): 544 - 554.

[98] Park S K, Kim J H, Ohto T, et al. Highly luminescent 2D - type slab crystals based on a molecular charge-transfer complex as promising organic light-emitting transistor materials[J]. Advanced Materials, 2017, 29(36): 1701346.

[99] Melucci M, Zambianchi M, Favaretto L, et al. Thienopyrrolyl dione end-capped oligothiophene ambipolar semiconductors for thin film-and light emitting transistors [J]. Chemical

Communications, 2011, 47(43): 11840 - 11842.

[100] Melucci M, Favaretto L, Zambianchi M, et al. Molecular tailoring of new thieno(bis)imide-based semiconductors for single layer ambipolar light emitting transistors[J]. Chemistry of Materials, 2013, 25(5): 668 - 676.

[101] Anthony J E. The larger acenes: Versatile organic semiconductors[J]. Angewandte Chemie (International Ed in English), 2008, 47(3): 452 - 483.

[102] Reddy A R, Fridman-Marueli G, Bendikov M. Kinetic and thermodynamic stability of acenes: theoretical study of nucleophilic and electrophilic addition[J]. The Journal of Organic Chemistry, 2007, 72(1): 51 - 61.

[103] Dadvand A, Moiseev A G, Sawabe K, et al. Maximizing field-effect mobility and solid-state luminescence in organic semiconductors[J]. Angewandte Chemie (International Ed in English), 2012, 51(16): 3837 - 3841.

[104] Dadvand A, Sun W H, Moiseev A G, et al. 1, 5 -, 2, 6 - and 9, 10 - distyrylanthracenes as luminescent organic semiconductors[J]. Journal of Materials Chemistry C, 2013, 1(16): 2817 - 2825.

[105] Liu D, Li J, Liu J, et al. A new organic compound of 2 -(2, 2 - diphenylethenyl)anthracene (DPEA) showing simultaneous electrical charge transport property and AIE optical characteristics[J]. Journal of Materials Chemistry C, 2018, 6(15): 3856 - 3860.

[106] Zhao Z, Gao S M, Zheng X Y, et al. Rational design of perylenediimide-substituted triphenylethylene to electron transporting aggregation-induced emission luminogens (AIEgens) with high mobility and near-infrared emission[J]. Advanced Functional Materials, 2018, 28 (11): 1705609.

[107] Gao C, Shukla A, Gao H K, et al. Harvesting triplet excitons in high mobility emissive organic semiconductor for efficiency enhancement of light-emitting transistors[J]. Advanced Materials, 2023, 35(13): 2208389.

[108] Liu J, Dong H L, Wang Z R, et al. Thin film field-effect transistors of 2, 6-diphenyl anthracene (DPA)[J]. Chemical Communications, 2015, 51(59): 11777 - 11779.

[109] Zhang Y, Gao C, Wang P, et al. High electron mobility hot-exciton induced delayed fluorescent organic semiconductors [J]. Angewandte Chemie International Edition, 2023, 62 (10): e202217653.

[110] Zhao Y, Yan L J, Murtaza I, et al. A thermally stable anthracene derivative for application in organic thin film transistors[J]. Organic Electronics, 2017, 43: 105 - 111.

[111] Li J F, Zheng L, Sun L J, et al. New anthracene derivatives integrating high mobility and strong emission[J]. Journal of Materials Chemistry C, 2018, 6(48): 13257 - 13260.

[112] Tao J W, Liu D, Qin Z S, et al. Organic UV - sensitive phototransistors based on distriphenylamineethynylpyrene derivatives with ultra-high detectivity approaching 10^{18} [J]. Advanced Materials, 2020, 32(12): e1907791.

[113] Mitsui C, Tanaka Y, Tanaka S, et al. High performance oxygen-bridged N-shaped semiconductors with a stabilized crystal phase and blue luminescence[J]. RSC Advances, 2016, 6 (34): 28966 - 28969.

[114] Ullah M, Wawrzinek R, Nagiri R C R, et al. UV-deep blue-visible light-emitting organic field effect transistors with high charge carrier mobilities[J]. Advanced Optical Materials, 2017, 5 (8): 1600973.

[115] Xie Z Y, Liu D, Zhao Z N, et al. High mobility emissive excimer organic semiconductor towards color-tunable light-emitting transistors[J]. Angewandte Chemie International Edition, 2024, 63

(11): e202319380.

[116] Yamao T, Ohira T, Ota S, et al. Polarized measurements of spectrally narrowed emissions from a single crystal of a thiophene/phenylene co-oligomer[J]. Journal of Applied Physics, 2007, 101(8): 083517.

[117] Yomogida Y, Takenobu T, Shimotani H, et al. Green light emission from the edges of organic single-crystal transistors[J]. Applied Physics Letters, 2010, 97(17): 173301.

[118] Kabe R, Nakanotani H, Sakanoue T, et al. Effect of molecular morphology on amplified spontaneous emission of bis-styrylbenzene derivatives[J]. Advanced Materials, 2009, 21(40): 4034 – 4038.

[119] Mu S, Oniwa K, Jin T N, et al. A highly emissive distyrylthieno[3, 2 – b]thiophene based red luminescent organic single crystal: Aggregation induced emission, optical waveguide edge emission, and balanced ambipolar carrier transport[J]. Organic Electronics, 2016, 34: 23 – 27.

[120] Yun S W, Kim J H, Shin S, et al. High-performance n-type organic semiconductors: Incorporating specific electron-withdrawing motifs to achieve tight molecular stacking and optimized energy levels[J]. Advanced Materials, 2012, 24(7): 911 – 915.

[121] Oh S, Kim J H, Park S K, et al. Fabrication of pixelated organic light-emitting transistor (OLET) with a pure red-emitting organic semiconductor[J]. Advanced Optical Materials, 2019, 7(23): 1901274.

[122] Gwinner M C, Vaynzof Y, Banger K K, et al. Solution-processed zinc oxide as high-performance air-stable electron injector in organic ambipolar light-emitting field-effect transistors [J]. Advanced Functional Materials, 2010, 20(20): 3457 – 3465.

[123] Donley C L, Zaumseil J, Andreasen J W, et al. Effects of packing structure on the optoelectronic and charge transport properties in poly (9, 9 – di – n – octylfluorene – alt – benzothiadiazole)[J]. Journal of the American Chemical Society, 2005, 127(37): 12890 – 12899.

[124] Heeger A J. Semiconducting polymers: The third generation[J]. Chemical Society Reviews, 2010, 39(7): 2354 – 2371.

[125] Ebisawa F, Kurokawa T, Nara S. Electrical properties of polyacetylene/polysiloxane interface [J]. Journal of Applied Physics, 1983, 54(6): 3255 – 3259.

[126] Tsumura A, Koezuka H, Ando T. Macromolecular electronic device: Field-effect transistor with a polythiophene thin film[J]. Applied Physics Letters, 1986, 49(18): 1210 – 1212.

[127] Assadi A, Svensson C, Willander M, et al. Field-effect mobility of poly(3-hexylthiophene)[J]. Applied Physics Letters, 1988, 53(3): 195 – 197.

[128] Ong B S, Wu Y L, Liu P, et al. High-performance semiconducting polythiophenes for organic thin-film transistors[J]. Journal of the American Chemical Society, 2004, 126(11): 3378 –3379.

[129] Chabinyc M L, Endicott F, Vogt B D, et al. Effects of humidity on unencapsulated poly (thiophene) thin-film transistors[J]. Applied Physics Letters, 2006, 88(11): 113514.

[130] Heeney M, Bailey C, Genevicius K, et al. Stable polythiophene semiconductors incorporating thieno[2, 3 – b]thiophene[J]. Journal of the American Chemical Society, 2005, 127(4): 1078 – 1079.

[131] McCulloch I, Heeney M, Bailey C, et al. Liquid-crystalline semiconducting polymers with high charge-carrier mobility[J]. Nature Materials, 2006, 5(4): 328 – 333.

[132] DeLongchamp D, Kline R, Lin E, et al. High carrier mobility polythiophene thin films: Structure determination by experiment and theory[J]. Advanced Materials, 2007, 19(6): 833 – 837.

[133] Hamadani B H, Gundlach D J, McCulloch I, et al. Undoped polythiophene field-effect transistors with mobility of 1 cm^2 V^{-1} s^{-1} [J]. Applied Physics Letters, 2007, 91(24): 243512.

[134] Li J, Qin F, Li C M, et al. High-performance thin-film transistors from solution-processed dithienothiophene polymer semiconductor nanoparticles[J]. Chemistry of Materials, 2008, 20 (6): 2057 - 2059.

[135] Li J, Bao Q L, Li C M, et al. Organic thin-film transistors processed from relatively nontoxic, environmentally friendlier solvents[J]. Chemistry of Materials, 2010, 22(20): 5747 - 5753.

[136] Liu J Y, Zhang R, Sauvé G, et al. Highly disordered polymer field effect transistors: N – alkyl dithieno[3, 2 – b: 2', 3' – d]pyrrole-based copolymers with surprisingly high charge carrier mobilities[J]. Journal of the American Chemical Society, 2008, 130(39): 13167 - 13176.

[137] Zhang M, Tsao H N, Pisula W, et al. Field-effect transistors based on a benzothiadiazole-cyclopentadithiophene copolymer[J]. Journal of the American Chemical Society, 2007, 129(12): 3472 - 3473.

[138] Tsao H N, Cho D, Andreasen J W, et al. The influence of morphology on high-performance polymer field-effect transistors[J]. Advanced Materials, 2009, 21(2): 209 - 212.

[139] Tsao H N, Cho D M, Park I, et al. Ultrahigh mobility in polymer field-effect transistors by design[J]. Journal of the American Chemical Society, 2011, 133(8): 2605 - 2612.

[140] Zhang W M, Smith J, Watkins S E, et al. Indacenodithiophene semiconducting polymers for high-performance, air-stable transistors[J]. Journal of the American Chemical Society, 2010, 132(33): 11437 - 11439.

[141] Ying L, Hsu B B Y, Zhan H M, et al. Regioregular pyridal[2, 1, 3]thiadiazole π – conjugated copolymers[J]. Journal of the American Chemical Society, 2011, 133(46): 18538 - 18541.

[142] Tseng H R, Ying L, Hsu B B Y, et al. High mobility field effect transistors based on macroscopically oriented regioregular copolymers[J]. Nano Letters, 2012, 12(12): 6353 - 6357.

[143] Tseng H R, Phan H, Luo C, et al. High-mobility field-effect transistors fabricated with macroscopic aligned semiconducting polymers[J]. Advanced Materials, 2014, 26(19): 2993 - 2998.

[144] Wang M, Ford M J, Zhou C, et al. Linear conjugated polymer backbones improve alignment in nanogroove-assisted organic field-effect transistors [J]. Journal of the American Chemical Society, 2017, 139(48): 17624 - 17631.

[145] Lei T, Cao Y, Fan Y L, et al. High-performance air-stable organic field-effect transistors: Isoindigo-based conjugated polymers[J]. Journal of the American Chemical Society, 2011, 133 (16): 6099 - 6101.

[146] Lei T, Dou J H, Pei J. Influence of alkyl chain branching positions on the hole mobilities of polymer thin-film transistors[J]. Advanced Materials, 2012, 24(48): 6457 - 6461.

[147] Lei T, Cao Y, Zhou X, et al. Systematic investigation of isoindigo-based polymeric field-effect transistors: Design strategy and impact of polymer symmetry and backbone curvature [J]. Chemistry of Materials, 2012, 24(10): 1762 - 1770.

[148] Ashraf R S, Kronemeijer A J, James D I, et al. A new thiophene substituted isoindigo based copolymer for high performance ambipolar transistors[J]. Chemical Communications, 2012, 48 (33): 3939 - 3941.

[149] Kim G, Kang S J, Dutta G K, et al. A thienoisoindigo-naphthalene polymer with ultrahigh mobility of 14.4 cm^2/(V · s) that substantially exceeds benchmark values for amorphous silicon semiconductors[J]. Journal of the American Chemical Society, 2014, 136(26): 9477 - 9483.

[150] Huang J Y, Mao Z P, Chen Z H, et al. Diazaisoindigo-based polymers with high-performance

charge-transport properties: From computational screening to experimental characterization[J].
Chemistry of Materials, 2016, 28(7): 2209 - 2218.

[151] Huang J Y, Chen Z H, Yang J, et al. Semiconducting properties and geometry-directed self-assembly of heptacyclic anthradithiophene diimide-based polymers[J]. Chemistry of Materials, 2019, 31(7): 2507 - 2515.

[152] Li Y N, Sonar P, Singh S P, et al. Annealing-free high-mobility diketopyrrolopyrrole-quaterthiophene copolymer for solution-processed organic thin film transistors[J]. Journal of the American Chemical Society, 2011, 133(7): 2198 - 2204.

[153] Li Y N, Singh S P, Sonar P. A high mobility P - type DPP - thieno[3, 2 - b]thiophene copolymer for organic thin-film transistors[J]. Advanced Materials, 2010, 22(43): 4862 - 4866.

[154] Li J, Zhao Y, Tan H S, et al. A stable solution-processed polymer semiconductor with record high-mobility for printed transistors[J]. Scientific Reports, 2012, 2: 754.

[155] Chen H J, Guo Y L, Yu G, et al. Highly π - extended copolymers with diketopyrrolopyrrole moieties for high-performance field-effect transistors[J]. Advanced Materials, 2012, 24(34): 4618 - 4622.

[156] Kang I, Yun H J, Chung D S, et al. Record high hole mobility in polymer semiconductors via side-chain engineering[J]. Journal of the American Chemical Society, 2013, 135(40): 14896 - 14899.

[157] Zhang W F, Mao Z P, Huang J Y, et al. High-performance field-effect transistors fabricated with donor-acceptor copolymers containing S ··· O conformational locks supplied by diethoxydithiophenethenes[J]. Macromolecules, 2016, 49(17): 6401 - 6410.

[158] Gao D, Tian K, Zhang W F, et al. Approaching high charge carrier mobility by alkylating both donor and acceptor units at the optimized position in conjugated polymers[J]. Polymer Chemistry, 2016, 7(24): 4046 - 4053.

[159] Ashraf R S, Meager I, Nikolka M, et al. Chalcogenophene comonomer comparison in small band gap diketopyrrolopyrrole-based conjugated polymers for high-performing field-effect transistors and organic solar cells[J]. Journal of the American Chemical Society, 2015, 137(3): 1314 - 1321.

[160] Ji Y J, Xiao C Y, Wang Q, et al. Asymmetric diketopyrrolopyrrole conjugated polymers for field-effect transistors and polymer solar cells processed from a nonchlorinated solvent[J]. Advanced Materials, 2016, 28(5): 943 - 950.

[161] Yun H J, Cho J, Chung D S, et al. Comparative studies on the relations between composition ratio and charge transport of diketopyrrolopyrrole-based random copolymers[J]. Macromolecules, 2014, 47(20): 7030 - 7035.

[162] Wang Z J, Liu Z T, Ning L, et al. Charge mobility enhancement for conjugated DPP - selenophene polymer by simply replacing one bulky branching alkyl chain with linear one at each DPP unit[J]. Chemistry of Materials, 2018, 30(9): 3090 - 3100.

[163] Yao J J, Yu C M, Liu Z T, et al. Significant improvement of semiconducting performance of the diketopyrrolopyrrole-quaterthiophene conjugated polymer through side-chain engineering via hydrogen-bonding[J]. Journal of the American Chemical Society, 2016, 138(1): 173 - 185.

[164] Yang Y Z, Liu Z T, Chen L L, et al. Conjugated semiconducting polymer with thymine groups in the side chains: Charge mobility enhancement and application for selective field-effect transistor sensors toward CO and H_2S[J]. Chemistry of Materials, 2019, 31(5): 1800 - 1807.

[165] Tian J W, Fu L L, Liu Z T, et al. Optically tunable field effect transistors with conjugated polymer entailing azobenzene groups in the side chains[J]. Advanced Functional Materials, 2019, 29(12): 1807176.

[166] Luo H W, Yu C M, Liu Z T, et al. Remarkable enhancement of charge carrier mobility of conjugated polymer field-effect transistors upon incorporating an ionic additive[J]. Science Advances, 2016, 2(5): e1600076.

[167] Wang C L, Dong H L, Hu W P, et al. Semiconducting π - conjugated systems in field-effect transistors: A material odyssey of organic electronics[J]. Chemical Reviews, 2012, 112(4): 2208 -2267.

[168] Chen Z H, Zheng Y, Yan H, et al. Naphthalenedicarboximide- vs perylenedicarboximide-based copolymers. Synthesis and semiconducting properties in bottom-gate N - channel organic transistors[J]. Journal of the American Chemical Society, 2009, 131(1): 8 - 9.

[169] Yan H, Chen Z H, Zheng Y, et al. A high-mobility electron-transporting polymer for printed transistors[J]. Nature, 2009, 457(7230): 679 - 686.

[170] Kim Y, Long D X, Lee J, et al. A balanced face-on to edge-on texture ratio in naphthalene diimide-based polymers with hybrid siloxane chains directs highly efficient electron transport[J]. Macromolecules, 2015, 48(15): 5179 - 5187.

[171] Zhao Z Y, Yin Z H, Chen H J, et al. High-performance, air-stable field-effect transistors based on heteroatom-substituted naphthalenediimide-benzothiadiazole copolymers exhibiting ultrahigh electron mobility up to $8.5\,cmV^{-1}s^{-1}$[J]. Advanced Materials, 2017, 29(4): 1602410.

[172] Kang B, Kim R, Lee S B, et al. Side-chain-induced rigid backbone organization of polymer semiconductors through semifluoroalkyl side chains[J]. Journal of the American Chemical Society, 2016, 138(11): 3679 - 3686.

[173] Wang Y, Hasegawa T, Matsumoto H, et al. High-performance n-channel organic transistors using high-molecular-weight electron-deficient copolymers and amine-tailed self-assembled monolayers[J]. Advanced Materials, 2018, 30(13): e1707164.

[174] Wang Y, Hasegawa T, Matsumoto H, et al. Significant improvement of unipolar n-type transistor performances by manipulating the coplanar backbone conformation of electron-deficient polymers via hydrogen bonding[J]. Journal of the American Chemical Society, 2019, 141(8): 3566 - 3575.

[175] Nakano M, Osaka I, Takimiya K. Naphthodithiophene diimide (NDTI)- based semiconducting copolymers: From ambipolar to unipolar n-type polymers[J]. Macromolecules, 2015, 48(3): 576 - 584.

[176] Wang Y, Nakano M, Michinobu T, et al. Naphthodithiophenediimide-benzobisthiadiazole-based polymers: Versatile n-type materials for field-effect transistors and thermoelectric devices[J]. Macromolecules, 2017, 50(3): 857 - 864.

[177] Zhao Z, Zhang F J, Hu Y B, et al. Naphthalenediimides fused with 2 -(1, 3 - dithiol - 2 - ylidene) acetonitrile: Strong electron-deficient building blocks for high-performance n-type polymeric semiconductors[J]. ACS Macro Letters, 2014, 3(11): 1174 - 1177.

[178] Xin H S, Ge C W, Jiao X C, et al. Incorporation of 2, 6 - connected azulene units into the backbone of conjugated polymers: Towards high-performance organic optoelectronic materials [J]. Angewandte Chemie (International Ed in English), 2018, 57(5): 1322 - 1326.

[179] Zhan X W, Tan Z A, Domercq B, et al. A high-mobility electron-transport polymer with broad absorption and its use in field-effect transistors and all-polymer solar cells[J]. Journal of the American Chemical Society, 2007, 129(23): 7246 - 7247.

[180] Zhao X G, Ma L C, Zhang L, et al. An acetylene-containing perylene diimide copolymer for high mobility n-channel transistor in air[J]. Macromolecules, 2013, 46(6): 2152 - 2158.

[181] Zhou W Y, Wen Y G, Ma L C, et al. Conjugated polymers of rylene diimide and phenothiazine

for n-channel organic field-effect transistors[J]. Macromolecules, 2012, 45(10): 4115 - 4121.

[182] Tang Z H, Wei X Y, Zhang W F, et al. An A - D - A' - D' strategy enables perylenediimide-based polymer dyes exhibiting enhanced electron transport characteristics[J]. Polymer, 2019, 180: 121712.

[183] Kim H S, Huseynova G, Noh Y Y, et al. Modulation of majority charge carrier from hole to electron by incorporation of cyano groups in diketopyrrolopyrrole-based polymers [J]. Macromolecules, 2017, 50(19): 7550 - 7558.

[184] Guo C, Quinn J, Sun B, et al. Dramatically different charge transport properties of bisthienyl diketopyrrolopyrrole-bithiazole copolymers synthesized *via* two direct (hetero) arylation polymerization routes[J]. Polymer Chemistry, 2016, 7(27): 4515 - 4524.

[185] Guo K, Bai J H, Jiang Y, et al. Diketopyrrolopyrrole-based conjugated polymers synthesized via direct arylation polycondensation for high mobility pure n-channel organic field-effect transistors [J]. Advanced Functional Materials, 2018, 28(31): 1801097.

[186] Ni Z J, Dong H L, Wang H L, et al. Quinoline-flanked diketopyrrolopyrrole copolymers breaking through electron mobility over 6 cm^2 V^{-1} s^{-1} in flexible thin film devices[J]. Advanced Materials, 2018, 30(10): 1704843.

[187] Yue W, Nikolka M, Xiao M F, et al. Azaisoindigo conjugated polymers for high performance n-type and ambipolar thin film transistor applications[J]. Journal of Materials Chemistry C, 2016, 4(41): 9704 - 9710.

[188] Wei C Y, Zhang W F, Huang J Y, et al. Realizing n-type field-effect performance via introducing trifluoromethyl groups into the donor-acceptor copolymer backbone [J]. Macromolecules, 2019, 52(7): 2911 - 2921.

[189] Gao Y, Deng Y F, Tian H K, et al. Multifluorination toward high-mobility ambipolar and unipolar n-type donor-acceptor conjugated polymers based on isoindigo[J]. Advanced Materials, 2017, 29(13): 1606217.

[190] Chen F Z, Jiang Y, Sui Y, et al. Donor-acceptor conjugated polymers based on bisisoindigo: Energy level modulation toward unipolar n-type semiconductors[J]. Macromolecules, 2018, 51 (21): 8652 - 8661.

[191] Yan Z Q, Sun B, Li Y N. Novel stable (3*E*, 7E)-3, 7 - bis(2 - oxoindolin - 3 - ylidene)benzo[1, 2 - *b*; 4, 5 - *b*']difuran - 2, 6(3*H*, 7*H*)- dione based donor-acceptor polymer semiconductors for n-type organic thin film transistors[J]. Chemical Communications, 2013, 49(36): 3790 - 3792.

[192] Lei T, Dou J H, Cao X Y, et al. Electron-deficient poly(p-phenylene vinylene) provides electron mobility over 1 cm^2 V^{-1}s^{-1} under ambient conditions[J]. Journal of the American Chemical Society, 2013, 135(33): 12168 - 12171.

[193] Dou J H, Zheng Y Q, Lei T, et al. Systematic investigation of side-chain branching position effect on electron carrier mobility in conjugated polymers[J]. Advanced Functional Materials, 2014, 24(40): 6270 - 6278.

[194] Lei T, Xia X, Wang J Y, et al. "Conformation locked" strong electron-deficient poly(p-phenylene vinylene) derivatives for ambient-stable n-type field-effect transistors: Synthesis, properties, and effects of fluorine substitution position[J]. Journal of the American Chemical Society, 2014, 136(5): 2135 - 2141.

[195] Zheng Y Q, Lei T, Dou J H, et al. Strong electron-deficient polymers lead to high electron mobility in air and their morphology-dependent transport behaviors[J]. Advanced Materials, 2016, 28(33): 7213 - 7219.

[196] Zheng Y Q, Yao Z F, Lei T, et al. Unraveling the solution-state supramolecular structures of

donor-acceptor polymers and their influence on solid-state morphology and charge-transport properties[J]. Advanced Materials, 2017, 29(42): 1701072.

[197] Zhang G B, Guo J H, Zhu M, et al. Bis(2-oxoindolin-3-ylidene)-benzodifuran-dione-based D–A polymers for high-performance n-channel transistors[J]. Polymer Chemistry, 2015, 6(13): 2531–2540.

[198] Dai Y Z, Ai N, Lu Y, et al. Embedding electron-deficient nitrogen atoms in polymer backbone towards high performance n-type polymer field-effect transistors[J]. Chemical Science, 2016, 7 (9): 5753–5757.

[199] Wang Y F, Guo H, Harbuzaru A, et al. (Semi)ladder-type bithiophene imide-based all-acceptor semiconductors: Synthesis, structure-property correlations, and unipolar n-type transistor performance[J]. Journal of the American Chemical Society, 2018, 140(19): 6095–6108.

[200] Shi Y Q, Guo H, Qin M C, et al. Imide-functionalized thiazole-based polymer semiconductors: Synthesis, structure-property correlations, charge carrier polarity, and thin-film transistor performance[J]. Chemistry of Materials, 2018, 30(21): 7988–8001.

[201] Wang Y F, Yan Z L, Guo H, et al. Effects of bithiophene imide fusion on the device performance of organic thin-film transistors and all-polymer solar cells[J]. Angewandte Chemie (International Ed in English), 2017, 56(48): 15304–15308.

[202] Fan J, Yuen J D, Wang M F, et al. High-performance ambipolar transistors and inverters from an ultralow bandgap polymer[J]. Advanced Materials, 2012, 24(16): 2186–2190.

[203] Hong W, Sun B, Guo C, et al. Dipyrrolo[2, 3 – b: 2′, 3′ – e]pyrazine – 2, 6(1H, 5H)– dione based conjugated polymers for ambipolar organic thin-film transistors [J]. Chemical Communications, 2013, 49(5): 484–486.

[204] Chen H J, Guo Y L, Mao Z P, et al. Naphthalenediimide-based copolymers incorporating vinyl-linkages for high-performance ambipolar field-effect transistors and complementary-like inverters under air[J]. Chemistry of Materials, 2013, 25(18): 3589–3596.

[205] Chen Z H, Zhang W F, Huang J Y, et al. Fluorinated dithienylethene-naphthalenediimide copolymers for high-mobility n-channel field-effect transistors[J]. Macromolecules, 2017, 50 (16): 6098–6107.

[206] Sonar P, Singh S P, Li Y N, et al. A low-bandgap diketopyrrolopyrrole-benzothiadiazole-based copolymer for high-mobility ambipolar organic thin-film transistors[J]. Advanced Materials, 2010, 22(47): 5409–5413.

[207] Yuen J D, Fan J, Seifter J, et al. High performance weak donor-acceptor polymers in thin film transistors: Effect of the acceptor on electronic properties, ambipolar conductivity, mobility, and thermal stability[J]. Journal of the American Chemical Society, 2011, 133(51): 20799–20807.

[208] Lee J, Han A R, Kim J, et al. Solution-processable ambipolar diketopyrrolopyrrole-selenophene polymer with unprecedentedly high hole and electron mobilities[J]. Journal of the American Chemical Society, 2012, 134(51): 20713–20721.

[209] Lee J, Han A R, Yu H, et al. Boosting the ambipolar performance of solution-processable polymer semiconductors via hybrid side-chain engineering[J]. Journal of the American Chemical Society, 2013, 135(25): 9540–9547.

[210] Chen Z H, Gao D, Huang J Y, et al. Thiazole-flanked diketopyrrolopyrrole polymeric semiconductors for ambipolar field-effect transistors with balanced carrier mobilities[J]. ACS Applied Materials & Interfaces, 2016, 8(50): 34725–34734.

[211] Zhang W F, Chen Z H, Mao Z P, et al. High-performance FDTE-based polymer semiconductors

with F···H intramolecular noncovalent interactions: Synthesis, characterization, and their field-effect properties[J]. Dyes and Pigments, 2018, 149: 149 – 157.

[212] Gao Y, Zhang X J, Tian H K, et al. High mobility ambipolar diketopyrrolopyrrole-based conjugated polymer synthesized via direct arylation polycondensation[J]. Advanced Materials, 2015, 27(42): 6753 – 6759.

[213] Yang J, Wang H L, Chen J Y, et al. Bis-diketopyrrolopyrrole moiety as a promising building block to enable balanced ambipolar polymers for flexible transistors[J]. Advanced Materials, 2017, 29(22): 1606162.

[214] Yi Z R, Jiang Y Y, Xu L, et al. Triple acceptors in a polymeric architecture for balanced ambipolar transistors and high-gain inverters[J]. Advanced Materials, 2018, 30(32): e1801951.

[215] Ni Z J, Wang H L, Zhao Q, et al. Ambipolar conjugated polymers with ultrahigh balanced hole and electron mobility for printed organic complementary logic via a two-step C H activation strategy[J]. Advanced Materials, 2019, 31(10): e1806010.

[216] Zhu C G, Zhao Z Y, Chen H J, et al. Regioregular bis-pyridal[2, 1, 3]thiadiazole-based semiconducting polymer for high-performance ambipolar transistors[J]. Journal of the American Chemical Society, 2017, 139(49): 17735 – 17738.

[217] Lei T, Dou J H, Ma Z J, et al. Ambipolar polymer field-effect transistors based on fluorinated isoindigo: High performance and improved ambient stability[J]. Journal of the American Chemical Society, 2012, 134(49): 20025 – 20028.

[218] Lei T, Dou J H, Ma Z J, et al. Chlorination as a useful method to modulate conjugated polymers: Balanced and ambient-stable ambipolar high-performance field-effect transistors and inverters based on chlorinated isoindigo polymers[J]. Chemical Science, 2013, 4(6): 2447 –2452.

[219] Chen Z H, Wei X Y, Huang J Y, et al. Multisubstituted azaisoindigo-based polymers for high-mobility ambipolar thin-film transistors and inverters[J]. ACS Applied Materials & Interfaces, 2019, 11(37): 34171 – 34177.

[220] Zhou X, Ai N, Guo Z H, et al. Balanced ambipolar organic thin-film transistors operated under ambient conditions: Role of the donor moiety in BDOPV – based conjugated copolymers[J]. Chemistry of Materials, 2015, 27(5): 1815 – 1820.

[221] Shi K L, Zhang W F, Gao D, et al. Well-balanced ambipolar conjugated polymers featuring mild glass transition temperatures toward high-performance flexible field-effect transistors[J]. Advanced Materials, 2018, 30(9): 1705286.

[222] Shi K L, Zhang W F, Zhou Y K, et al. Chalcogenophene-sensitive charge carrier transport properties in A – D – A″– D type NBDO – based copolymer for flexible field-effect transistors[J]. Macromolecules, 2018, 51(21): 8662 – 8671.

[223] Ni Z J, Wang H L, Dong H L, et al. Mesopolymer synthesis by ligand-modulated direct arylation polycondensation towards n-type and ambipolar conjugated systems[J]. Nature Chemistry, 2019, 11(3): 271 – 277.

[224] Gasperini A, Bivaud S, Sivula K. Controlling conjugated polymer morphology and charge carrier transport with a flexible-linker approach[J]. Chemical Science, 2014, 5(12): 4922 – 4927.

[225] Zhao X K, Zhao Y, Ge Q, et al. Complementary semiconducting polymer blends: The influence of conjugation-break spacer length in matrix polymers[J]. Macromolecules, 2016, 49(7): 2601 – 2608.

[226] Savagatrup S, Zhao X K, Chan E, et al. Effect of broken conjugation on the stretchability of semiconducting polymers[J]. Macromolecular Rapid Communications, 2016, 37(19): 1623 – 1628.

[227] Zhao Y, Zhao X K, Roders M, et al. Melt-processing of complementary semiconducting polymer blends for high performance organic transistors[J]. Advanced Materials, 2017, 29(6): 1605056.

[228] Gumyusenge A, Tran D T, Luo X Y, et al. Semiconducting polymer blends that exhibit stable charge transport at high temperatures[J]. Science, 2018, 362(6419): 1131 – 1134.

[229] Oh J Y, Rondeau-Gagné S, Chiu Y C, et al. Intrinsically stretchable and healable semiconducting polymer for organic transistors[J]. Nature, 2016, 539(7629): 411 – 415.

[230] Wang G J N, Molina-Lopez F, Zhang H Y, et al. Nonhalogenated solvent processable and printable high-performance polymer semiconductor enabled by isomeric nonconjugated flexible linkers[J]. Macromolecules, 2018, 51(13): 4976 – 4985.

[231] Erdmann T, Fabiano S, Milián-Medina B, et al. Naphthalenediimide polymers with finely tuned In-chain π – conjugation: Electronic structure, film microstructure, and charge transport properties[J]. Advanced Materials, 2016, 28(41): 9169 – 9174.

[232] Chen Z H, Zhang W F, Wei C Y, et al. High-electron mobility tetrafluoroethylene-containing semiconducting polymers[J]. Chemistry of Materials, 2020, 32(6): 2330 – 2340.

[233] Chen Z H, Zhang W F, Zhou Y K, et al. Remarkable effect of π – skeleton conformation in finitely conjugated polymer semiconductors[J]. Journal of Materials Chemistry C, 2020, 8(26): 9055 – 9063.

[234] Dimitrakopoulos C D, Brown A R, Pomp A. Molecular beam deposited thin films of pentacene for organic field effect transistor applications[J]. Journal of Applied Physics, 1996, 80(4): 2501 – 2508.

[235] Jentzsch T, Juepner H J, Brzezinka K W, et al. Efficiency of optical second harmonic generation from pentacene films of different morphology and structure[J]. Thin Solid Films, 1998, 315(1/2): 273 – 280.

[236] Yue Y C, Chen J C, Zhang Y, et al. Two-dimensional high-quality monolayered triangular WS$_2$ flakes for field-effect transistors[J]. ACS Applied Materials & Interfaces, 2018, 10(26): 22435 – 22444.

[237] Duan S M, Wang T, Geng B W, et al. Solution-processed centimeter-scale highly aligned organic crystalline arrays for high-performance organic field-effect transistors[J]. Advanced Materials, 2020, 32(12): e1908388.

[238] Zubair T, Hasan M M, Ramos R S, et al. Conjugated polymers with near-infrared (NIR) optical absorption: Structural design considerations and applications in organic electronics[J]. Journal of Materials Chemistry C, 2024, 12(23): 8188 – 8216.

[239] Zhang Y H, Xu C H, Wang P, et al. Universal design and efficient synthesis for high ambipolar mobility emissive conjugated polymers[J]. Angewandte Chemie International Edition, 2024, 63 (19): e202319997.

[240] Lee B H, Hsu B B Y, Patel S N, et al. Flexible organic transistors with controlled nanomorphology[J]. Nano Letters, 2016, 16(1): 314 – 319.

[241] Dong H L, Li H X, Wang E J, et al. Ordering rigid rod conjugated polymer molecules for high performance photoswitchers[J]. Langmuir: the ACS Journal of Surfaces and Colloids, 2008, 24 (23): 13241 – 13244.

[242] Luo C, Kyaw A K K, Perez L A, et al. General strategy for self-assembly of highly oriented nanocrystalline semiconducting polymers with high mobility[J]. Nano Letters, 2014, 14(5): 2764 – 2771.

[243] Pan G X, Chen F, Hu L, et al. Effective controlling of film texture and carrier transport of a high-performance polymeric semiconductor by magnetic alignment[J]. Advanced Functional

Materials, 2015, 25(32): 5126 – 5133.

[244] Molina-Lopez F, Wu H C, Wang G J N, et al. Enhancing molecular alignment and charge transport of solution-sheared semiconducting polymer films by the electrical-blade effect[J]. Advanced Electronic Materials, 2018, 4(7): 1800110.

[245] Lin F J, Guo C, Chuang W T, et al. Directional solution coating by the Chinese brush: A facile approach to improving molecular alignment for high-performance polymer TFTs[J]. Advanced Materials, 2017, 29(34): 1606987.

[246] Jiang Y Y, Chen J Y, Sun Y L, et al. Fast deposition of aligning edge-on polymers for high-mobility ambipolar transistors[J]. Advanced Materials, 2019, 31(2): e1805761.

[247] Deng Y H, Zheng X P, Bai Y, et al. Surfactant-controlled ink drying enables high-speed deposition of perovskite films for efficient photovoltaic modules[J]. Nature Energy, 2018, 3: 560 – 566.

[248] Bai J H, Jiang Y, Wang Z L, et al. Bar-coated organic thin-film transistors with reliable electron mobility approaching 10 cm^2 V^{-1} s^{-1}[J]. Advanced Electronic Materials, 2020, 6(1): 1901002.

[249] Khasbaatar A, Xu Z, Lee J H, et al. From solution to thin film: Molecular assembly of π-conjugated systems and impact on (opto)electronic properties[J]. Chemical Reviews, 2023, 123 (13): 8395 – 8487.

[250] Yao Z F, Zheng Y Q, Li Q Y, et al. Wafer-scale fabrication of high-performance n-type polymer monolayer transistors using a multi-level self-assembly strategy[J]. Advanced Materials, 2019, 31(7): e1806747.

[251] Lei Y L, Deng P, Zhang Q M, et al. Hydrocarbons-driven crystallization of polymer semiconductors for low-temperature fabrication of high-performance organic field-effect transistors[J]. Advanced Functional Materials, 2018, 28(15): 1706372.

[252] Wegner G. Topochemical polymerization of monomers with conjugated triple bonds [J]. Macromolecular Chemistry and Physics, 1972, 154(1): 35 – 48.

[253] Kim D, Han J, Park Y, et al. Single-crystal polythiophene microwires grown by self-assembly [J]. Advanced Materials, 2006, 18(6): 719 – 723.

[254] Crossland E J W, Tremel K, Fischer F, et al. Anisotropic charge transport in spherulitic poly(3-hexylthiophene) films[J]. Advanced Materials, 2012, 24(6): 839 – 844.

[255] Wang S H, Kappl M, Liebewirth I, et al. Organic field-effect transistors based on highly ordered single polymer fibers[J]. Advanced Materials, 2012, 24(3): 417 – 420.

[256] Cho B, Park K S, Baek J, et al. Single-crystal poly(3, 4-ethylenedioxythiophene) nanowires with ultrahigh conductivity[J]. Nano Letters, 2014, 14(6): 3321 – 3327.

[257] Lu G, Li L, Yang X. Achieving perpendicular alignment of rigid polythiophene backbones to the substrate by using solvent-vapor treatment[J]. Advanced Materials, 2007, 19(21): 3594 – 3598.

[258] Ma Z Y, Geng Y H, Yan D H. Extended-chain lamellar packing of poly(3-butylthiophene) in single crystals[J]. Polymer, 2007, 48(1): 31 – 34.

[259] Xiao X L, Wang Z B, Hu Z J, et al. Single crystals of polythiophene with different molecular conformations obtained by tetrahydrofuran vapor annealing and controlling solvent evaporation [J]. The Journal of Physical Chemistry B, 2010, 114(22): 7452 – 7460.

[260] Liu C F, Sui A G, Wang Q L, et al. Fractionated crystallization of polydisperse polyfluorenes [J]. Polymer, 2013, 54(13): 3150 – 3155.

[261] Liu C F, Wang Q L, Tian H K, et al. Extended-chain lamellar crystals of monodisperse polyfluorenes[J]. Polymer, 2013, 54(9): 2459 – 2465.

[262] Liu C F, Wang Q L, Tian H K, et al. Insight into lamellar crystals of monodisperse

polyfluorenes-Fractionated crystallization and the crystal's stability[J]. Polymer, 2013, 54(3): 1251 – 1258.

[263] Xue M Q, Wang Y, Wang X W, et al. Single-crystal-conjugated polymers with extremely high electron sensitivity through template-assisted *in situ* polymerization[J]. Advanced Materials, 2015, 27(39): 5923 – 5929.

[264] Dong H L, Jiang S D, Jiang L, et al. Nanowire crystals of a rigid rod conjugated polymer[J]. Journal of the American Chemical Society, 2009, 131(47): 17315 – 17320.

[265] Liu Y, Dong H L, Jiang S D, et al. High performance nanocrystals of a donor-acceptor conjugated polymer[J]. Chemistry of Materials, 2013, 25(13): 2649 – 2655.

[266] Xiao C Y, Zhao G Y, Zhang A D, et al. High performance polymer nanowire field-effect transistors with distinct molecular orientations[J]. Advanced Materials, 2015, 27(34): 4963 – 4968.

[267] Yao Y F, Dong H L, Liu F, et al. Approaching intra- and interchain charge transport of conjugated polymers facilely by topochemical polymerized single crystals [J]. Advanced Materials, 2017, 29(29): 1701251.

[268] Yao Y F, Dong H L, Hu W P. Charge transport in organic and polymeric semiconductors for flexible and stretchable devices[J]. Advanced Materials, 2016, 28(22): 4513 – 4523.

[269] Wang C L, Dong H L, Jiang L, et al. Organic semiconductor crystals[J]. Chemical Society Reviews, 2018, 47(2): 422 – 500.

[270] Li Q B, Zhang Y H, Lin J F, et al. Dibenzothiophene sulfone-based ambipolar-transporting blue-emissive organic semiconductors towards simple-structured organic light-emitting transistors[J]. Angewandte Chemie International Edition, 2023, 62(42): e202308146.

[271] Minemawari H, Yamada T, Matsui H, et al. Inkjet printing of single-crystal films[J]. Nature, 2011, 475(7356): 364 – 367.

[272] Dong H L, Zhu H F, Meng Q, et al. Organic photoresponse materials and devices[J]. Chemical Society Reviews, 2012, 41(5): 1754 – 1808.

[273] Noh Y Y, Kim D Y, Yase K. Highly sensitive thin-film organic phototransistors: Effect of wavelength of light source on device performance[J]. Journal of Applied Physics, 2005, 98(7): 74505 – 74505 – 7.

[274] Hu Y, Dong G F, Liu C, et al. Dependency of organic phototransistor properties on the dielectric layers[J]. Applied Physics Letters, 2006, 89(7): 072108.

[275] Peng Y Q, Guo F Z, Xia H Q, et al. Channel-length-dependent performance of photosensitive organic field-effect transistors[J]. Applied Optics, 2019, 58(6): 1319 – 1326.

[276] Liu J Y, Zhou K, Liu J, et al. Organic-single-crystal vertical field-effect transistors and phototransistors[J]. Advanced Materials, 2018, 30(44): e1803655.

[277] Ji D Y, Li T, Liu J, et al. Band-like transport in small-molecule thin films toward high mobility and ultrahigh detectivity phototransistor arrays[J]. Nature Communications, 2019, 10(1): 12.

[278] Yuan Y B, Huang J S. Ultrahigh gain, low noise, ultraviolet photodetectors with highly aligned organic crystals[J]. Advanced Optical Materials, 2016, 4(2): 264 – 270.

[279] Wei C X, Li L, Zheng Y Y, et al. Flexible molecular crystals for optoelectronic applications[J]. Chemical Society Reviews, 2024, 53(8): 3687 – 3713.

[280] Wang H L, Cheng C, Zhang L, et al. Inkjet printing short-channel polymer transistors with high-performance and ultrahigh photoresponsivity [J]. Advanced Materials, 2014, 26(27): 4683 –4689.

[281] Wang H L, Liu H T, Zhao Q, et al. A retina-like dual band organic photosensor array for filter-

free near-infrared-to-memory operations[J]. Advanced Materials, 2017, 29(32): 1701772.

[282] Wang H L, Liu H T, Zhao Q, et al. Three-component integrated ultrathin organic photosensors for plastic optoelectronics[J]. Advanced Materials, 2016, 28(4): 624-630.

[283] Zhang Y H, Liu Q Q, Gao C, et al. Packing adjustment towards high mobility luminescent conjugated polymers[J]. Chemical Research in Chinese Universities, 2023, 39(5): 731-735.

[284] Gierschner J, Park S Y. Luminescent distyrylbenzenes: Tailoring molecular structure and crystalline morphology[J]. Journal of Materials Chemistry C, 2013, 1(37): 5818-5832.

[285] Hou L L, Zhang X Y, Cotella G F, et al. Optically switchable organic light-emitting transistors [J]. Nature Nanotechnology, 2019, 14(4): 347-353.

[286] Qin Z S, Gao H K, Liu J Y, et al. High-efficiency single-component organic light-emitting transistors[J]. Advanced Materials, 2019, 31(37): e1903175.

[287] Zhao G Y, Dong H L, Liao Q, et al. Organic field-effect optical waveguides[J]. Nature Communications, 2018, 9(1): 4790.

MOLECULAR SCIENCES

Chapter 5

单分子电子器件

臧亚萍，郭雪峰

5.1　引言

　　过去半个多世纪以来,半导体行业遵循着"摩尔定律"设定的蓝图取得了巨大的发展,电子元器件尺寸不断缩小,集成电路的集成度和运算速度均得到了大幅度提升。目前,商用化芯片的最小制程已经缩小到 3 nm,逼近了硅半导体"自上而下"加工工艺的物理极限,集成电路的进一步微型化变得极为困难。在这一背景下,基于单原子或分子"自下而上"组装构筑单分子电子器件的方案在近些年来广受关注,有望带来微型电子电路的变革式发展。

　　早在 20 世纪 70 年代,美国科学家 A. Aviram 和 M. A. Ratner 便已提出利用单分子构筑整流器件的理论模型(Aviram - Ratner 模型)[1]。随着纳米技术的发展,研究人员于 20 世纪末成功在多层甚至单层 Langmuir - Blodgett(LB)膜中观测到分子的整流性质,在实验中证实了 Aviram - Ratner 模型。同期,M. A. Reed 等人利用机械可控断裂结(mechanically controllable break junction,MCBJ)技术,构建了"电极-分子-电极"单分子结并实现了对苯二硫醇分子导电性的测量。这些早期的探索性工作为单分子器件的研究奠定了重要基础。近年来,由于单分子裂结、碳基纳米电极制备等技术的巨大进步,单分子器件的构筑和研究平台日趋丰富,这极大地促进了相关研究的发展。通过对单分子导电性的测量,人们在多种分子体系中观测到由量子效应带来的独特的电子输运特性。此外,利用丰富的化学手段以及光、电、磁、力等外场作用,人们可以进一步对单分子电子行为进行调控,从而实现了分子开关、整流等电子学功能。值得指出的是,单分子电子器件作为观测与研究纳米尺度电子输运性质的理想平台,目前正在被越来越广泛地应用于化学、材料、生物等体系中电子过程微观机制的探究,催生出分子水平电催化、单分子电学检测等一系列前沿研究方向。单分子电子器件为在分子层面探究众多基础科学问题提供了重要的机遇。

　　在本章中,我们将首先介绍构筑及表征单分子电子器件的主要技术手段,然后对单分子器件基本电子学性质及相关研究进行综述。接着我们将介绍单分子器件与其他学科交叉方向上的最新研究进展,最后再对单分子器件这一研究领域的发展进行总结与展望。

5.2 单分子器件研究的技术手段

构筑单分子电子器件最主要的技术难点是将纳米及亚纳米尺度的单分子连接到两个电极之间，形成闭合回路。这里面首要的难题即如何制备出原子尺度的图案化电极。针对上述难点，人们基于扫描隧道显微镜、低维碳材料微纳加工等技术，发展了多种制备纳米间隙电极对的方法。进一步利用分子两端锚定基团与电极之间的相互作用，即可自组装形成电极-分子-电极桥连的单分子结，从而形成电导测量回路。

5.2.1 扫描隧道显微镜-裂结技术

扫描隧道显微镜（STM）由于其极高的空间分辨能力，自发明以来便成为表征单分子物理化学性质的有力工具。科研人员通过精确控制 STM 金属探针的移动方向与距离，发展了一种巧妙并且高效地创建原子尺度电极图案的技术。在压电陶瓷的控制下，首先推进 STM 金属探针与金属基底接触，然后缓慢提拉探针使其分离。在提拉过程中，探针与基底接触面积会逐渐减小，直到形成原子尺度的点接触，此时探针与衬底构成的电路中的电导呈现出量子化特征，即电导以台阶式变化，台阶高度为单位量子电导 $G_0 = 2e^2/h$。在此基础上，为了构筑单分子结并测量其电导，徐炳乾和陶农建于 2003 年率先提出了扫描隧道显微镜-裂结（STM-BJ）技术，如图 5-1(a)所示[2]。该技术通过在包含待测分子的溶液中往复推进和提拉金探针，可以不断地形成和打破单分子结并实时记录回路中的电导随探针-基底距离的变化情况。图 5-1(b)为一个典型的裂结过程的电导-距离轨迹曲线。注意到，当提拉金探针至形成单金-金原子接触时，在单位量子电导 G_0 处出现相应的导电平台。继续提拉探针将打破金-金接触，使电导迅速下降。随后分子通过两端的功能基团和金的作用组装到电极之间，形成单分子结，并带来相应的分子导电特征平台。进一步提拉探针会将分子结拉断，并使电导迅速下降至仪器的检测限以下，从而完成单次 STM-BJ 测试。

在纳米尺度，分子电导对分子构象、电极-分子界面构型以及环境等因素都非常敏感，因此 STM-BJ 实验中通常会连续重复上述裂结过程成千上万次并对测试数据进行统计分析，从而获得最具代表性的单分子电导信息。目前最常见的 STM-BJ 数据统计方法包括：① 对所有测试数据在对数域进行直方图统计，获得 1D 电导分布直方图，其中峰位置表示分子结最具代表性的电导值[图5-1(c)]；② 将所有电导-位移曲线进行对准叠加处理，获得2D电导-位移分布直方图，其可以显示出分子结长度与电导的分布关系[图5-1(d)]。值得指出的是，STM-BJ技术可以在室温溶液环境中高效、重复运行，因此显示出优异的测试可靠性和灵活性，并被广泛地应用于探索单分子电子输运相关的基础科学问题中。另外，近年来，科研人员通过进一步调控测试的溶液环境，成功利用STM-BJ技术来研究众多电化学和电催化等前沿基础研究方向，使其成为在分子水平探究化学中电子转移过程的新平台。

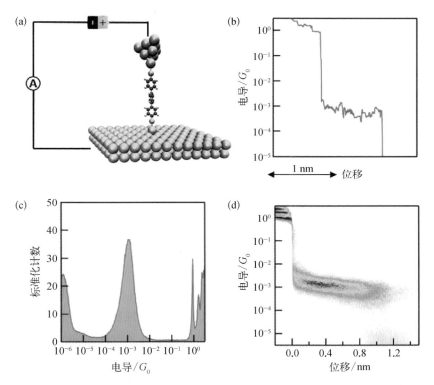

图5-1 （a）STM-BJ技术示意图；（b）一个裂结过程的电导-距离轨迹曲线；（c）1D电导分布直方图；（d）2D电导-位移分布直方图

5.2.2 机械可控裂结技术

机械可控裂结（MCBJ）技术于1997年被M. A. Reed等人运用于单分子电导的研究中，其工作原理如图5-2所示。首先将中间存在切口的金属丝两端固定在柔性基底上,基底分别被左右两端的支撑点所固定。通过压电陶瓷控制基底下方中间处顶杆向上运动,使基底发生弯曲,金属丝将从中间切口断开,形成纳米间隙。将这一装置暴露在存在测试分子的气氛或溶液中时,分子会组装到电极中间,形成单分子结。与STM-BJ技术相似,MCBJ也是通过往复地控制电极的开合,不断形成和打破单分子结,从而对单分子电导进行连续、重复测量并对测试数据进行统计分析,获取分子结的电导信息。此外,MCBJ三点受力的独特结构使其具有非常高的机械稳定性,在室温下即可将两电极之间的距离精确控制在皮米量级。MCBJ装置中的柔性基底可由微纳加工方法制备,配置上面具有很高的可扩展性,因此可成为实现单分子电导测试与光谱、电化学等表征技术连用的有效平台。例如,田中群等人将MCBJ技术与表面增强拉曼光谱(surface-enhanced Raman spectroscopy,SERS)连用,实现了对单分子结的电导和结构进行同步表征,为研究单分子的电学和化学性质提供了有力支撑。

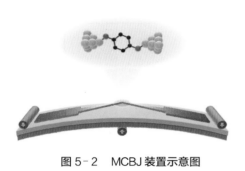

图5-2　MCBJ装置示意图

5.2.3　碳基纳米电极对

除了上述裂结技术以外,利用电子束刻蚀技术制备稳定的碳基纳米电极对是构筑单分子器件的另一重要手段。碳基材料,如单壁碳纳米管(single-walled carbon nanotube,SWCNT)和石墨烯,因具有优异的导电性和机械稳定性等被认为是制备纳米电极的优异材料。2006年,郭雪峰等人利用高精度电子束曝光和选择性等离子体刻蚀的方法,可控制备了具有纳米间隙的SWCNT点电极,并实现了电极末端的羧基功能化。这些羧基与两端修饰有氨基的导电分子反应形成酰胺共价键,从而制备出稳定的SWCNT-分子-SWCNT单分子结。相对于SWCNT,石墨烯作为一种二维晶体材料,具有均一的高电导率,同时便于未来器件的集成化加工。利用石墨烯作为电极材料,郭雪峰课题组发展了一种新型纳米电极加工技术,即"虚线刻蚀法"。这一方法利用精细的电子束曝光和等离子体刻蚀,可以可控地制备得到锯齿形石墨烯纳米间隙点电极阵列。这种点电极阵列大大提高了单分子器件制备的成功率和重复性。值得指出的是,在上述碳基单分子器件中(图5-3),稳定的电极材料和牢固的酰胺共价键电极-分子桥连界面使其具有非常优异的机械和电子稳定性。碳基单分子器件因此成为实现电子学功能的理想载体,对于推进单分子器件朝实用化发展具有重要意义。

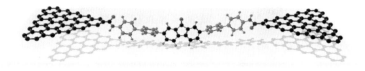

图5-3 石墨烯纳米电极

5.3 单分子器件的电子学性质研究

在单分子器件中,分子自身化学性质和电子结构、电极材料、电极-分子连接界面等多种因素共同影响着其电学性能。通过对上述因素进行调节,人们可以精细调控单分子器件的电子输运过程,从而进一步实现开关、整流以及存储等功能。

5.3.1 电极-分子接触界面

为了构筑单分子器件,通常需要通过化学合成的方法在分子两端修饰可与电极结合的锚定基团。值得指出的是,锚定基团与电极的作用方式不但决定了单分子结的机械稳定性,同时也影响了分子-电极接触界面的电子耦合性质和单分子结的导电性。通常而言,锚定基团通过与电极形成配位键或共价键的方式将分子连接到电极上。目前最普遍使用的与电极形成配位键的锚定基团包括氨基(—NH_2)、吡啶(—Py)、硫醚(—SR)等。这些基团由于可以提供孤对电子与金、银等金属原子配位,从而可以形成"金属电极-分子-金属电极"单分子结[图5-4(a)]。除此之外,人们还利用可与金电极形成共价键的巯基(—SH)、炔基(—CH)等基团来创建硫-金(S-Au)和碳-金(C-Au)共价键连

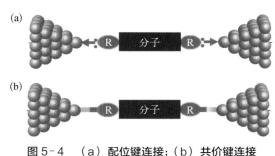

图5-4 (a)配位键连接;(b)共价键连接

接界面[图5-4(b)]。相比于配位键,共价键连接通常更为牢固并会带来更强的电极-分子界面电子耦合,从而能够有效降低单分子器件的接触电阻。

近几年来,随着单分子器件研究技术的进步,人们发展了多种利用外场原位调控电极-分子接触界面的新方法。2017年,臧亚萍等人在STM-BJ技术的基础上利用原位电化学反应实现了对单分子结的电极-分子连接界面的调控。具体而言,这一工作通过在STM探针表面诱导一系列多联苯二胺分子的原位电化学氧化反应,首次构建了氮-金(N-Au)共价键连接的单分子结[3],如图5-5所示。这一共价键连接大幅提高了电极-分子界面的电子耦合,降低了器件的接触电阻。随后,基于发生在STM探针表面的原位电化学还原反应,研究人员构筑了基于氮杂环卡宾-金属电极连接的新型单分子结;利用相似的技术,通过原位电化学氧化末端碘取代的多联苯分子,研究人员进一步创建了具有强电子耦合的C-Au共价键连接界面。上述这些研究进展表明,利用发生在电极表面的原位氧化还原反应,可以精确调控电极-分子之间的成键以及界面电子耦合性质。

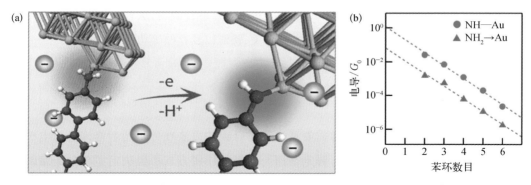

图5-5　(a)STM探针表面诱导多联苯二胺原位生成N-Au共价键示意图;(b)多联苯分子结(n=2~6)分别在共价连接和配位连接时的电导

除此之外,在STM-BJ技术中,通过不断上下推拉STM探针,可以施加机械力原位调控电极-分子的连接方式。例如,对于4,4'-联吡啶单分子结来说,在向上提拉金探针的过程中,可以原位改变N-Au连接的几何构型,从而带来单分子电导的改变,实现机械力控制的单分子开关。最近,N. Ferri等人在上下推拉STM探针过程中通过机械调控(甲硫基)噻吩末端取代基与金的配位形式,在一系列分子中实现了单分子结电导在高低态之间的切换。上述结果为构筑对机械力响应的单分子功能器件提供了新的思路。

5.3.2 电荷传输机制

单分子器件的快速发展不仅体现在单分子器件的构筑技术和表征手段方面的进步上,还体现在日趋完备的理论机制等方面。单分子尺度的研究对象一般由较少的原子组成,描述宏观体系运动的经典力学已经不再适用,取而代之的是量子力学理论。目前,根据电子波函数在传输过程中是否发生相位上的改变,将描述分子结电荷输运性质的机制分为两类,一类是电子波相位不变的相干传输,即隧穿机制(tunneling),另一类则是电子波相位发生改变的非相干输运,通常称之为跳跃机制(hopping),如图5-6所示。

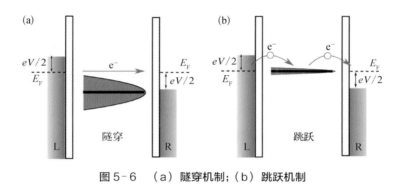

图5-6 (a)隧穿机制;(b)跳跃机制

1. 量子隧穿机制

在隧穿机制中,电子不仅可以快速地穿过电极-分子界面,而且可以快速地穿过分子,所以几乎不与分子的原子核产生相互作用,从而不会对分子的电子结构产生影响。一般情况下,通常认为骨架较短且与电极具有强相互作用的分子组成的分子结的电荷传输以隧穿机制占主导。

在众多描述隧穿过程的理论中,由著名物理学家R. Landauer提出并由M. Büttiker完成的Landauer-Büttiker公式是描述分子尺度电荷隧穿过程中的基本理论依据。该理论的基本思想是电荷通过"电极-分子-电极",其是一个散射过程,入射电子在电极-分子界面只有透射和反射两种状态,所以流经分子的电流(I)可以表达为透射系数T的函数,具体表达式如下:

$$I(V) = \frac{2e}{h} \int_{-\infty}^{\infty} \mathrm{d}E \cdot T(E, V) \left[f\left(E - \frac{eV}{2}\right) - f\left(E + \frac{eV}{2}\right) \right] \tag{5-1}$$

式中，e 为电荷电量；h 为普朗克常数；$T(E, V)$ 表示能量为 E 的入射电子在偏压 V 下的透射系数；$f(E \pm eV/2)$ 表示左右电极的电子在偏压 V 时的费米-狄拉克分布（Fermi-Dirac distribution）。$T(E, V)$ 和 f 分别满足下列关系式：

$$T(E, V) = \frac{4\Gamma_L\Gamma_R}{[E - \varepsilon(V)]^2 + [\Gamma_L + \Gamma_R]^2} \tag{5-2}$$

$$f\left(E \pm \frac{eV}{2}\right) = \frac{1}{1 + \exp\left[\left(E \pm \frac{eV}{2}\right)/k_B T\right]} \tag{5-3}$$

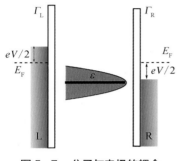

图 5-7　分子与电极的耦合对分子轨道的影响

式中，k_B 为玻尔兹曼常数；Γ_L 与 Γ_R 分别表示分子与左、右电极的耦合强弱，直接体现在分子能级的展宽上，如图 5-7 所示。偏压对分子离散能级的影响则由 $\varepsilon(V)$ 体现，其具体表达式为

$$\varepsilon(V) = \varepsilon_n - \Sigma \tag{5-4}$$

式中，ε_n 为分子能级；Σ 表示偏压下分子离散能级的微小偏移。

此外，考虑到费米-狄拉克分布函数在温度为 0 K 时的特殊数学性质（图 5-8），所以有限偏压下的 Landauer-Büttiker 公式可以转化为

$$I = \left(\frac{2e}{h}\right) \int_{E_F - eV/2}^{E_F + eV/2} \mathrm{d}E \cdot T(E, V) \tag{5-5}$$

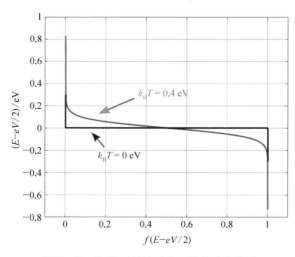

图 5-8　费米-狄拉克分布函数的数学性质

由式(5-5)可以进一步推导出分子结在 0 K 和零偏压下的电导 G 为

$$G = G_0 T(E_F) \qquad (5-6)$$

式中,G_0 为此前提到的单位量子电导;E_F 为金属的费米能级。由式(5-6)可知,温度和偏压都为零的情况下,电导 G 与费米能级处的透射系数 $T(E_F)$ 成正比,所以一般可以通过比较 $T(E_F)$ 的大小来判断分子在低偏压下的电荷输运性能。

　　理论研究工作中常用到的分子结模型如图 5-9 所示,一个分子通过锚定基团耦合到两个无限大的左右电极上。将整个模型体系分为三部分:无限大的左电极(L)、无限大的右电极(R)以及中间的扩展分子区域。由于无限大的左/右电极的电荷空间分布与晶体结构相同,所以只需对扩展分子区域进行自洽计算求得其密度矩阵,而无限大的左/右电极对扩展分子区域的作用则以自能(Σ_L 和 Σ_R)的方式考虑进来。根据求得的扩展分子收敛的密度矩阵,可以计算偏压下电子的透射系数 $T(E, V)$,进而由式(5-1)求得流经分子结的电流以及电导等性质,最终从理论层面对分子结的电荷输运性能进行分析与预测。值得指出的是,通过哈密顿量严格求解多体系统的薛定谔方程是异常困难的,所以通常采用密度泛函理论与非平衡格林函数相结合的办法求解分子结的密度矩阵、透射系数以及电流等信息。

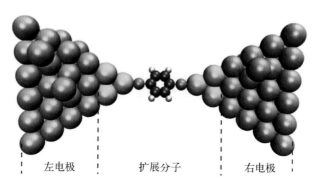

左电极　　　　扩展分子　　　　右电极

图 5-9　典型的分子结理论模型

　　低偏压下,电子以非共振(off-resonant)隧穿的方式在分子中进行传输,且其非共振隧穿电流通常随着分子长度(隧穿势垒的宽度)的增加而呈指数衰减,这一衰减关系可以表示为 $I = I_0 e^{-\beta d}$ 或 $G = G_0 e^{-\beta d}$,其中 β 为衰减常数,d 为分子长度。通常,人们通过调节分子结构来调控 β 的大小。表 5-1 总结了一些目前报道的常见的分子体系的衰减常数情况。可以看出,相较于饱和烷烃分子,共轭分子体系通常具有更低的衰减常数。通过调节分子的共轭结构,人们还可以进一步调控衰减常数的大小。尽管如此,这一指数衰减的普遍规律仍然是目前限制单分子电荷输运效率的关键问题。针对这一问题，S. Gunasekaran 等人在具有优异的 π 电子离域的多甲川花菁分子内观察到了低至 0.4 nm^{-1} 的衰减常数。臧亚萍等人最新的研究结果表明，高度共轭的累积多烯分子的电导随着长度的增加而升高，呈现负的 β，而且该研究进一步指出这种负 β 的出现与累积多烯分子独特的键长交替（bond length alternation，BLA）模式有关，这一结果为设计分子导线提供了新思路。最后值得指出的是，伴随着电压的升高且分子前线轨道与电极费米能级具有较小的能量差时，分子的前线轨道可以落入电极之间的势能窗中，从而实现无势垒的电子共振传输（resonant tunneling transport）。在这方面，臧亚萍等人基于吡咯并吡咯二酮（DPP）单分子结实现了电压诱导的非共振隧穿传输向共振传输的转变。在共振传输区域内，DPP 分子内的电荷输运效率得到大幅度提升，在 5 nm 的距离内显示出无衰减的超高电导。

表 5-1   常见分子体系的衰减常数

骨　架	结　构	$\beta/(\mathrm{nm}^{-1})$
烷烃		8.5
烯烃		2.2
炔烃		1.7~3.2
对亚苯基		5.3
噻吩		3
氧化噻吩		2
OPE		2.0
OPV		1.7

骨　架	结　构	$\beta/(nm^{-1})$
多甲川花菁		0.4
累积多烯		- 0.9

此外,用来描述电子的量子力学波函数同光波一样具有振幅和相位,所以也会存在干涉现象,在这里我们称之为量子干涉(quantum interference)。分子作为复杂的电子系统,具有种类不一的轨道和能级,是研究量子干涉效应的理想对象。在单分子尺度,可以通过调控电子在不同轨道间的传输,来达到调控量子干涉效应的目的,从而实现对分子结电荷输运、热电等性能的调控。这里的不同轨道一般指的是 HOMO 和 LUMO。根据相干涉轨道波函数的相位不同,可以将干涉效应分为相长量子干涉(constructive quantum interference)和相消量子干涉(destructive quantum interference)两种,两者的相位差分别为 2π 和 π,如图 5 - 10 所示。人们对量子干涉效应在理论和实验上进行了广泛的研究,并取得了很多进展。2002 年,R. Baer 等人首次从理论上预测了交替共轭分子具有量子干涉效应。随后,大量的理论计算结果表明,相较于线性共轭或者共轭破坏的分子,交替共轭分子的 HOMO 和 LUMO 具有明显的反共振,表现出强的相消量子干涉。2011

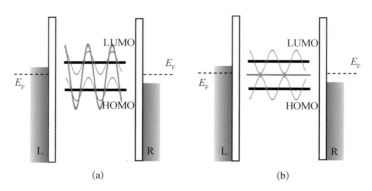

图 5 - 10　分子电荷输运过程中的量子干涉现象

(a) 相长量子干涉效应;(b) 相消量子干涉效应

年,D. Fracasso 等人则利用镓铟合金技术首次从实验的角度对这一理论结果进行了验证。随后,人们又发现接触位点的不同、电化学调控以及对 π-π 相互作用进行机械调控都可以达到调控量子干涉效应的目的[4,5]。上述这些结果为设计并发展基于量子干涉效应的功能分子器件提供了基础。

2. 量子跳跃机制

与隧穿机制不同,跳跃机制认为电子在分子-电极界面传输比较慢,所以电子在分子上停留的时间与分子振动时间(10~1 000 fs)相接近,入射电子与分子会发生能量上的交换,从而导致电子相位的变化以及分子结构的重组。跳跃机制一般在骨架较长且与电极具有弱相互作用的分子结的电荷传输中占主导。在跳跃机制中我们常用马库斯理论(Marcus theory)中的电荷转移速率(charge transfer rate)来表征体系电荷输运性能,其表达式如下:

$$k_{et} = \frac{2\pi}{\hbar} |V_{DA}|^2 \mathcal{F} \tag{5-7}$$

式中,$\hbar$ 为约化普朗克常量,$\hbar = h/(2\pi)$;V_{DA} 为给体和受体之间的电子耦合;$\mathcal{F}$ 为弗兰克-康登因子(Franck-Condon factor)。在这里值得指出的是,一维弗兰克-康登因子仅仅与黄-里斯因子(Huang-Rhys factor)S 成正比,而重组能(λ)又和黄-里斯因子 S 成正相关,所以在跳跃机制中,我们通常用重组能的大小对分子的电荷输运性能进行初步的判断。

其实,在弱耦合分子结中,施加偏压在不影响分子电子结构的情况下,同样可以在两电极间打开一个势能窗,使两个电极中的自由电子通过分子的离散轨道发生定向输运,从而产生电流。然而,由电极输送过来的电子在分子上的停留时间大于分子轨道退相干的时间,使分子有足够的时间发生电子态和结构的变化。此时,电子的转移过程可以等效地认为是分子在不同电荷态之间的跃迁。其次,电子转移过程也引起了分子不同电荷态间的振动能级之间的激发过程,所以在跳跃机制中人们可以研究分子不同振动模式在电荷转移中的作用。

跳跃机制下的电荷转移除了受分子本身电子结构的影响,同时还与温度有关,其电导遵循阿伦尼乌斯(Arrhenius)公式:

$$G \propto \exp\left(\frac{-E_a}{k_B T}\right) \tag{5-8}$$

式中,E_a 为分子活化能;k_B 为玻尔兹曼常数;T 为温度。该公式表明跳跃机制下的电导与温度呈正相关的指数关系,前面提到的隧穿机制则没有温度依赖性,所以是否具有温度依赖性是用来判断分子传输机制的主要方法之一。2008年,S. H. Choi等人研究了长度为1～7 nm的共轭分子的电阻和 I - V 特性,他们的实验统计结果指出,在4 nm附近,电荷输运机制从隧穿机制转变为跳跃机制,相应的电导-长度关系由指数衰减转变为线性衰减。目前,虽然有关跳跃机制的研究上已经取得了一些进展,对理解长链共轭分子、氧化还原蛋白和DNA的长程电荷转移有一定的帮助,但对跳跃机制的研究还远远不足。一方面,由于跳跃机制既可引起分子本身电子结构的变化也会引起周围溶剂环境的重组,所以很难从第一性原理计算的角度对其进行理论描述,只能依赖半经验方法。另一方面,若想实现跳跃机制下分子电导的实验测量,需要满足分子与电极弱耦合的条件,这对单分子电导测试技术的检测限提出了更高的要求。

5.3.3 单分子器件的功能化

单分子测试技术的进步以及单分子电荷输运机制的深入研究使得在微观尺度下实现器件的电子学功能及应用成为可能。利用如光、电、磁、热以及化学环境等外场精确调控分子的电荷输运性质是发展单分子功能器件的基础,如图5-11所示。举例而言,不同波长的光可引起分子物理化学性质的变化,从而改变分子中电荷传输路径;电化学能够改变分子周围的静电环境,同时还可以诱导分子的氧化还原,因此可以调节单分子器件的导电性质;温度变化同样会对分子电输运性质产生影响,在两端电极施加温差可以产生热电动势,从而使得热载流子可以在分子中进行传输,最终引发热电效应。通过研究单分子器件对不同外界刺激的响应规律,目前已经可以实现微观尺度下的分子开关、分子整流、分子晶体管等多种电子学功能。

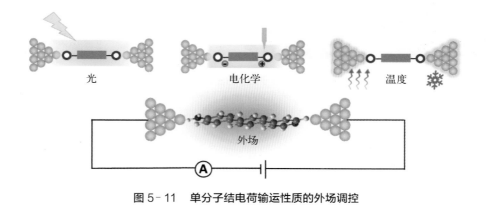

图5-11　单分子结电荷输运性质的外场调控

可控电子开关是电子电路中的核心单元。目前单分子开关的研究受到了广泛的关注。获得开关功能的核心在于在外场的刺激下实现单分子电导在高电导态(开态)和低电导态(关态)之间的可逆切换,其中电流开关比是衡量器件性能的重要参数。利用光激发控制分子结构性质变化是目前制备单分子开关的主要策略之一。通常使用的具有光响应的功能分子包括偶氮苯、螺吡喃及二芳基乙烯衍生物等。在这方面,郭雪峰课题组取得了一系列代表性进展。早在 2007 年,郭雪峰等人便利用碳纳米管电极和二芳基乙烯分子构建出可以从关态到开态单向开关的单分子光开关器件。2013 年,通过利用石墨烯纳米电极和结构改进的二芳基乙烯分子,郭雪峰课题组进一步发展了制备工艺简单的碳基单分子单向光开关。在上述器件中,分子和电极之间存在的强电子耦合可以导致分子激发态的猝灭,这也是限制实现开关态双向可逆切换的关键挑战。针对这一挑战,2016 年,郭雪峰课题组再次取得突破,通过在二芳烯功能中心和石墨烯电极之间插入亚甲基,有效降低了分子与电极界面的电子耦合,并成功解决了分子激发态能量猝灭问题,首次制备出双向可逆并且稳定的单分子光电子开关器件[图 5-12(a)][6]。除此之外,尹晓东等人基于具有电化学活性的芳基并富瓦烯功能分子发展了氧化还原单分子开关。这一工作利用电化学栅极调控可以将富瓦烯氧化为具有高电导态的 +2 价正离子,因此获得了开关比达到 70 的可逆电开关功能,如图 5-12(b)所示[7]。

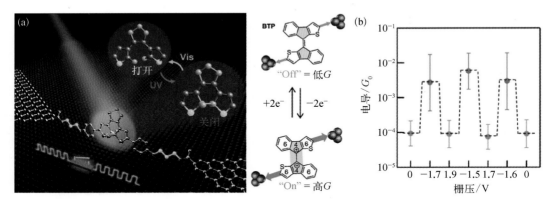

图 5-12　(a)基于二芳烯分子的单分子光电子开关器件;(b)芳基并富瓦烯分子在不同电化学栅压下的电导

单分子整流器可以在分子尺度上实现对电流的单向导通,从而达到对电路进行从交流到直流的"整流"效果。要实现单分子的整流功能,需要创建不对称的器件结构,从而控制电流的导通方向。受单分子整流器 Aviram-Ratner 理论模型的启发,人们设计并合成了多种具有不对称结构的功能分子,并将其接入电极之间构筑单分子整流器。除此之外,在对称分子两端引入不对称的锚定基团或使用不对称电极材料同样可以实现整流功能。尽管如此,基于上述设计的单分子整流器的整流效果普遍不理想,整流比较低(<10)。2015 年,L. Venkataraman 课题组发展了利用两端电极不对称静电环境得到新型分子整流器的方法,并且获得了大于 200 的开关比,如图 5-13(a)所示[8]。值得指出的是,这一器件使用了具有对称结构的分子,而其不对称性主要源于两端金属电极暴露在离子环境中的面积不同。基于这一设计,当在电极两端施加不同方向的偏压时,可以通过调控电极周围的静电环境改变分子轨道和电极费米能级之间的对准方式,从而实现单向的电流导通,获得分子整流功能。最近,M. Kiguchi 课题组提出利用分子间 π-π 相互作用构筑分子整流器的新方法[9]。该方法将 π-π 连接的分子对自组装到一个分子笼中,并利用金电极和分子笼的作用构筑分子结进而测量其电导,如图 5-13(b)所示。结果表明,当分子笼内的 π-π 分子对由不同的分子组成时,受两个分子排列方向的影响,器件的电导会依赖施加偏压的方向,从而实现整流功能。上述这些进展为设计新型的分子整流器提供了思路。

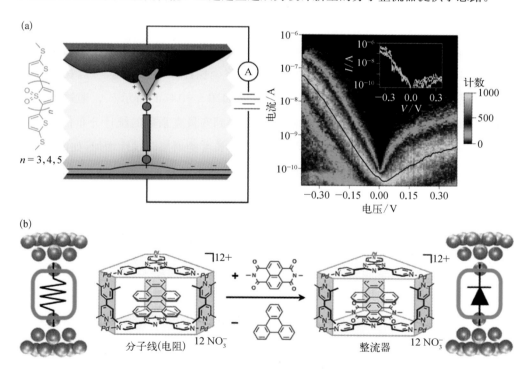

图 5-13 (a)具有不对称静电环境的单分子结及其整流特性;(b)基于 π-π 相互作用的整流器

热电器件可以实现热能和电能的直接转换。单分子热电性质的研究不但为发展分子尺度能量转换器件提供了基础,也为探究分子的电子结构信息提供了重要手段。根据塞贝克效应,在器件两端电极之间创建温差(ΔT)会产生电势差(ΔV),从而可以实现温差发电。在实验中,通过测量单分子器件两端的温差和电势差,可以获得塞贝克系数:$S = \Delta V / \Delta T$(其单位是 V/K 或 μV/K)。根据 Landauer 理论,单分子器件的塞贝克系数通常可以由以下公式描述:

$$S = -\frac{\pi^2 k_{\mathrm{B}}^2 T}{3e} \cdot \frac{\partial \ln[T(E)]}{\partial E} \Big|_{E = E_{\mathrm{F}}} \tag{5-9}$$

式中,电子透射系数 $T(E)$ 由式(5-2)给出。

从式(5-9)可以看出,单分子结的塞贝克系数 S 与 $T(E)$ 在费米能级 E_{F} 处的导数直接相关,因此根据塞贝克系数的正负可以判断器件主要的电荷输运轨道。例如,若塞贝克系数为正,则表明 HOMO 轨道与费米能级更接近,器件展现出空穴传输特性;而当塞贝克系数为负时,LUMO 更接近费米能级,电子为主要的传输载流子。上述特性表明,通过测量单分子器件的塞贝克系数可以获得其能级对准信息,从而有助于理解分子尺度电荷输运、热传输及热电转换性质。

2007 年,P. Reddy 等人利用 STM-BJ 技术首次在实验中测量了单分子结的热电性质。在这一研究中,通过对金衬底进行加热并将金探针保持在室温,可以在探针和衬底之间创建温差,详细的单分子热电测试原理如图 5-14(a)所示[11]。通过重复测量多联苯单分子结两端电极之间的电势差,可以得到塞贝克系数的统计分布信息。同时,上述研究发现单分子结的塞贝克系数随着分子长度的增加而线性增加,如图 5-14(b)所示。随后,研究人员利用相似的技术测量了其他多种分子体系的塞贝克效应,并且发现分子骨架结构、分子长度、电极-分子界面以及外场均可调控单分子器件的塞贝克系数。2014 年,P. Reddy 课题组发展了利用栅极调控单分子热电性质的新技术[12]。他们首先在超薄的铝栅极/氮化硅绝缘层衬底上制备了水平结构的纳米金电极对。然后,利用集成在一端电极的电加热模块在两电极之间创建高达 1×10^9 K/m 的温度梯度。进一步地,通过将二联苯或富勒烯分子连接到纳米电极对之间,可以测量其在不同栅压下的热电性质,实验结果如图 5-14(c)和(d)所示。结果表明,栅极的静电调控作用可以使器件的塞贝克系数和电导同步提高。这一结果不但直接揭示了单分子器件能级对准特性与其热电性质的相关性,并且为精确调控单分子器件的热电性质提供了普适性手段。

对于热电材料来讲,其热电转换综合性能由量纲为 1 的热电优值 ZT 表示:

$$ZT = S^2 \sigma T / k \tag{5-10}$$

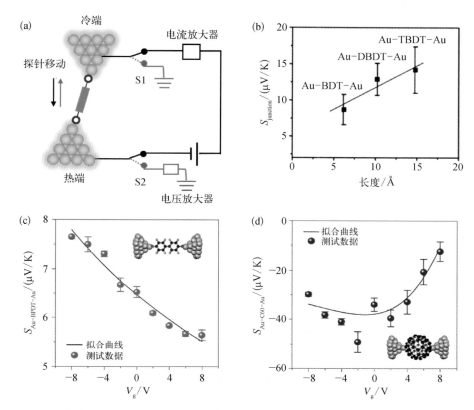

图 5-14　（a）单分子热电测试原理图；（b）单分子结的塞贝克系数与分子长度之间的关系；（c）和（d）分别为二联苯分子和富勒烯分子的塞贝克系数在不同栅压下的变化规律

根据式（5-10），塞贝克系数 S、电导（σ）以及热导（k）共同决定着材料的 ZT。目前的理论研究表明，利用单分子器件中的量子干涉、声子干涉等效应，可以在提高塞贝克系数和电导的同时降低热导，从而有望实现热电转换性能方面的突破，获得大于 1 的超高 ZT。然而，在纳米尺度直接测量单分子器件中的温度分布、热导和电导对测量技术的精度和空间分辨率具有很高的要求。目前的实验技术尚无法完成单分子 ZT 的表征。值得指出的是，P. Reddy 课题组于 2019 年利用具有皮瓦级别热流分辨率的扫描探针技术实现了对单分子结热导的测试。这一技术为测量分子尺度的热传输和热电转换综合性能提供了可能。

除上述重点提及的几类功能器件以外，单分子晶体管、单分子存储器等功能器件研究也在近年来取得了很大的进展，这里不再详细论述，感兴趣的读者可以参考其他相关文献。

5.4 单分子器件与其他学科的交叉前沿方向

单分子电子学测试技术由于其超高的时间和空间分辨率,已成为在微观尺度探究物质中电子过程的重要工具。近年来,随着学科交叉的不断深入,单分子电子学测试技术被广泛地应用于化学、生物、材料等各个学科领域,成为探究各类分子体系电子结构和性质的新型手段,并因此催生出一系列涉及多学科交叉的前沿研究方向。下文中,我们将从三个方面进行具体讨论。

5.4.1 化学反应的实时监测与调控

化学反应过程涉及原子和分子电子结构的重组。传统上,对化学反应过程的理解依赖于表征大量分子在宏观尺度上展现的行为和性质。然而,上述表征无法直接揭示化学反应在分子尺度的微观性质,因此限制了人们对化学反应机制的理解。利用单分子器件作为平台,人们可以在分子尺度检测甚至调控化学反应中的电子结构变化,从而为研究化学反应的分子机制提供新的思路,如图5-15所示。

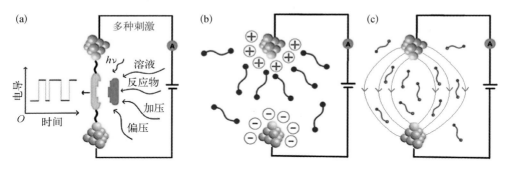

图5-15　(a)单分子化学反应的原位检测;(b)分子化学反应的电化学调控;(c)分子化学反应的电场调控

在单分子化学反应检测方面,郭雪峰课题组取得了系列成果。他们基于制备的稳定的石墨烯基单分子器件在溶液环境里实现了对分子化学反应动力学过程的实时监测。例如,通过将含有9-芴酮功能基团的单分子器件置于溶液中,可以实时监测器件的电流信号用于检测该功能分子与羟胺(NH_2OH)的亲核加成反应过程[13]。监测结果发现该器件的电流不断地在高低两个电导态之间切换(图5-16),其中低电导态对应单分子器件的本征电导,而高电导态则是由亲核反应形成的中间体导致的。通过进一步分析两种状态切换的动态过程,可以发现溶剂极性对这一亲核反应过程具有很大的影响。同样地,通过监测9-苯基-9-芴醇衍生物单分子器件的电流信号,可以在分子尺度追踪质子催化 S_N1 反应过程。通过进一步改变单分子器件的功能分子中心,可以探究主客体分子间相互作用等更多体系的动力学过程。上述这些结果表明,稳定的石墨烯-分子-石墨烯单分子器件为在分子尺度检测化学反应过程、探究化学反应机制提供了一种可靠且免标记的新平台。

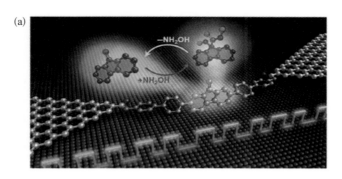

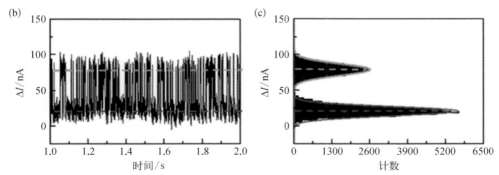

图 5-16 (a)石墨烯-分子-石墨烯单分子结(GMG-SMJ)示意图;(b)功能分子与羟胺反应的实时电流监测;(c)电流信号对应的 1D 电流直方图

单分子器件不但可以检测化学反应,还可以同时利用电能来调控分子化学反应过程,这提供了在分子尺度研究电催化的理想平台。电化学可以在电极表面诱导电荷转移,因此为在分子水平调控氧化还原反应提供了思路。除此之外,在非极性的环境中,通过施加电压,可以在单分子纳米电极之间创建超高电场,从而可以利用静电作用影响化学键的生成和断裂,调控化学反应。在电化学调控方面,2019 年,臧亚萍等人利用 STM-BJ 技术实现了苯胺分子的电化学氧化偶联反应[14]。这一工作在电化学环境里测试了一系列具有不同对位取代基的苯胺分子的电导,发现当对 STM 探针施加大于 500 mV 的正偏压时,可以在探针表面诱导苯胺分子的氧化偶联,生成偶氮苯产物,具体的诱导机理参见图 5-17。对于对位吡啶取代的苯胺分子,由于纳米限域效应,可以选择性地生成顺式偶氮苯产物。这一结果为合成偶氮类化合物提供了新途径。

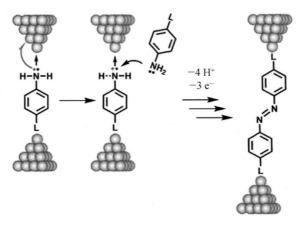

图 5-17　探针表面诱导苯胺分子氧化偶联反应的原理图

理论研究表明静电场可以稳定化学反应的极性过渡态,因此静电场被认为可以成为一种新型普适性催化剂。尽管如此,静电催化的实验研究却一直备受挑战。首先,能够显著影响化学反应的静电场需要达到 10^9 V/m 左右,而这样的强电场在常规的化学反应器中很难创建。而如何在实验中精确控制反应物分子与静电场的相对取向是限制静电催化研究的另一难题。针对这些挑战,2016 年,M. L. Coote 等人利用 STM-BJ 技术首次实现了静电场催化的 Diels-Alder 反应[15]。在这一技术中,为了控制电场和反应分子的相对取向,他们将两种反应物分子分别组装固定到金探针和金衬底表面,并且通过施加偏压在探针和衬底之间创建平行于化学反应轴的静电场,如图 5-18(a)所示。此外,通过监测两电极之间的电流可以对化学反应进行检测。这一研究发现静电场确实可以催化 Diels-Alder 反应,并且通过调控静电场的强度和方向可以将化学反应速度提高 5 倍[图 5-18(b)]。2019 年,洪文晶等人利用 MCBJ 技术研究了静电场对化学反应的选择性催化。利用这一技术可以通过构建单分子结对电极之间的反应物单分子施加强电场,并监测这一分子在电场正交方向上的两步级联反应,即 Diels-Alder 反应和芳构化反应。研究结果表明,电场可以催化开环的芳构化反应,而对 Diels-Alder 反应几乎没有影响,究其原因是 Diels-Alder 反应的电子流向与电场方向是正交的,这一研究结果进一步强调了电场催化的强取向性。

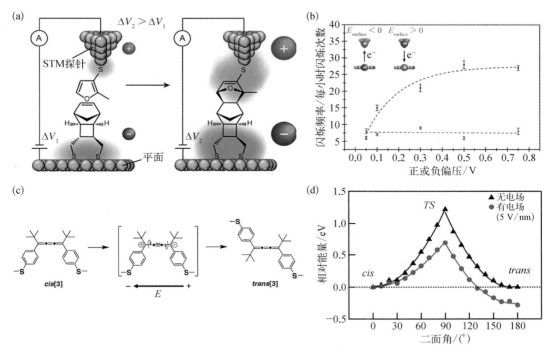

图 5-18　（a）单分子尺度 Diels-Alder 反应的静电催化；（b）正偏压（红色）和负偏压（蓝色）下的反应速率曲线；（c）累积烯烃的共振结构,从左到右依次为顺式正则共振结构、两性离子共振结构和反式正则共振结构；（d）有无电场下相对能量的理论计算结果,其中为了方便对比将顺式分子的能量当作零点

值得指出的是,上述研究均通过将反应物分子固定在电极表面来控制电场和分子的相对取向,因此只能实现少量分子的催化效果。2019 年,臧亚萍等人的研究发现,无须将分子和电极相连,静电场即可催化溶液中大量分子的化学反应[16]。这一工作关注了累积烯烃异构化反应。通过在 STM-BJ 探针和衬底之间施加强的静电场,可以将衬底上溶液中的大于 10^{15} 个顺式反应物分子转化为反式,并且利用经典化学表征技术——高效液相色谱法（high performance liquid chromatography，HPLC）原位验证了这一反应。理论计算进一步阐明了反应机制。首先,静电场可以稳定异构化反应中电荷分离的炔烃式中间态 [图 5-18(c)(d)],因此可以有效降低反应能垒,使累积烯分子在常温下即可发生异构化反应。另外,由于反式构型偶极矩更大,在电场中具有更低的能量,所以电场催化下的异构化反应更倾向于反式产物。上述结果表明静电场可以对溶液中化学反应的速度和选择

性实现双重调控,该研究为未来静电催化的规模化研究奠定了基础。

5.4.2 生物中的电子过程

生命活动如光合作用、呼吸作用以及酶的催化等都与生物体内各种生物大分子中的电荷转移过程息息相关。由于生物体系的复杂性,认识这些电荷转移过程具有很大的挑战性。利用单分子电学测试技术在分子水平研究生物分子中的电荷输运性质为认识上述过程进而理解生命本质提供了很大的机遇。在这里我们将主要围绕核酸、蛋白质这两种生物大分子在单分子尺度的电荷输运性质展开讨论,另外也会对组成核酸的核苷和组成蛋白质的多肽的导电性质进行简单介绍,如图5-19所示。

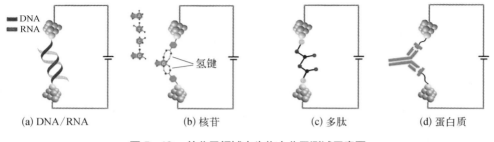

(a) DNA/RNA   (b) 核苷   (c) 多肽   (d) 蛋白质

图5-19   单分子领域中生物大分子测试示意图

脱氧核糖核酸(deoxyribonucleic acid,DNA)作为遗传信息的储存器,自其独特的双螺旋结构被报道以后,受到了科研人员的广泛研究。近年来,随着分子尺度电学检测技术的发展,DNA分子的电荷输运性质也引起了极大的关注,一方面是因为其堆叠的碱基具有重叠的电子轨道,另一方面是因为四种碱基的交替排列和可调控的长度赋予其编码能力。上述特征使DNA分子有望成为优异的用来研究长程电荷转移的一维系统。此外,DNA良好的自组装能力为在分子尺度实现其性质和功能调控提供了独特优势。

利用STM-BJ、MCBJ等单分子电导测量技术,人们对DNA分子的电荷输运性质进行了系列探索,目前的主要发现包括:① 单链DNA(single strand DNA,ssDNA)由于缺少双链DNA(double strand DNA,dsDNA)的π电子堆积结构,电荷输运性能较差,不利于构建分子电路;② DNA的电荷传输性质与其长度有关,一般情况下,短的dsDNA表现出优异的导电性质,可以被制成分子导线,而长的dsDNA则和ssDNA一样,导电性能较差;③ DNA的电荷传输还受碱基序列的影响,对于AT富集序列,电荷传输以隧穿机制为主,而对于GC富集序列,则以跳跃机制为主。进一步的研究结果还表明,GC富集序列的电荷传输还与碱基排列方式有关,G 碱基交替排列的 DNA 分子的电阻随分子长度线性增加,为跳跃传输机理,而 G 碱基堆积排列的 DNA 分子的电阻虽整体上随分子长度线性增长,但存在周期性震荡,是跳跃机制与隧穿机制共存导致的;④ DNA 具有压阻效应,即通过施加一定的机械力可以改变相邻碱基的 π-π 电子耦合和空穴跳跃的活化能进而改变 DNA 分子的电导,在这里值得注意的是,DNA 电荷输运性质也极大地取决于其二级结构和所处的离子环境,测试时施加的机械力也会引起末端氢键断裂进而影响电导,所以在测试时必须精确控制测试条件;⑤ 通过对天然 DNA 分子进行修饰可以实现对 DNA 电荷输运性质的调控,进而实现 DNA 的多功能化,常用的方法有金属掺杂、甲基化等,当然也可以通过引进 π 共轭分子来调控 DNA 内部的 π-π 相互作用来实现对 DNA 电荷输运性质的调控。

基于 DNA 分子,研究人员最近实现了功能器件的构筑,如图 5-20(a)所示。2017

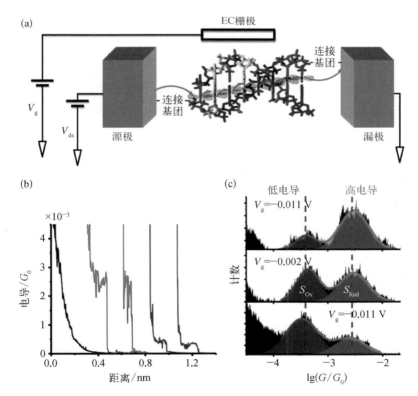

图 5-20　DNA 电导的电化学门控

(a) 实验装置示意图;(b) 代表性的电导-距离轨迹线,黑、红、蓝三种颜色分别对应纯隧穿(没有 DNA 分子)、未修饰 DNA(u-DNA)分子和蒽醌修饰的 DNA(Aq-DNA)分子;(c) 不同栅极电压(V_g)下 1D 电导直方图

年,陶农建等人构筑了基于蒽醌(Aq)取代的 DNA 的单分子结,并且发现可以通过施加不同的栅压来控制蒽醌的氧化还原态。基于分子氧化态和还原态电导的不同[图 5 - 20 (c)],可以制备出电压调控的 DNA 分子开关[17]。随后,J. M. Artés 等人发现溶剂也可以通过影响 DNA 的构象对其电导进行可逆调控,从而基于此构筑了新型的 DNA 分子开关。

通过将游离的 DNA 核苷组装在电极之间形成分子结可以对其电荷输运性质进行研究。2010 年,S. Lindsay 等人利用 4 - 巯基苯甲酸修饰的功能化电极与核苷间的氢键相互作用将脱氧腺苷、脱氧胞苷、脱氧鸟苷和胸苷四种 DNA 核苷连接到两个功能化电极之间,形成稳定的分子结。研究结果表明,四种核苷具有不同的电荷输运性质,且峰值电流表现出脱氧核苷>脱氧胞苷>脱氧鸟苷>胸苷的趋势,该实验结果也得到了相应理论计算结果的支持。上述结果说明,利用四种碱基表现出的电信号差异可以对碱基的类型进行检测。

核糖核酸(ribonucleic acid,RNA)作为另外一种遗传信息载体,一般需要扩增或转化为互补的 DNA 进行测序等传统方法来对其进行检测。单分子电学测试技术的出现则为 RNA 的识别提供了新的平台。研究表明,DNA：RNA 双链复合物的电导对其双链的完整性非常敏感,即使是一个碱基的变化都会使其电导发生明显的改变。而且这种单分子电导测试技术可以直接在复合溶液中进行,不仅避免了传统鉴定方法中细胞培养等烦琐过程,同时还可以实现多个目标靶的同时鉴定,从而进一步提高了检测效率。上述单分子检测方法表现出的高效率、低检测限及易操作性使其具有良好的应用前景。

多肽和蛋白质也是引起广泛研究兴趣的生物分子体系。其中部分多肽既可以作为亚基组成蛋白,也可以作为信息分子和催化剂直接参与生命活动。在单分子水平探究多肽中的电荷输运性质对理解其生物功能具有重要意义。先前的理论预测认为,具有电子离域的肽键骨架会使多肽的电导高于饱和烃,但 L. Venkataraman 等人的研究结果与理论预测相反,发现由肽键中氮(N)和氧(O)产生的偶极矩不仅促使了电荷的局域化,降低了 HOMO 轨道的能量,而且削弱了分子与电极间的相互作用,从而导致其电导比相同长度的饱和烃更低。此外,研究人员利用基于多肽的单分子器件实现了传感功能。例如,陶农建等人测量了半胱氨酸(Cys)-甘氨酸(Gly)- Cys 和半胱胺(Cysteamine)- Gly - Gly - Cys 等单分子器件在有无金属离子 Cu²⁺ 或 Ni²⁺ 存在下的电导,研究结果表明,金属离子与多肽链的结合会造成构象的改变,从而改变电信号,进而实现对金属离子的检测。2018年,C. C. Kaun等人则通过理论计算对该实验结果进行了验证。

相较于多肽,蛋白质具有丰富的空间结构和电子结构,因此具有很多独特的电荷输运性质,且对外表现为不同的生理功能。研究表明,蛋白的电导受与电极连接位点的影响很大,因此在实验中研究人员通过修饰电极和选择合适连接位点两种方式将蛋白组装到电极中间形成分子结,并对其电导进行测量。例如,S. Lindsay等人将电极表面用抗原分子修饰,利用抗原和抗体的特异性结合构建了稳定的蛋白质分子结,并系统地研究了接触位点对蛋白质电导的影响,如图5-21所示[18]。此外,一系列的研究表明,蛋白质的电荷传输过程以跳跃机制为主,其电荷输运效率主要与蛋白质结构和构象有关。蛋白质的各种运动模式,如氧化还原蛋白的氧化还原中心的各种振动模式,对蛋白的电荷输运有很大的影响。

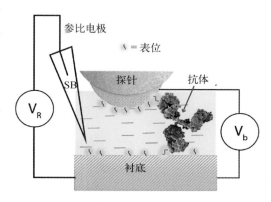

图5-21 蛋白质电荷输运性能的实验原理图

与普通有机分子相比,生物大分子的电荷输运受外部因素影响更加明显,如外源电场、温度、pH等外界刺激均可调节其构象,进而调控其电输运性质,所以利用生物分子可以实现功能更加丰富的电子器件,为进一步开发基于生物分子的生物传感器等单分子器件提供了潜在的可能性。

虽然生物单分子电荷输运研究取得了很大进展,但目前相关研究仍然面临着诸多挑战。例如,生物分子体系非常复杂并且极易受环境影响,在分子尺度对其结构和性质的精准控制非常困难。另外,生物体系的导电能力普遍较弱,这对电学测试技术的灵敏度提出了很高的要求。尽管如此,单分子电学测试手段为理解生物分子电荷转移规律及功能提供了很大的机遇。

5.4.3 分子间相互作用

分子之间存在丰富的非共价键相互作用,例如共轭分子 π-π 相互作用、氢键、主客体相互作用以及静电作用等(图5-22)。这些分子间相互作用是实现分子识别、自组装及分子材料结构控制的基础,因此在化学、材料以及生物等多个领域内扮演着极为重要的角色。与共价键相比,分子间非共价键作用相对较弱并且受外界环境影响较大,因此认识上述作用的规律并对其精确控制极具挑战性。针对这一挑战，利用单分子电学测试技术，在分子尺度研究非共价键连接的分子间的电荷输运性质，对于理解分子间非共价键作用规律具有重要意义。

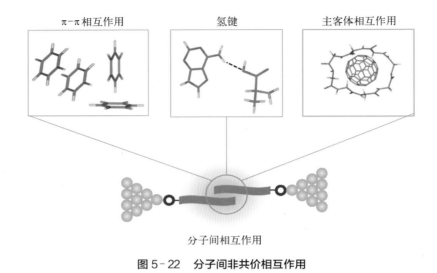

图 5-22　分子间非共价相互作用

　　共轭分子间 π-π 相互作用普遍存在于有机半导体材料及生物分子体系中，π-π 相互作用也是影响上述材料电学性质和功能的重要因素。为了在分子尺度研究 π-π 分子体系的电荷输运性质，研究人员通常设计合成只有单边具有锚定基团的功能分子，并且利用分子间的 π-π 相互作用组装形成"电极-分子对-电极"分子结。例如，M. Calamei 课题组利用 MCBJ 技术测试了单边具有锚定基团的 OPE 分子的电导。这一研究首次发现依赖于分子间的 π-π 相互作用可以形成稳定的分子结，并且还研究了电荷在 π-π 分子结中的输运性质。利用相似的方法，N. Renaud 等人基于单边具有锚定基团的 OPE3 共轭分子对 π-π 分子结的电荷输运机制进行了进一步的探究［图 5-23（a）］。研究发现，在两电极逐渐分离的过程中，分子间的 π-π 相互作用面积逐渐减小，并且带来了电导在高低两个状态之间的周期性切换［图 5-23（b）］。理论计算表明，这一电导态的切换是分子间 π-π 堆叠结构变化带来的相消性量子干涉效应导致的。这一结果表明通过机械力可以精确调控单分子之间的 π-π 相互作用及其电荷输运性质。2019 年，洪文晶课题组等人利用 MCBJ 技术对噻吩衍生物单分子间的电荷输运性质进行了研究，并且比较了其与分子内电荷输运特征的不同［图 5-23（c）］。研究表明，电荷在噻吩单分子内的输运效率随分子长度的增加呈指数衰减，而分子间的电荷输运特性基本不随分子长度和共轭结构的变化而改变[19]。这一结果表明通过控制分子间的 π-π 相互作用,有望在分子间获得比分子内更加高效的电荷传输。2020 年,P. Shen 等人则是利用乙烯基桥连接的两个四苯基链设计了一种新颖的 π-π 空间传输型共轭单分子并联电路[图5-23(d)],且指出连接位点的不同会导致不同的量子干涉效应,从而对外表现出超低电导、低电导、中电导和高电导四种电导态,该研究促进了分子器件功能化的发展。

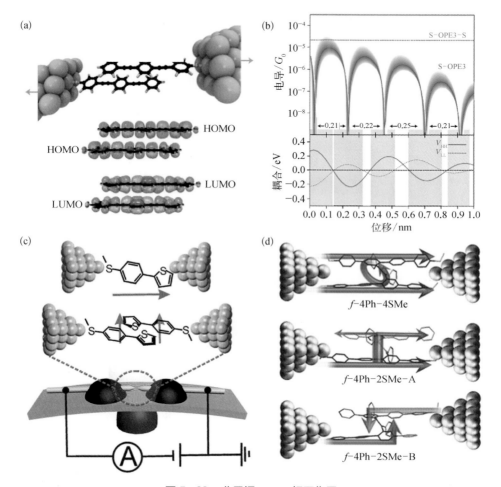

图 5-23　分子间 π-π 相互作用

（a）π-π 相互作用连接的 OPE 单分子结及相对应的分子前线轨道;（b）电子波函数相位与量子干涉效应间的关系;（c）噻吩体系在 MCBJ 实验中的两种电荷传输方式,即分子内电荷传输和分子间电荷传输;（d）共轭联苯分子链间不同的电荷传输路径示意图

除 π-π 相互作用外,研究人员还在分子尺度探究了分子间氢键及主客体相互作用。例如,王琳等人利用 STM-BJ 技术研究了四重氢键连接的脲基嘧啶二酮衍生物超分子体

系的电荷输运性质。研究指出氢键的存在使两个单体分子紧密连接并形成平面型结构，降低了电荷传输的势垒，从而得到了具有高电导的超分子电子器件。郭雪峰课题组与合作者则是基于石墨烯纳米电极技术对分子间四重氢键的动态过程进行了高灵敏检测，检测装置示意图以及相应的研究结果如图5－24(a)和(b)所示[20]。上述结果有助于理解分子间氢键的动力学性质。郭雪峰课题组同样就主客体相互作用展开了单分子水平的研究，对主体轮烷(BPP34C10)与客体甲基紫精(MV²⁺)间的单分子动力学过程实现了实时

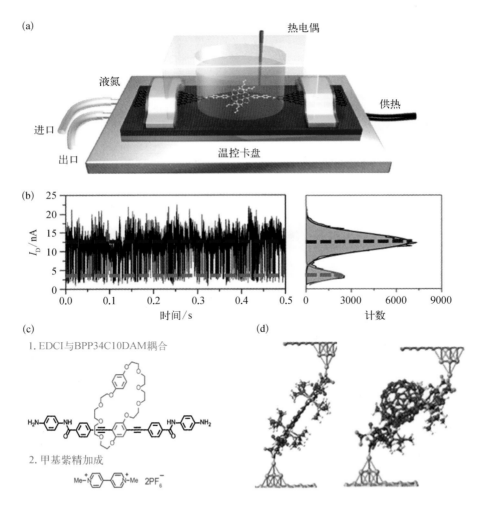

图5－24　(a)分子间氢键动态检测装置示意图；(b)分子间氢键实时电流信号及统计图；(c)主体轮烷分子与客体甲基紫精的相互作用示意图；(d)主体有机铂分子和客体富勒烯分子相互作用示意图

检测［图 5-24(c)］^[21]。2019 年，唐健洪等人进一步在分子尺度探究了分子之间的主客体相互作用。该研究主要围绕客体富勒烯对主体有机铂(Ⅱ)金属环状分子电荷输运性质的影响展开［图 5-24(d)］，并且发现富勒烯与有机铂(Ⅱ)金属环状分子间的相互作用可以促进器件的电荷输运，同时可以通过机械调控主客体分子的结合与脱离来实现高电导与低电导的切换^[22]。上述研究结果表明，通过调控分子间非共价相互作用的方式与强弱可以改变分子尺度的电荷输运性质，从而为发展多功能化分子器件提供新的策略。

5.5 总结与展望

近二十年来，随着单分子尺度电学表征技术的不断进步，单分子器件相关研究得到了迅猛发展，研究人员成功制备了分子开关、分子整流器及分子晶体管等多种功能器件。这些研究促进了人们对电荷输运微观机制的理解，并且催生出单分子电学检测、分子化学反应调控等交叉研究方向。尽管如此，单分子器件研究依然处于前沿探索阶段，有很多基础科学问题尚待进一步解决：① 长程的电荷跳跃传输广泛存在于有机分子材料及生物蛋白等物质中，但是测量跳跃机制下的单分子电导需要仪器具有更高的测试灵敏度，这就需要人们改进目前的实验技术；② 分子间广泛存在的非共价相互作用可以影响分子的电子结构，进而调控分子的电荷输运性能，但其微观机制尚待明确；③ 有机分子不仅可以传输电荷，也可以实现光电和热电能量转换，单分子光输运、热输运以及热电性能研究也是未来亟待探索的重要研究方向；④ 在分子器件研究与开发的过程中涉及众多重要的技术问题，例如，实验技术的改进，测量数据收集与分析过程的优化，单分子器件制备工艺的研发及单分子器件实用化（如降低成本、增强稳定性等）。上述技术难题的解决是推动单分子器件实用化的前提。

参考文献

［1］Aviram A，Ratner M A. Molecular rectifiers［J］. Chemical Physics Letters，1974，29（2）：277-283.
［2］Xu B Q, Tao N J. Measurement of single-molecule resistance by repeated formation of molecular junctions［J］. Science，2003，301(5637)：1221-1223.

[3] Zang Y P, Pinkard A, Liu Z F, et al. Electronically transparent Au – N bonds for molecular junctions[J]. Journal of the American Chemical Society, 2017, 139(42): 14845 – 14848.

[4] Shen P C, Huang M L, Qian J Y, et al. Achieving efficient multichannel conductance in through-space conjugated single-molecule parallel circuits[J]. Angewandte Chemie (International Ed in English), 2020, 59(11): 4581 – 4588.

[5] Frisenda R, Janssen V A E C, Grozema F C, et al. Mechanically controlled quantum interference in individual π – stacked dimers[J]. Nature Chemistry, 2016, 8: 1099 – 1104.

[6] Jia C C, Migliore A, Xin N, et al. Covalently bonded single-molecule junctions with stable and reversible photoswitched conductivity[J]. Science, 2016, 352(6292): 1443 – 1445.

[7] Yin X D, Zang Y P, Zhu L L, et al. A reversible single-molecule switch based on activated antiaromaticity[J]. Science Advances, 2017, 3(10): eaao2615.

[8] Capozzi B, Xia J L, Adak O, et al. Single-molecule diodes with high rectification ratios through environmental control[J]. Nature Nanotechnology, 2015, 10(6): 522 – 527.

[9] Fujii S, Tada T, Komoto Y, et al. Rectifying electron-transport properties through stacks of aromatic molecules inserted into a self-assembled cage[J]. Journal of the American Chemical Society, 2015, 137(18): 5939 – 5947.

[10] Reddy P, Jang S Y, Segalman R A, et al. Thermoelectricity in molecular junctions[J]. Science, 2007, 315(5818): 1568 – 1571.

[11] Cui L J, Hur S, Akbar Z A, et al. Thermal conductance of single-molecule junctions[J]. Nature, 2019, 572(7771): 628 – 633.

[12] Kim Y, Jeong W, Kim K, et al. Electrostatic control of thermoelectricity in molecular junctions [J]. Nature Nanotechnology, 2014, 9(11): 881 – 885.

[13] Guan J X, Jia C C, Li Y W, et al. Direct single-molecule dynamic detection of chemical reactions [J]. Science Advances, 2018, 4(2): eaar2177.

[14] Zang Y P, Stone I, Inkpen M S, et al. *In situ* coupling of single molecules driven by gold-catalyzed electrooxidation[J]. Angewandte Chemie (International Ed in English), 2019, 58(45): 16008 – 16012.

[15] Aragonès A C, Haworth N L, Darwish N, et al. Electrostatic catalysis of a Diels-Alder reaction [J]. Nature, 2016, 531: 88 – 91.

[16] Zang Y P, Zou Q, Fu T R, et al. Directing isomerization reactions of cumulenes with electric fields[J]. Nature Communications, 2019, 10(1): 4482.

[17] Xiang L M, Palma J L, Li Y Q, et al. Gate-controlled conductance switching in DNA[J]. Nature Communications, 2017, 8: 14471.

[18] Zhang B T, Song W S, Pang P, et al. Role of contacts in long-range protein conductance[J]. Proceedings of the National Academy of Sciences of the United States of America, 2019, 116 (13): 5886 – 5891.

[19] Li X H, Wu Q Q, Bai J, et al. Structure-independent conductance of thiophene-based single-stacking junctions[J]. Angewandte Chemie (International Ed in English), 2020, 59(8): 3280 –3286.

[20] Zhou C, Li X X, Gong Z L, et al. Direct observation of single-molecule hydrogen-bond dynamics with single-bond resolution[J]. Nature Communications, 2018, 9(1): 807.

[21] Wen H M, Li W G, Chen J W, et al. Complex formation dynamics in a single-molecule electronic device[J]. Science Advances, 2016, 2(11): e1601113.

[22] Tang J H, Li Y Q, Wu Q Q, et al. Single-molecule level control of host-guest interactions in metallocycle – C_{60} complexes[J]. Nature Communications, 2019, 10(1): 4599.

Chapter 6

有机生物光电子

王树，狄重安

太阳辐射的光能及其能量转化是生命诞生的基础,其推动生命的进化及人类社会的发展。植物细胞中叶绿体的光合作用依赖光能的吸收,从而实现能量的转化。电活性分子在酶级联系统中的氧化还原构成的质子/电子传递链,是细胞内能量代谢与存储的重要基础。[1]电信号同样是生命活动中信息传递的重要方式,生物体中的离子、小分子到生物大分子都参与电信号的形成与传递。细胞膜内外离子分布差异所构成的电势差是形成神经动作电位的基本机制,动作电位和突触递质的协同作用可实现神经细胞间电信号的快速传递。正是由于光和电在生物体的能量摄取、保存及神经信号调控方面的关键作用,跨越化学、材料、生命和信息领域的生物光电子学逐渐成为新兴的交叉研究领域。

1977 年,Alan Heeger、Alan MacDiarmid 和 Hideki Shirakawa 三位科学家报道了碘掺杂聚乙炔具有优异的导电性,由此开启了对导电共轭聚合物及其相关领域研究的大门。[2]共轭聚合物的主链由离域的 π 电子共轭骨架组成。独特的共轭结构赋予其优异的光学和电学性能,如高的摩尔吸光系数和荧光量子产率,宽的吸收光谱和发射光谱及优异的半导体性能。这些独特的性质使共轭聚合物广泛应用于发光二极管、场效应晶体管(field effect transistor,FET)和有机太阳能电池等电子器件方面。此外,共轭聚合物侧链的功能化修饰或杂化可以调节其水溶性、生物相容性、功能性和机械性能,使其成为生物医学应用中的"宠儿",在组织工程、生物传感、药物递送和可穿戴电子设备等方面均发挥出重要作用。总之,随着共轭分子电子学和生物技术的飞速发展,有机生物光电子学已经成长为极具发展潜力的前沿方向。

在本章中,我们主要从以下两个方面介绍当前有机生物光电子学的研究进展(图6-1):一是有机生物光电子材料的设计、合成与筛选,包括具有光电特性的共轭分子材料和天然生物分子;二是有机生物光电子器件的开发与应用,主要包含生物传感器件的开发、仿生器件的制备,以及生物光电子器件在高效能源转化中的应用。

图 6-1　有机生物光电子主要研究方向

6.1　生物光电子材料的开发

6.1.1　共轭分子材料

生物电子学致力于建立电子器件与生物组织之间的桥梁,但当前该领域面临的核心问题之一在于生物-电极间的界面接触效果不尽如人意。众所周知,生物电信号的传导以离子传导为主、电子转移为辅。[3]传统半导体仅具有电子导电性,然而共轭聚合物兼具离子导电性和电子导电性,使其更适合生物电子系统。此外,传统电子材料在机械强度和力学性能上与生命体相差甚远,相较之下,共轭聚合物易加工、易修饰且力学性能与生物组织更加匹配。[4,5]因此,共轭聚合物在生物电子器件如生物电化学体系(生物光伏、微生物燃料电池等)、可穿戴或植入式生物传感器(心率传感器、血糖检测仪等)、柔性电子皮肤、人工神经等方面展现出广泛的应用前景。[6,7]

近些年,国内外多个课题组从仿生电子材料和共轭聚合物复合材料入手开发了系列新型光电子功能分子。王树课题组设计了一种新型的共轭聚合物-类囊体杂化生物电极用以提高光合作用光反应速率和光电转换效率(图6-2)。[8]该电极选用具有多孔结构的碳纸为基底,以光合作用光反应的场所类囊体为生物活性材料。首先,在碳纸表面修饰共轭聚合物聚(芴-亚苯基)(PFP)。PFP侧链带有季铵盐基团,一方面可以改善碳纸表面的亲水性,另一方面可以通过静电作用与类囊体结合,改善界面接触。然后,将类囊体修饰到电极上。为了防止PFP和类囊体脱落,进一步滴涂Nafion作为封装。作为质子透过膜,Nafion可以高度选择性透过氢离子和水,因此不会影响电极反

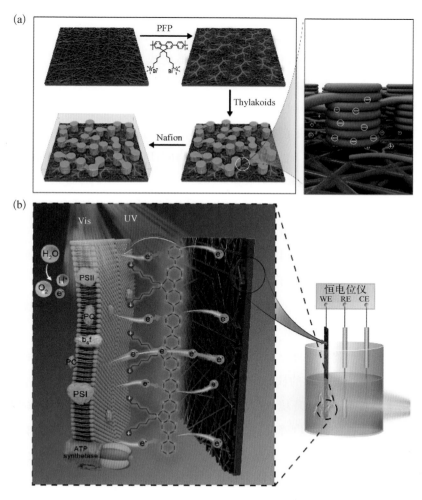

图6-2　(a)PFP/类囊体电极的构筑过程示意图;(b)PFP
提高类囊体光电转换的原理示意图[9]

应。在白光照射下,类囊体主要吸收可见光,发生光反应,分解水产生氧气、氢离子和电子。电子通过电子传递链传递给碳纸,产生光电流。PFP可以作为"分子天线",吸收紫外光(300 ~ 420 nm)并且通过荧光共振能量转移(fluorescence resonance energy transfer,FRET)将吸收的能量转移给类囊体,提高类囊体的光能利用率,加速光反应速率。同时,PFP的能级与电子传递链中光合蛋白的氧化还原电位相匹配,可以作为"电子桥梁"将类囊体光反应产生的电子传递给电极,加速界面电子转移速率。测试结果表明,引入PFP之后,类囊体的光合放氧速率由130 μmol $O_2/(mg \cdot chl \cdot h)$ 提高到了270 μmol $O_2/(mg \cdot chl \cdot h)$。光照条件下,电极的界面电荷转移阻抗由3 448 Ω降低到了660 Ω,光电流密度由(316.6 ± 14.0)nA/cm² 提高到了(1 245 ± 41.1)nA/cm²。

后续,王树课题组又将PFP引入光合蛋白(PSⅡ)光伏体系中,构建了PFP/PSⅡ光阳极,并将其与胆红素氧化酶(BOD)生物阴极偶联组成了水-氧气-水自循环光伏电池(PBEC)。[9]在光照条件下,光解水产生的电子从光阳极经过外电路传递到BOD生物阴极。在BOD的催化下,电子被附近的氧气捕获重新转化成水。在阳极,PFP拓宽了PSⅡ的光吸收范围,从而加快了光合水解的速率。为了验证这一点,他们监测了PSⅡ和PFP/PSⅡ复合物溶液在光照下的pH变化。结果表明,PFP/PSⅡ复合物的pH降低速率明显快于单独的PSⅡ,说明氢离子释放速度快,水解速度快。他们发现水溶性的PFP修饰的电极表面比空白电极表现出了较小的水接触角,说明电极亲水性得到改善,这样更加有利于PSⅡ的结合。因此,引入PFP后PSⅡ电极的电荷转移阻抗由1 670 Ω降低到了834 Ω。凭借优越的光合作用能力和界面电子转移速率,PFP/PSⅡ电极催化水氧化的起始电位由0.15 V降低到了 − 0.1 V,催化电流密度由0.58 μA/cm² 提高到了1.06 μA/cm²。电池性能测试表明PFP使电池的短路电流密度、最大能量密度和光电流密度分别提高了2.2倍、1.3倍和2.5倍。

得益于共轭聚合物半导体材料的快速发展,有机生物功能光电子器件受到广泛关注。半导体分子是该类器件的核心材料,直接决定器件的功能特性与性能指标。生物分子的作用主要发生于水相环境,但大多数有机半导体材料都对水氧环境敏感,在液相环境中器件的电子性能会急剧降低。[10]因此,液相条件下的材料稳定性成为有机半导体材料设计与性能优化的关键问题。结合对分子结构设计,如烷基链官能团化、在共轭骨架中引入杂原子等,可以实现共轭分子在生物传感中的应用。[11,12]系列研究报道发现,长的烷基侧链和致密的分子堆积设计可以有效阻止水分子向导电沟道的扩散,从而提高器件在溶液环境中的稳定性(图6-3)。[10,13-15]2014年,鲍哲南课题组报道了一种基于含硅氧烷增溶链的聚异靛基聚合物（PⅡ2T－Si）的有机场效应晶体管（organic field-effect transistor，OFET），其在纯水及海水环境中都可长时间保持较高的电学性能和器件稳定性。[16]通过对有机半导体层界面接枝 DNA 探针分子，发展的器件在海水中对重金属汞离子有靶向识别功能，这为高灵敏度选择识别传感器的构建提供了有效策略。

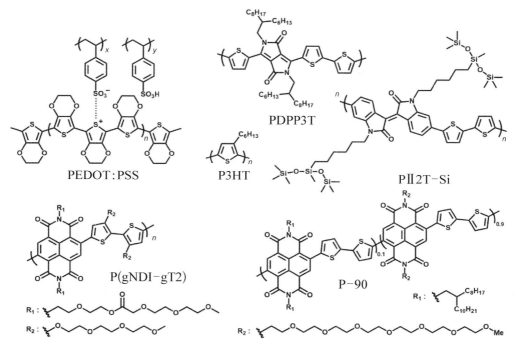

图6-3　OFET 生物传感器中典型的有机半导体分子结构示意图

6.1.2　生物分子材料

近年来，人们对环境友好光电材料的需求日益增加，这激发了科研人员系统研究天然生物分子在有机光电子方面的应用。[17]值得注意的是，研究人员发现生命体内的天然的生物分子，如核酸和蛋白等同样可作为光电子材料，以实现能量的转化和电信号的传输。[18-22]

细菌视紫红质（bacteriorhodopsin，bR）是光合生物嗜盐杆菌中的整合膜蛋白。作为一种光驱动质子泵，bR 吸收光能后经过一系列构象变化完成一个光循环，将质子从膜内传输到膜外,形成质子梯度。bR 独特的光响应性、质子泵特性及优异的光、热和化学稳定性使其广泛应用于生物电子、光电子和非线性光学领域。值得注意的是,由单一的 570 nm 的绿光照射时,基态 bR$_{570}$ 转换到中间态 M$_{410}$ 的时间在 50 μs 左右,但由 M$_{410}$ 回到基态的时间在 15 ms 左右,使得 M$_{410}$ 态累积,导致光电器件只能产生瞬态电流。然而,在 410 nm 左右的蓝光照射下,M$_{410}$ 态可以不经过中间态直接回到基态,使得时间由 ms 级减少到 ns 级,大大加速了光循环,从而得到了稳态电流。因此,引入蓝光是获得持续的光循环和稳态光电流的关键。王树课题组以鲁米诺(Luminol)和共轭寡聚物 OPV 建立了化学发光共振能量转移(chemiluminescence resonance energy transfer,CRET)体系来驱动 bR 光循环实现能量转换(图 6 − 4)。[23] 首先,bR 通过电场沉积法被固定到 ITO 电极上,然后 OPV 通过静电作用结合到 bR 上。在电解质中,鲁米诺、过氧化氢和辣根过氧化物酶组成的鲁米诺化学发光体系可以发射出 425 nm 的蓝光。作为鲁米诺合适的能量受体,OPV 可以与鲁米诺发生 FRET,从而发射出绿色荧光。因此,在鲁米诺发出的蓝光和 OPV 发出的绿光照射下,bR 可以产生持续的光电流(157.3 nA/cm^2)。此外,为了满足可植入、可穿戴电子设备的发展需求,需提高器件的生物相容性。他们利用葡萄糖氧化酶和辣根过氧化物酶的级联反应,以葡萄糖和氧气代替原体系中的过氧化氢。在这种情况下,该光伏器件可以产生电流密度为 140.0 nA/cm^2 的光电流。

近期系列研究表明,DNA 双螺旋的碱基有序堆积结构不仅可以用于遗传信息的存储,同样可以作为电荷传输的有效途径。[24] Nongjian Tao 课题组通过扫描隧道显微镜裂结法(STM − BJ)技术在单分子水平研究了双链 DNA(dsDNA)的电子传递过程。[25] 他们发现,在双链 DNA 分子中的电子传递为短程相干隧穿和长程非相干跃迁。其中 DNA 的电阻随长度线性增加,与非相干跃迁的模型一致。然而,对于具有叠加鸟嘌呤-胞嘧啶(GC)碱基对的 DNA 序列,线性长度依赖性上叠加了周期性振荡,表明部分相干传输。Jacqueline K. Barton 课题组证明在 DNA 双链中最远可实现约 34 nm(100 bp)的长程距离电荷传输。[26] 这种电荷传输行为强烈依赖碱基间精确配对,即使单碱基错配仍会导致电化学信号的显著衰减。Joshua Hihath 课题组基于 DNA 分子电导的特性,进一步发展了对大肠杆菌 Stx mRNA 具有单碱基错配识别能力的超灵敏(aM)检测方法[图 6 − 5(a)]。[27] 天然蛋白质中氨基酸所包含的苯环类共轭结构,使得蛋白分子同样可以作为电子传导材料来构建生物电子器件。值得注意的是,G. Steven Huang 课题组发现,单个抗体蛋白分子同样可以作为半导体单元构建单分子生物电子器件。[28]

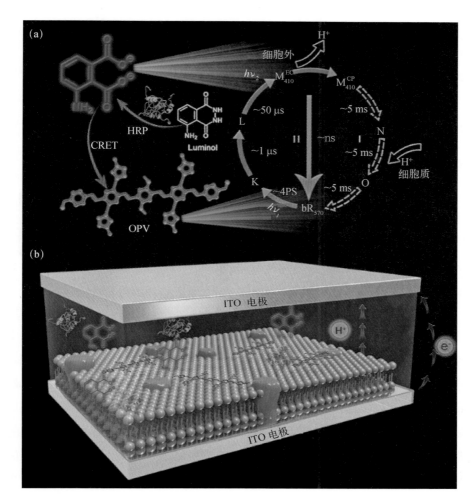

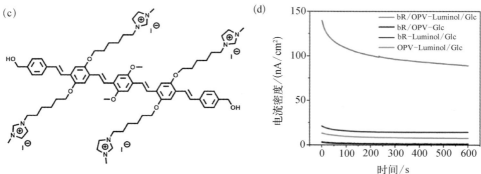

图6-4 （a）化学发光共振能量转移体系引发和加速 bR 光循环的原理示意图；（b）bR 基光伏电池的结构；（c）OPV 的化学结构；（d）基于葡萄糖氧化酶和辣根过氧化物酶的 CRET 作为光源时 bR 基光伏电池的光电流[23]

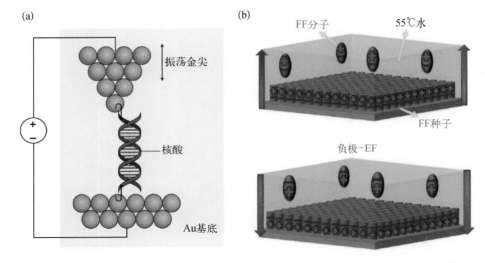

图6-5 （a）DNA单分子电导示意图[27]；（b）多肽组装结构的电学性质研究[29]

多肽自组装材料通过实现不同纳米结构阵列的调控，同样可以产生多样的光学和电学性质。[30]二苯丙氨酸二肽（FF）是一种由两个天然氨基酸（苯丙氨酸）组成的短肽，具有独特的压电性质和显著的力学性能，常被用于构建压电器件等生物电子器件。最近，Rusen Yang课题组提出在二苯丙氨酸多肽自组装过程中，通过电场来精确控制多肽分子的极化方向[图6-5(b)]。[29]基于该方法在两个相反方向上获得均匀的极化，有效的压电常数 d_{33} 达到 17.9 pm/V，并且其作为发电机时最佳可实现 14 V 的开路电位和 3.3 nW/cm^2 的功率密度。对天然生物分子导电性能的研究和结构设计，有望进一步拓展其在生物电子学研究中的应用。

生物分子与有机光电材料的复合作用同样可实现其光电性质的精确调控。[31] Dong Ki Yoon 课题组提出，以 DNA 为模板和电荷注入层，构建高对齐有序的 P3PHT 组装聚集体，P3PHT/DNA 共混物沿 π 共轭方向的迁移率比纯 P3PHT 高 3 个数量级。[32] Tzung-Fang Guo 课题组用鸡蛋白作为 OFET 绝缘层，在 p 型并五苯和 n 型 C60 的 OFET 器件构筑中都展现出良好的器件性能和广阔的应用前景。[33] 由于鸡蛋白的介电常数是 PMMA 介电常数的两倍，基于鸡蛋白构筑的 OFET 器件输出电流也达到了类似 PMMA 介电层器件的两倍。氧化铝喹啉[三（8-羟基喹啉）铝，Alq$_3$]，是一种常用于有机发光二极管中的光电材料。研究表明，DNA 分子在 Alq$_3$ 界面形成组装层后，DNA 层通过电子阻断效应可减少电子的损失，使得 Alq$_3$ 发光强度最大可提高约 30 倍。Dong June Ahn 课题组研究报道发现，当 DNA 分子与 Alq$_3$ 组成复合材料时，还可实现发光效率的可控调节(图 6-6)。[34]在单链 DNA(ssDNA)分子辅助下结晶的 Alq_3 棒明显地显示出独特的倒沙漏状结构,当互补 DNA 链与 Alq_3 界面单链 DNA 分子进一步杂交后,Alq_3 的发光强度增加了 1.6 倍,这种发光强度的变化,还可用于对互补 DNA 序列中的单碱基错配的识别。

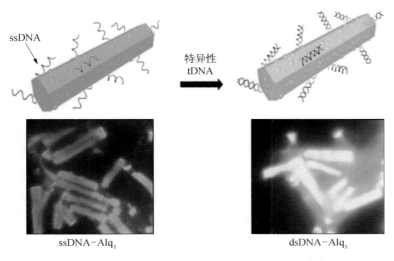

图 6-6　DNA 组装结构对 Alq_3 光电性质的调控[34]

生物分子所具有的独特功能为生物光电子材料的发展提供更多的可能性。[35,36]通过对生物分子自组装结构的调控及其与人工合成有机光电材料的有效复合,可进一步为有机生物光电子器件的制备与功能应用提供新思路。

6.2　生物光电子器件的功能拓展与应用

已报道的有机生物电子器件的功能应用主要分为三类。[37]第一类是生物传感器,主要实现生物物质的检测和生理信号的监测。例如,对于基于 OFET 的生物物质检测,待测物通常与共轭半导体分子形成如氢键、π-π 相互作用等非共价作用,改变导电沟道内的载流子浓度和传输性能,展现出电学性能的变化;对于生理信号监测,OFET 在压力传感等方面展现了令人瞩目的应用前景。第二类是基于 OFET 的仿生器件,特别在感知系统的仿生研究中取得系列重要进展,有望开发新型电子皮肤、智能信号处理和人机接口器件。第三类是基于生物电子材料的新型能源转化器件,可以实现高效的光-电、生物-电转化。

6.2.1　生物传感

基于 OFET 的生物分子传感器被广泛用于各类生物物质的无标记检测,包括小分子、核酸、蛋白及细胞等。[38-46]当前用于生物传感的 OFET 包括传统的有机薄膜晶体管(OTFT)、电解质绝缘层有机场效应晶体管(EGOFET)和有机电化学晶体管(OECT)(图 6-7)。[47,48]尽管它们都是通过调节栅极电压来实现对有机半导体导电性的调控,但是它们的器件结构和传感响应机制仍各有特色。传统的 OTFT 器件使用常规介电材料作为绝缘层来隔离栅极和半导体层,而 OECT 和 EGOFET 则主要利用电解质作为介电层,且结合电化学氧化还原和离子掺杂改变材料的电学性能。在生物传感应用中,OTFT 传感器的信号响应工作机理主要是通过改变电容、有效栅压,以及对半导体的掺杂/去掺杂来调控载流子的传输特性,最终实现阈值电压和载流子迁移率等性能参数的可控变化。

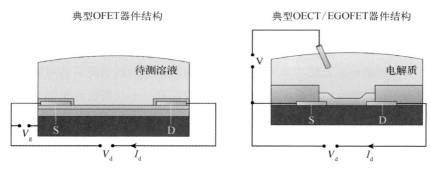

典型OFET器件结构　　　　　典型OECT/EGOFET器件结构

图 6-7　生物传感中典型的 OTFT 器件及 EGOFET/OECT 器件结构[38,47]

为实现 OTFT 生物传感,不仅需要溶液有稳定的有机半导体层,还需要通过器件结构的设计来降低器件的操作电压,以避免溶液的电解和生物分子的失活。当前的研究策略主要是通过降低绝缘层厚度、使用高介电常数绝缘层材料及使用电解质作绝缘层等方式增大电容、降低工作电压从而发展生理环境稳定的生物识别和信号响应器件。例如,Kergoat 等基于纯水绝缘层构建了具有高电容($3\ \mu F/cm^2$)的 OTFT,从而实现了 P3HT 的超低工作电压(约 0.5 V)。[49]除此之外,增强有机半导体和待检测物的特异性相互作用也尤为关键。Daoben Zhu 课题组以 50 nm SiO_2 为绝缘层、PDPPP3T 聚合物为有机半导体层制备了水相溶液稳定工作的 OTFT 生物传感器。[39]值得注意的是,他们通过氧等离子体处理聚合物表面后实现了酶蛋白在有机半导体层表面的原位接枝。修饰后的器件可在小于 3 V 的低操作电压下实现对 ATP 和 H_2O_2 的高灵敏检测。

　　相比传统的底栅极 OTFT 传感器，EGOFET 利用电解质作为绝缘层，当施加栅压时，会诱导电解质中的阴阳离子在栅极和半导体层表面形成高电容的"双电层"，因此具备低电压操作特性。此外，OECT 的载流子调控是基于电场诱导的整个半导体层的电化学掺杂/去掺杂，因此拥有更大的沟道电导调控能力。Sahika Inal 课题组报道了一种基于 n 型半导体聚合物的 OECT 生物传感器件，实现了对葡萄糖的高灵敏检测（图 6-8）。[50] 其中聚乙二醇分子可以提高半导体功能层在水溶液中的电化学响应稳定性，葡萄糖氧化酶通过在半导体层和栅电极的物理吸附可以实现对葡萄糖的特异性检测。在葡萄糖分子检测中可实现从 10 nmol/L～20 mmol/L 的 6 个数量级的信号响应，最低检测限可至 10 nmol/L。在唾液等复杂生理环境中，该器件仍保持对葡萄糖的特异性作用。通过与酶燃料电池中的聚合物阴极配对，它能够将生理浓度的葡萄糖和氧气的化学能转化为电能，驱动 OECT 的工作，进一步推动了体内自供电生物传感器的发展。

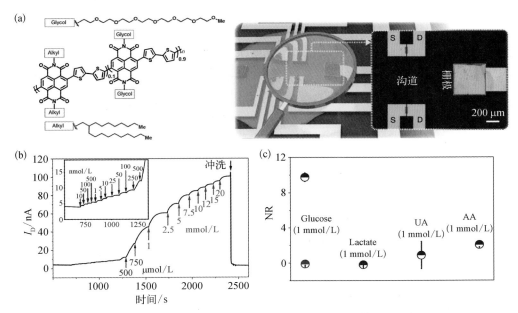

图 6-8　（a）OECT 器件中有机半导体分子结构及器件照片图；（b）所构筑的 OECT 传感器对不同浓度葡萄糖分子的实时信号响应；（c）OECT 传感器对葡萄糖的特异性响应[50]

　　生理信号的实时记录对健康监测具有重要意义。现有的体征监测系统通常需要多个电极或传感器与皮肤直接贴合，其所需的复杂线路连接不仅降低了患者的舒适感，还干扰了紧急的临床救治和放射治疗。此外，对于皮肤组织脆弱的新生儿等，线路连接所用的黏合剂还可能造成机体损伤，引发运动伪影、瘢痕形成及不良免疫反应等副作用。[51]相比传统电子设备，柔性电子器件可以长期贴附在皮肤表面，减少对患者的伤害风险，实现对人体健康状况的有效评估和诊断。[52-56]在当前高性能柔性电子器件构建策略中，一种是通过材料与器件的微观结构设计使刚性的无机材料柔性化，另一种更加普遍的策略是选用本征柔性的功能有机分子和导电聚合物材料作为构筑单元，实现器件各功能层的柔性化，从而构筑可穿戴的电子设备。[57,58]

结合柔性衬底和有机半导体材料的使用，朱道本课题组基于柔性悬浮栅有机薄膜晶体管（SGOTFT）的设计实现了超敏感的压力传感，构建了可穿戴压力传感电子设备，实现了人体脉搏信号的实时检测（图6-9）。[59]该传感器的悬浮栅极结构设计及空气绝缘层的使用，使栅极极易在压力作用下运动，在器件中有效创建了压敏变量，解决了橡胶绝缘层的弹性极限问题。通过对器件结构和功能层的优化，器件显示出高达192 kPa^{-1}的超高灵敏度、小于1 Pa的低检测限和小于10 ms的响应速度，可以满足人体

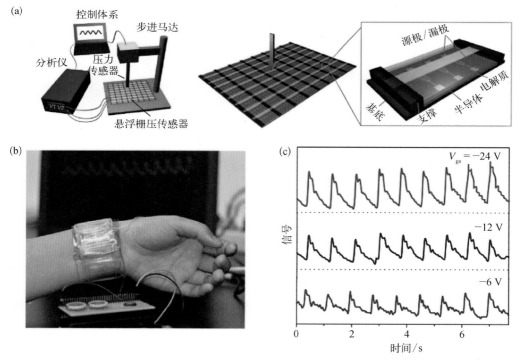

图6-9 （a）SGOTFT器件结构及工作原理示意图；（b）基于SGOTFT的人体脉搏监测装置照片；（c）基于SGOTFT的人体脉搏监测电信号读出[59]

脉搏的监测需求。此外，SGOTFT 具有易于大面积、低成本集成的优势，在可穿戴监测和人工智能领域具有重要应用前景。

相对柔性传感器件，赋予 OTFT 可拉伸功能更具挑战。对于导电聚合物来说，优异的弹性力学和高效的电荷传输往往是"鱼"与"熊掌"不可兼得，因此如何在保持其高导电性的条件下优化自身弹性是研究的关键。鲍哲南课题组将刚性的半导体（聚二酮吡咯并吡咯）与氢键连接的无定形链组合制成了可自愈、可延展的高性能弹性薄膜 OTFT（图 6-10）。[60] 氢键的引入提高了共轭聚合物的动态非共价交联性，使得聚合物在拉伸到原来两倍的长度后，仍保持原有的导电性。实验结果表明，聚合物经过 1 000 次拉伸实验后，导电性能轻微降低，材料出现少量裂纹。但是，在经过溶剂蒸汽处理的加热板上加热后，裂纹可自愈并且材料恢复至原有的导电性。以该聚合物制备的可拉伸晶体管具有优异的场效应移动修复性能[1.3 cm²/(V·s)]，开关电流比超过 100 万。将该晶体管连接到人体四肢上，在进行手腕扭曲、肘部拉伸和手臂折叠等动作时，其仍能保持相当高的载流子迁移率。此后，他们在不影响载流子迁移率的前提下，又研发了一种纳米限域的策略提高共轭聚合物的可拉伸性。[61] 这种策略将共轭聚合物 DPPT-TT 与表面能相匹配的弹性体在纳米尺度共混，然后两种材料发生相分离，从而将 DPPT-TT 限域包裹在弹性基质中。这种纳米限域效应增强了聚合物分子链的运动能力，抑制了结

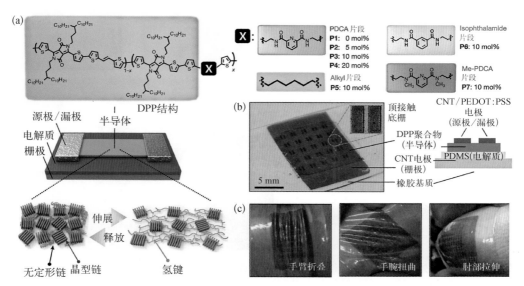

图 6-10　（a）共轭聚合物的化学结构式及动态非共价交联增强共轭聚合物材料延展性的原理示意图；（b）以可伸缩共轭聚合物制备的 OTFT 的照片和结构；（c）OTFT 在人类皮肤上折叠、扭曲和拉伸的照片[60]

晶的产生,保证了高导电性。以该聚合物材料为半导体制备的OTFT展现出优异的拉伸性能和电学性能。

高柔性电子器件还可以作为植入型医疗设备,为复杂疾病的检测和治疗提供新的手段。[5,52,62-64]而器件–组织界面机械性能的差异同样是可植入式等便携式电子医疗设备亟待解决的问题。为了解决可植入电子器件与人体组织的机械失配问题,鲍哲南课题组利用共轭聚合物水凝胶开发了一种类似果冻的柔性器件,并将其用于神经调节(图6-11)。[65]该器件以高导电性的PEDOT∶PSS水凝胶为导体,以弹性含氟聚合物为钝化绝缘层,通过光刻图案化工艺制备了柔软、可拉伸的微电极阵列,将电极植入小鼠体内,实现了对小鼠腿部和脚趾运动的控制。PEDOT∶PSS水凝胶优化了界面性能,一方面降低了界面阻抗使得器件可以在低电压(0.5 V)下发挥作用,另一方面改善了界面相容性,降低了免疫反应。

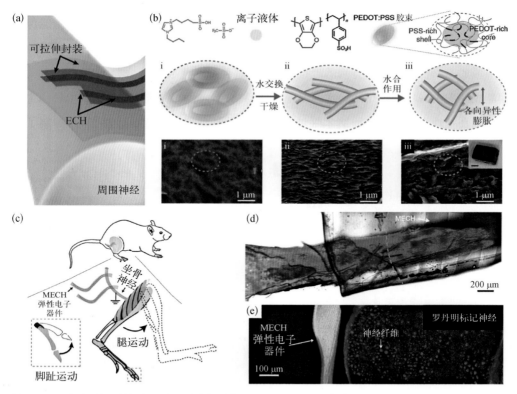

图6-11 (a)外周神经与柔性器件之间生物电子界面示意图;(b)PEDOT∶PSS水凝胶合成步骤及相应的扫描电子显微图;(c)水凝胶微电极的体内神经刺激实验示意图;(d)水凝胶微电极在弹性基底包裹的坐骨神经上的三维重建共聚焦显微成像图;(e)图(d)虚线部位的横断面成像图[65]

便携式电子设备的应用还面临重要的能源供给问题。自供电系统的集成有助于进一步摆脱外部电源和连接线的应用限制,并能够降低电源的噪声干扰,在人体内的心脏或大脑功能的实时监测中展现出更大的医疗应用潜力。[66]光电池的发展可为活动的三维皮肤组织提供灵活的自供电功能化,超柔性有机供能系统的结合可以使整个监测装置完整地包裹在物体周围,并在运动过程中仍保持良好的机械稳定性和热稳定性,在人体相容性电子器件的应用中具有潜在应用价值。[67]Takao Someya 课题组开发了一种纳米图案化的基于有机太阳能电池供能的超柔性生物传感器,用于实时监测心率(图 6-12)。[68]他们在超薄基底上集成了有机光伏器件和 OECT。由于共轭聚合物优异的加工性能,再加之纳米图案化的制作工艺,生物传感器的电子传递效率得到显著提高。他们使用高通量室温模塑工艺在电荷传输层上制备 760 nm 周期的纳米光栅,大大提高了有机光电转换效率,实现了 10.5% 的高转换效率和 11.46 W/g 的高功率重量值。其中所设计的传感器在生理条件下表现出 0.8 mS 的跨导和超过 1 kHz 的快速响应能力,在心率信号监测中最大信噪比达到 40.02 dB。测试表明,在 LED 的连续照射下,传感器可以实时精准监测心率信号,灵敏度是常规 OECT 的 3 倍以上。

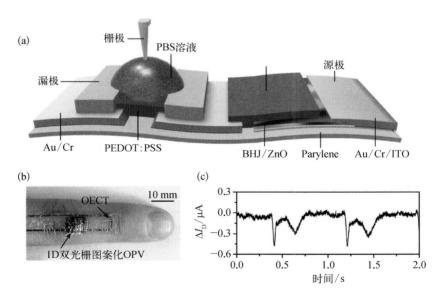

图 6-12 (a)有机太阳能电池供能的超柔性心率监测传感器示意图;(b)所制备传感器的人体监测装置照片;(c)所制备传感器的心率监测信号[68]

6.2.2　仿生器件

信号的识别、传递与处理是实现人与外部世界"通信"的基本过程。皮肤、眼睛等人体器官中有成千上万个感受器，负责感知环境中的光、热、声、味及压力等信息，并通过信号转导系统将刺激信号转为电信号，传递到大脑实现信息的感知及反馈。例如，触觉是皮肤对体表机械接触的感觉，将皮肤上感受到的机械压力转化为电信号，进一步被传递到大脑的中枢神经系统。基于有机电子器件开发具有感知仿生功能的电子皮肤，模拟人类对外部世界的感知功能，对人工智能领域的发展具有重要意义。为实现上述功能，需要将所识别的外在刺激信号转换为可传输的生物电信号，并且结合不同生物响应模式来实现反馈响应。

在信号传输过程中，神经细胞间依赖突触结构实现多重转换与传递，以及信号的长程传输。2016 年，朱道本课题组使用具有质子传导功能的壳聚糖（chitosan）作为顶栅绝缘层，结合栅极错位型器件制备了可模拟突触信号传递特性人工突触（图 6-13）。该类器件利用慢速迁移的电荷延迟界面电场的建立与平衡，创建质子-电子作用界面，从而实现载流子浓度的仿生化动态调控。随后，进一步集成了 OFET 压力传感器，构建有机半导体触觉感知功能器件，模拟人的触觉感知能力。[69] 在该人工突触器件中，顶栅极模拟突触前膜，绝缘层中传导的质子可作为神经递质，源漏电极及导电沟道可模拟突触后膜。当在突触前膜施加脉冲电刺激信号时，会诱导质子在绝缘层中由栅极向导电沟道迁移，在导电沟道

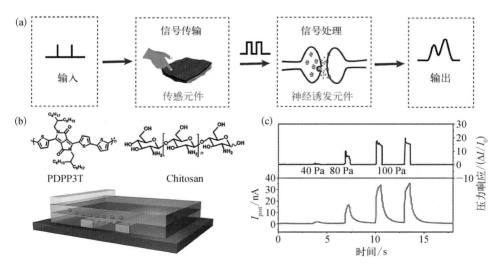

图 6-13　（a）OFET 人工突触信号传输过程示意图；（b）人工突触器件所用 PDPP3T 半导体材料和介电层材料壳聚糖化学分子式，以及器件结构示意图；（c）所制备的 OFET 人工突触对不同强度压力的电信号响应[69]

处诱导产生载流子,引起突触后膜电位的产生,模拟神经细胞间的信号传导。所制备的人工突触在栅极持续脉冲电压,源漏电流明显增加,并在脉冲电压停止后,电流逐渐降低。随着脉冲电压的逐渐增加,器件的峰值电流和恢复所需时间均随之延长,呈现类突触的信号响应模式。这种信号响应模式对刺激频率和连续刺激次数都体现出了突触响应的易化特性。因此,将 OFET 人工突触与悬浮栅 OFET 压力传感器相集成,他们实现了基于OFET 的人工触觉系统的开发。所构筑的触觉感知电子皮肤,可以"感觉"出包括接触位置、强度/动态作用次数及速度等触觉信息。这一智能感知机械相互作用的功能,使 OFET人工触觉系统显示出在仿生智能领域的潜在应用前景。

　　适应性是生物体依据环境背景和刺激类型实现智能感知的重要一环。弱背景信号下的微小刺激感受器具有较高的响应灵敏度以实现快速刺激响应;而在强背景或长时间高强度刺激条件下,生物体需要依赖自身的适应性功能以降低其刺激感受能力。人工仿生感受器构建中,如何实现信号的适应性处理以实现动态响应是走向人工智能的关键环节。但是在传统的仿生器件设计中,适应功能的实现主要依赖复杂的逻辑电路,这限制了仿生器件的集成化制备及应用。为实现单一器件上的适应性功能集成,2019 年朱道本课题组通过在 OFET的绝缘层中创建电荷动态俘获界面发展了具有适应性功能的 OFET(图 6-14)。[70]该器件通

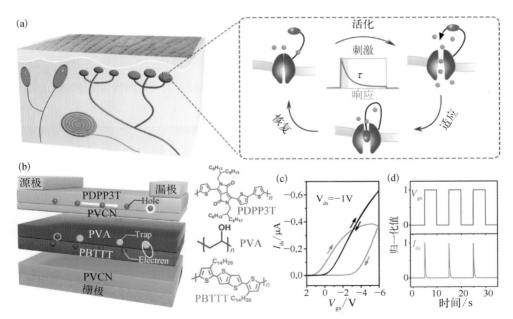

图 6-14　(a) 生物体内适应性感受过程示意图;(b) 有机适应型电子器件结构示意图及 PDPP3T、
　　　　PVA、PBTTT 分子化学结构式;(c) 有(红色曲线)无(黑色曲线)PBTTT 适应功能层的器件
　　　　转移曲线;(d) -1V 源漏电压下脉冲栅压(-4V)在有机适应型器件上的源漏电流调控[70]

过诱导界面自适应的电荷捕获实现有效电场的动态调控,成功实现了对载流子浓度的适应性调节。通过材料的选择,以及对功能界面材料厚度的选择,该类器件可实现衰减常数从 50 ms 到 5 s 的精确微调,与生物体内的刺激适应能力相吻合。此外,该器件所具备的优异循环稳定性,可用于多种适应行为的模拟。通过将该器件和多种传感器相集成,研究人员模拟了人体的触觉适应和温度适应行为,构筑了对温度、压力信号的适应性感知系统,为新型有机生物电子器件发展了新思路。

在信号感知的基础上,将所形成的生物电信号转化为神经反馈信号,可进一步实现机体反馈及生物功能的调控。人工肌肉是一种新型智能形状记忆材料,它通过材料内部结构的改变从而可以像肌肉一样完成弯曲和伸缩等动作,使其在生物医疗、航空航天及仿生机器人等领域具有重要的应用价值。离子型共轭聚合物-金属复合材料(IPMC)作为一种典型的人工肌肉材料,主要由共轭聚合物和两层电极组成一个"三明治"结构,在电场作用下,通过离子在电极界面的可逆脱嵌来实现电能和机械能的转换。IPMC 具有驱动电压低、响应速度快和高柔顺性等特点。常用于 IMPC 的共轭聚合物包括聚苯胺、聚吡咯和聚噻吩等,它们在电化学氧化还原过程中具有显著的体积伸缩性能。Edwin Jager 课题组报道了一种以生物燃料葡萄糖氧化供能的人工肌肉。他们将葡萄糖氧化酶和漆酶分别修饰到金电极上,构成燃料电池的阳极和阴极,通过催化葡萄糖氧化和氧气还原来产生电能(图 6-15)。[71]室温下,燃料电池的最大开路电压为 (0.70 ± 0.04) V,0.5 V 偏压时最大功率密度为 0.27 $\mu W/cm^2$。人工肌肉以聚吡咯(PPy)为离子聚合物,组成了 PPy/Au/PVDF/Au/PPy"三明治"结构。一层 PPy 连接燃料电池阳极被氧化进而收缩,另一层 PPy 连接阴极被还原进而膨胀,使得人工肌肉达到整体弯曲的效果。

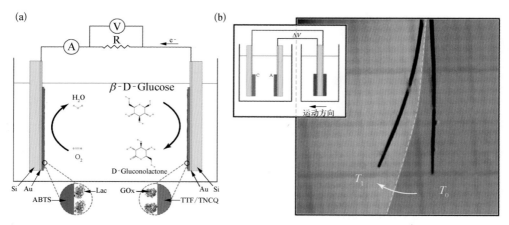

图 6-15 (a)葡萄糖氧化酶和漆酶燃料电池结构;(b)燃料电池驱动人工肌肉形变[71]

在对刺激信号实现感受、传输及反馈的神经传输过程中,将刺激信号转换为电位频率信息,是实现复杂神经系统中快速、无损信号传输的重要环节。为模拟神经系统内的动作电位信号传输,Zhenan Bao 团队基于有机生物电子器件集成报道了一种高灵敏度人工神经,实现了对人类触觉信号传输过程的模拟(图 6-16)。[72] 该人工神经偶联了可感受外界压力刺激的电阻式压力传感器,可接收压力传感器信号并转换为脉冲信号的环形振荡器,以及可整合电压脉冲信号并输出电流信号的 FET。他们将这种人工神经连接到蟑螂腿部的运动神经上,人工驱动蟑螂腿部肌肉的收缩运动。

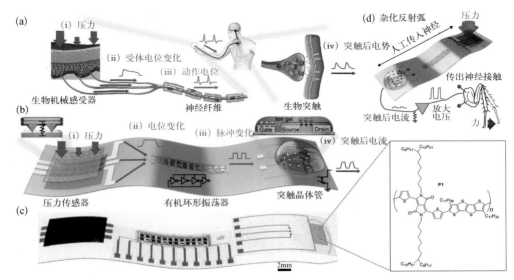

图 6-16 (a)压力刺激后生物传入神经的信号传导过程;(b)由压力传感器、环形振荡器和突触晶体管构成的人工传入神经结构;(c)人工传入神经系统的照片;(d)人工传入神经和生物传出神经构成的混合反射弧示意图[72]

6.2.3 新型能源转化器件

当前,能源和环境问题已经影响到人类的生存和发展。在工业革命后的化石能源时代,以化石燃料为基础的科学技术虽然促进了人类社会的发展,但也悄然地给人类带来能源危机和环境污染的恶果。如何在能源需求和环境保护二者间寻求平衡,进而实现长期可持续发展是一个全球性的命题。可再生能源,如太阳能、生物能、水能、风能和核能等替代能源越来越受到人们的重视,因此对新型能源的开发和利用成为研究的热点。其中,太阳能和生物能在自然界中广泛存在,不受限于地理和气候,可随时随地取用，具有广阔的应用前景。近年来，包括生物光伏电池（biological photovoltaics，BPV）和微生物燃料电池（microbial fuel cell，MFC）在内的生物电化学体系（bioeletrochemical systems）被广泛研究。生物光伏作为一种新兴技术，将光合蛋白、类囊体、光合细菌等光合有机体修饰到电极上，利用光合作用产生电子，将光能转化为电能。在光合作用中，光合色素吸收光能并将能量传递给光合反应中心，驱动水分解产生电子。电子通过电子传递链转移给 NADP$^+$，生成了储存活跃化学能的 NADPH。生物光伏以电极取代 NADP$^+$ 作为电子受体，实现了太阳能到电能的转换。BPV 将光合生物与电化学器件进行了有序组装，具有电荷分离效率高和光反应电子传递速率快的优点。但是，光合色素的光合有效辐射（photosynthetically active radiation，PAR）范围有限（占入射太阳能的 48.7%），以及生物-电极界面相容性不佳仍是影响器件效率的关键因素。因此，提高光能利用率、优化界面接触是构建性能优良的 BPV 的关键。

Ardemis Boghossian 课题组利用电化学聚合将掺杂十二烷基磺酸钠的聚噻吩衍生物（PEDOT-SDS）整合到了蓝藻 Synechocystis sp. 修饰的石墨电极中，构建了性能增强的生物光伏电池。[73] 在聚合过程中，电极表面形成了规则的褶皱形态，从而提供了一个多孔的界面结构，有利于蓝藻的吸附和电子转移。循环伏安结果表明，引入 PEDOT-SDS 之后，在无电子传导介质和以铁氰化钾为电子介质条件下，光伏电池的输出电流分别提高了 6 倍和 2 倍，因此，PEDOT-SDS 优化了蓝藻与电极之间的直接电子转移和间接电子转移效率。Junbai Li 等利用聚吡咯提高了光合蛋白 PSⅡ 的光电响应（图 6-17）。[74] 他们利用模板法在电极表面电化学聚合了苯醌掺杂聚吡咯（PPyBQ）纳米线，

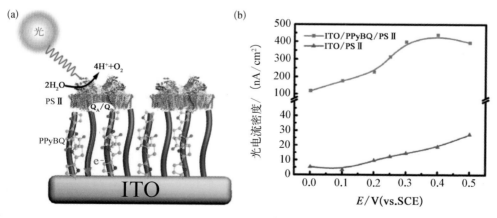

图 6-17　（a）PPyBQ/PSⅡ 生物电极结构示意图；（b）PPyBQ/PSⅡ 和 PSⅡ 电极光电流密度随所施偏压的变化曲线[74]

然后在电极表面负载了 PSⅡ。一方面,纳米线可以作为电子高速传输"公路"将光解水产生的电子传递给电极;另一方面,苯醌作为氧化还原介质可以介导电子从 PSⅡ 流向电极。因此,在 PPyBQ 的作用下,PSⅡ 的光电流提高了 39 倍。Guillermo Bazan 等证明共轭寡聚物与共轭聚合物具有相似的效果。[75] 他们将共轭寡聚电解质(COEs)与类囊体生物电极结合并组装了三电极电化学电池和生物太阳能电池。COEs 改善了界面电化学接触,降低了器件内阻,显著提高了输出性能。

微生物燃料电池(MFC)利用微生物强大的代谢能力将储存于生物质或有机物中的化学能转换为电能,在污水处理、海水淡化、生物制氢、二氧化碳固定及微生物电合成领域中显示出巨大的潜力。然而,低的能量转换效率限制了它的实际应用。微生物燃料电池的理论开路电压约为 1.1 V,但目前能达到的实际最大值为 $0.7\sim0.8$ V,输出电流密度仅为毫安级。因此,进一步优化微生物与电极间的电化学通信,提高微生物与电极间的电子传递性能至关重要。胞外电子传递是微生物与外界环境交换能量和信息的主要途径。微生物燃料电池的运行主要依靠产电细菌的胞外电子转移性能,主要包括通过外膜结合的氧化还原蛋白(如细胞色素 c)或导电纳米线/菌毛进行的直接电子转移(direct electron transfer,DET)和通过可溶性氧化还原介质进行的间接电子转移(mediated electron transfer,MET)。

Guillermo Bazan 等证明,带有季铵盐基团的共轭寡聚物可以嵌入大肠杆菌和酵母细胞的细胞膜并提高相应的微生物燃料电池的电流输出。[76] Yoon‑Bo Shim 等在金电极表面通过电化学聚合修饰了两种共轭聚合物 polyTTCA 和 polyFeTSED,然后分别在表面进一步共价修饰了葡萄糖氧化酶和辣根过氧化物酶,并作为阳极和阴极组成了酶燃料电池。[77] 测试结果表明,电池的开路电压为 366 mV,最大能量密度为 5.12 $\mu W/cm^2$。另外,电池的寿命延长到了 4 个月以上。由此可见,共轭聚合物的引入显著改善了酶燃料电池的能量输出和运行寿命。Richter‑Dahlfors 等人发现改变聚(3,4‑乙基二氧噻吩)的氧化还原态能够调控细菌生物膜的形成。[78] 此外,纳米结构的聚苯胺和聚吡咯也均被证实有助于微生物燃料电池的电流输出。在此基础上,王树课题组设计了一种聚噻吩衍生物 PMNT/希瓦氏菌杂化生物电极,以该电极为生物阳极构筑了微生物燃料电池(图 6‑18)。[79] PMNT 的引入成功提高了电池的能量输出和运行寿命。PMNT 侧链为长链烷基季铵盐,因此可以通过协同的静电作用和疏水作用结合到希瓦氏菌表面,形成 PMNT/希瓦氏菌聚集体。聚集体的形成有利于希瓦氏菌在碳纸表面的黏附,进而促进了电极表面生物膜的形成。扫描电子显微镜成像显示希瓦氏菌在碳纸表面孵育后,零星地结合到了碳纸上,而引入 PMNT 之后,碳纸表面上希瓦氏菌的负载量明显提高,碳纤维表面形成了致密的生物膜。循环伏安测试结果表明，PMNT 同时改善了希瓦氏菌与电极间的直接电子转移速率及核黄素介导的间接电子转移速率。交流阻抗测试结果显示希瓦氏菌与电极间的电荷转移阻抗由 84.4 Ω 降到了 4.1 Ω。综合 PMNT 在阳极细菌负载量和胞外电子转移效率这两方面的增强作用，他们构建了 H 型双室 MFC 来研究电池的产电性能。结果表明，PMNT 使得 MFC 的最大能量密度和电流密度分别提高了 5.5 倍和 4.6 倍。此外，随着电子传递效率的提高，希瓦氏菌的胞外呼吸作用效率提高，这更有利于细菌活性的维持，因此电池的运行寿命也得到显著提高。

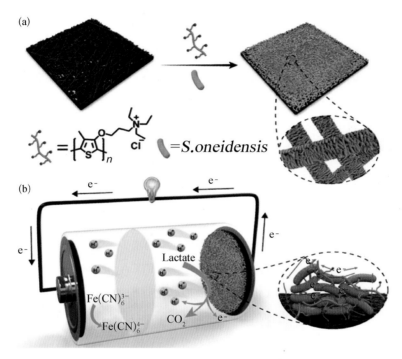

图 6-18　（a）PMNT/希瓦氏菌杂化生物电极结构示意图；
（b）微生物燃料电池的运行原理示意图[79]

电活性生物膜是产电细菌形成的一种致密的高度组织化的微生物群落，具有局部细菌密度和电子介质密度高、电子传递路程短及细菌-电极接触紧密等优点。但是，其面临的主要问题在于生物膜内远端的细菌不能直接与电极接触，电子只能通过邻近的细菌依次进行传导，因此胞外电子传递效率显著降低。Qichun Zhang 课题组设计了一种原位聚合方法，在电活性细菌表面聚合了一层聚吡咯（PPy），由此解决了远端细菌电子转移的问题（图 6-19）。[80] 阳离子（Fe^{3+}）通过静电作用结合到了希瓦氏菌表面。它可以作为催化剂催化溶液中的吡咯单体在细菌表面聚合,形成包裹层。聚吡咯赋予了希瓦氏菌表面良好的导电性,使细菌与电极间的电荷转移阻抗降低了约96%。电子转移速率的改善提高了希瓦氏菌对有机物的氧化降解速率,从而使其产生更多的能量来维持自身生长和生理功能。同时,表面的壳结构可以保护细菌免受不利因素的影响。因此,聚吡咯极大地提高了希瓦氏菌的生存能力。进一步地,他们以聚吡咯包裹希瓦氏菌修饰的电极为阳极构筑微生物燃料电池,结果表明其最大电流密度和最大功率输出分别提高了4.8倍和14.1倍,并且大大延长了电池的运行寿命。

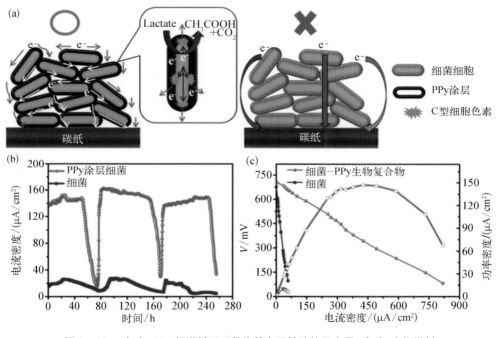

图6-19 (a)PPy促进希瓦氏菌胞外电子转移的示意图;(b)生物燃料电池的电流密度曲线;(c)微生物燃料电池的功率密度曲线[80]

近年来,由温室气体引发的环境问题层出不穷,如气候异常、冰川退缩、海平面上升等。其中,化石燃料燃烧产生的二氧化碳在大气中的含量上升是导致温室效应的主要原因。众所周知,光合作用是自然界中固碳的主要途径,它将二氧化碳转化为碳水化合物用以存储能量。然而,植物本身的固碳作用显然已经不足以保证大气中二氧化碳含量的稳定。因此,开发高效的人工固碳途径,将二氧化碳还原为高附加值的燃料或者化合物是将其"变废为宝"的上乘方法。王树课题组发展了基于有机半导体-微生物的杂化人工光合系统,实现了二氧化碳到乙酸的高效转化(图6-20)。[81]阳离子n型有机半导体苝二酰亚胺（PDI）和 p 型聚芴衍生物 PFP 形成 p - n 异质结，并进一步通过静电作用结合到非光合细菌热醋穆尔氏菌（*M. thermoacetica*）表面。在光照条件下，PFP/PDI 被激发后发生电子-空穴分离，其异质结结构大大提高了电荷分离效率。此外，PFP 的阳离子侧链可以嵌入细菌的细胞膜，有效地避免了电子的跨膜损耗，从而保证了光生电子从 PFP 向细菌的高效转移。同时，PFP/PDI 的能级与分布在 *M. thermoacetica* 细胞膜上的氧化还原介质黄素蛋白（Fp）和红素氧还蛋白（Rd）的电位匹配。因此，*M. thermoacetica* 可以有效地捕获光生电子并驱动 Wood - Ljungdahl 代谢，实现二氧化碳的还原。光照 12 小时后，PFP/PDI - *M. thermoacetica* 可以产生 0.63 mmol/L 乙酸，明显高于单独 *M. thermoacetica*（0.1 mmol/L），PFP - *M. thermoacetica*（0.4 mmol/L）和 PDI - *M. thermoacetica*（0.25 mmol/L）。在恒定的光照-黑暗循环下，乙酸可以持续积累，量子产率达到了 1.6%。

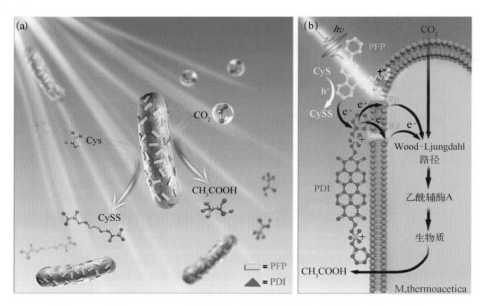

图 6 - 20　（a）PFP/PDI -热醋穆尔氏菌生物杂化人工光合作用体系示意图；
　　　　　（b）人工光合作用体系中光激发电子转移路径[81]

随着生物电子技术的发展，"电子植物"的概念也逐渐兴起。众所周知，植物体主要利用植物激素和离子信号的传输来实现生物功能。近年来，研究人员将电子器件引入植物体内，通过电信号控制植物体内的生化反应有助于研究植物本身的生理机制，监测植物生长状态，调节植物光合作用。"电子植物"促进了植物学和电子学的融合，为新型能源的开发和利用带来了新的机遇。Berggren 课题组利用导管的向上运输作用将自掺杂的阴离子聚噻吩衍生物 PEDOT－S：H 吸收并输送至玫瑰的木质部通道中（图6－21）。[82] PEDOT－S：H 在生物电解质中通过与木质部中二价阳离子相互作用形成均匀的长程水凝胶导线。该聚合物水凝胶导线的电导率达到 0.13 S/cm，接触电阻为 10 kΩ。因此，进一步将 PEDOT－S：H 导线作为源极、漏极及晶体管通道与周围的组织细胞和胞外介质组装成 OECT，其表现出优异的输出性能（漏极电流开关比约为 40，门电压为 0.3 V 时跨导为 14 μS）。此外，他们利用真空渗透技术将掺杂聚苯乙烯磺酸的 PEDOT：PSS 传送到玫瑰叶片内部，形成体内二维 OECT。之后，他们进一步优化实现了以植物本身结构为物理模板、以植物体内生化物质为催化剂，在植物内部原位聚合形成水溶性共轭寡聚物 EET－S。[83] 这种寡聚物可以流动形成很长的导电线（电导率达 10 S/cm，比电容为 20 F/g），其不仅分布在茎中，而且可以延伸至叶子和花瓣，贯穿整个植物。共轭寡聚物导线与植物组织构成了能量储存装置，反复充电 500 次可保持性能稳定，能量储存等级与超级电容器相当。电子植物的设计和构建为精确记录和调节植物生理状态、优化光合作用和能量转换提供了新的思路和可能性。

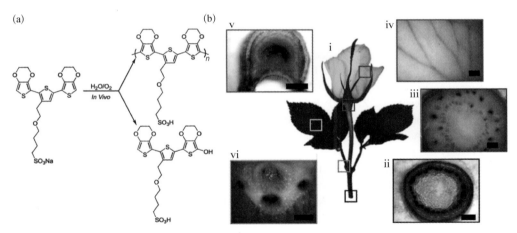

图6-21 （a）EET-S聚合反应路线；（b）玫瑰根、茎、叶吸收聚合物之后的照片[82]

随着生命科学技术、神经科学技术、微电子技术及无线通信技术的发展，生物电子技术作为交叉学科中的研究热点之一，致力于将电子设备结合到生物体中，并发挥出特定的生理功能。生物体具有优异的运动能力、信息感知能力和学习能力，而电子设备具有高效的电子通信、数据处理和存储以及良好的可控性，将二者有效的结合有利于推动医疗卫生、能源转换、仿生系统的发展。在新一轮的科技革命中，生物电子作为具有战略性、前瞻性、创造性的新兴领域，已经逐步展现出广阔的应用前景。然而，生物电子学仍处于起步摸索阶段,我国对其的自主研究和创新工作既是机遇也是挑战。展望未来,对生物电子技术的深入研究不仅有助于揭示生命的奥秘,还将推动电子信息科学革命性的发展。

参考文献

[1] Chen H, Dong F Y, Minteer S D. The progress and outlook of bioelectrocatalysis for the production of chemicals, fuels and materials[J]. Nature Catalysis, 2020, 3: 225 - 244.

[2] Shirakawa H, Louis E J, MacDiarmid A G, et al. Synthesis of electrically conducting organic polymers: Halogen derivatives of polyacetylene, (CH) X[J]. Journal of the Chemical Society, Chemical Communications, 1977(16): 578.

[3] Simon D T, Gabrielsson E O, Tybrandt K, et al. Organic bioelectronics: Bridging the signaling gap between biology and technology[J]. Chemical Reviews, 2016, 116(21): 13009 - 13041.

[4] Lanzani G. Materials for bioelectronics: Organic electronics meets biology[J]. Nature Materials, 2014, 13(8): 775 - 776.

[5] Lee G H, Moon H, Kim H, et al. Multifunctional materials for implantable and wearable photonic healthcare devices[J]. Nature Reviews Materials, 2020, 5(2): 149 - 165.

[6] Baek P, Voorhaar L, Barker D, et al. Molecular approach to conjugated polymers with biomimetic properties[J]. Accounts of Chemical Research, 2018, 51(7): 1581 - 1589.

[7] Inal S, Rivnay J, Suiu A O, et al. Conjugated polymers in bioelectronics[J]. Accounts of Chemical Research, 2018, 51(6): 1368 - 1376.

[8] Zhou X, Zhou L Y, Zhang P B, et al. Photoelectrochemical system: Conducting polymers-thylakoid hybrid materials for water oxidation and photoelectric conversion (adv. electron. mater. 3/2019)[J]. Advanced Electronic Materials, 2019, 5(3): 1970011.

[9] Zhou X, Gai P P, Zhang P B, et al. Conjugated polymer enhanced photoelectric response of self-circulating photosynthetic bioelectrochemical cell[J]. ACS Applied Materials & Interfaces, 2019, 11(42): 38993 - 39000.

[10] Giovannitti A, Nielsen C B, Sbircea D T, et al. N - type organic electrochemical transistors with stability in water[J]. Nature Communications, 2016, 7: 13066.

[11] Liu Z T, Zhang G X, Zhang D Q. Modification of side chains of conjugated molecules and polymers for charge mobility enhancement and sensing functionality[J]. Accounts of Chemical Research, 2018, 51(6): 1422 - 1432.

[12] Zhang F J, Lemaur V, Choi W, et al. Repurposing DNA - binding agents as H - bonded organic semiconductors[J]. Nature Communications, 2019, 10(1): 4217.

[13] Kim S M, Kim C H, Kim Y, et al. Influence of PEDOT: PSS crystallinity and composition on electrochemical transistor performance and long-term stability[J]. Nature Communications, 2018, 9(1): 3858.

[14] Li C Q, Wu H, Zhang T K, et al. Functionalized π stacks of hexabenzoperylenes as a platform for chemical and biological sensing[J]. Chem, 2018, 4(6): 1416 - 1426.

[15] Roberts M E, Mannsfeld S C B, Queraltó N, et al. Water-stable organic transistors and their application in chemical and biological sensors [J]. Proceedings of the National Academy of

Sciences of the United States of America, 2008, 105(34): 12134 – 12139.

[16] Knopfmacher O, Hammock M L, Appleton A L, et al. Highly stable organic polymer field-effect transistor sensor for selective detection in the marine environment[J]. Nature Communications, 2014, 5: 2954.

[17] Irimia-Vladu M. "Green" electronics: Biodegradable and biocompatible materials and devices for sustainable future[J]. Chemical Society Reviews, 2014, 43(2): 588 – 610.

[18] Josberger E E, Hassanzadeh P, Deng Y X, et al. Proton conductivity in ampullae of Lorenzini jelly[J]. Science Advances, 2016, 2(5): e1600112.

[19] Pinotsi D, Grisanti L, Mahou P, et al. Proton transfer and structure-specific fluorescence in hydrogen bond-rich protein structures[J]. Journal of the American Chemical Society, 2016, 138 (9): 3046 – 3057.

[20] Wall B D, Diegelmann S R, Zhang S M, et al. Aligned macroscopic domains of optoelectronic nanostructures prepared via shear-flow assembly of peptide hydrogels[J]. Advanced Materials, 2011, 23(43): 5009 – 5014, 4967.

[21] Kelley S O, Jackson N M, Hill M G, et al. Long-range electron transfer through DNA films[J]. Angewandte Chemie (International Ed in English), 1999, 38(7): 941 – 945.

[22] Ordinario D D, Phan L, Walkup IV W G, et al. Bulk protonic conductivity in a cephalopod structural protein[J]. Nature Chemistry, 2014, 6(7): 596 – 602.

[23] Zhou X, Lv F T, Liu L B, et al. Bacteriorhodopsin-based biophotovoltaic devices driven by chemiluminescence as endogenous light source [J]. Advanced Optical Materials, 2020, 8 (1): 1901551.

[24] Sontz P A, Muren N B, Barton J K. DNA charge transport for sensing and signaling[J]. Accounts of Chemical Research, 2012, 45(10): 1792 – 1800.

[25] Xiang L M, Palma J L, Bruot C, et al. Intermediate tunnelling-hopping regime in DNA charge transport[J]. Nature Chemistry, 2015, 7(3): 221 – 226.

[26] Slinker J D, Muren N B, Renfrew S E, et al. DNA charge transport over 34 nm[J]. Nature Chemistry, 2011, 3(3): 228 – 233.

[27] Li Y H, Artés J M, Demir B, et al. Detection and identification of genetic material via single-molecule conductance[J]. Nature Nanotechnology, 2018, 13(12): 1167 – 1173.

[28] Chen Y S, Hong M Y, Huang G S. A protein transistor made of an antibody molecule and two gold nanoparticles[J]. Nature Nanotechnology, 2012, 7(3): 197 – 203.

[29] Nguyen V, Zhu R, Jenkins K, et al. Self-assembly of diphenylalanine peptide with controlled polarization for power generation[J]. Nature Communications, 2016, 7: 13566.

[30] Tao K, Makam P, Aizen R, et al. Self-assembling peptide semiconductors[J]. Science, 2017, 358 (6365): eaam9756.

[31] Zhang W H, Jiang B J, Yang P. Proteins as functional interlayer in organic field-effect transistor [J]. Chinese Chemical Letters, 2016, 27(8): 1339 – 1344.

[32] Han M J, McBride M, Risteen B, et al. Highly oriented and ordered water-soluble semiconducting polymers in a DNA matrix[J]. Chemistry of Materials, 2020, 32(2): 688 – 696.

[33] Chang J W, Wang C G, Huang C Y, et al. Chicken albumen dielectrics in organic field-effect transistors[J]. Advanced Materials, 2011, 23(35): 4077 – 4081.

[34] Back S H, Park J H, Cui C Z, et al. Bio-recognitive photonics of a DNA – guided organic semiconductor[J]. Nature Communications, 2016, 7: 10234.

[35] Wang X, Sha R J, Kristiansen M, et al. An organic semiconductor organized into 3D DNA arrays by "bottom-up" rational design[J]. Angewandte Chemie (International Ed in English), 2017, 56

(23)：6445 - 6448.

[36] Kwon O S，Song H S，Park T H，et al. Conducting nanomaterial sensor using natural receptors[J]. Chemical Reviews，2019，119(1)：36 - 93.

[37] Di C A，Shen H G，Zhang F J，et al. Enabling multifunctional organic transistors with fine-tuned charge transport[J]. Accounts of Chemical Research，2019，52(4)：1113 - 1124.

[38] Fahlman M，Fabiano S，Gueskine V，et al. Interfaces in organic electronics[J]. Nature Reviews Materials，2019，4：627 - 650.

[39] Shen H G，Zou Y，Zang Y P，et al. Molecular antenna tailored organic thin-film transistors for sensing application[J]. Materials Horizons，2018，5(2)：240 - 247.

[40] Torsi L，Magliulo M，Manoli K，et al. Organic field-effect transistor sensors：A tutorial review [J]. Chemical Society Reviews，2013，42(22)：8612 - 8628.

[41] Wang J，Ye D K，Meng Q，et al. Advances in organic transistor-based biosensors[J]. Advanced Materials Technologies，2020，5(7)：2000218..

[42] Lai S，Demelas M，Casula G，et al. Ultralow voltage，OTFT-based sensor for label-free DNA detection[J]. Advanced Materials，2013，25(1)：103 - 107.

[43] Lin P，Yan F. Organic thin-film transistors for chemical and biological sensing[J]. Advanced Materials，2012，24(1)：34 - 51.

[44] Hammock M L，Knopfmacher O，Ng T N，et al. Electronic readout enzyme-linked immunosorbent assay with organic field-effect transistors as a preeclampsia prognostic [J]. Advanced Materials，2014，26(35)：6138 - 6144.

[45] Wang N X，Yang A N，Fu Y，et al. Functionalized organic thin film transistors for biosensing[J]. Accounts of Chemical Research，2019，52(2)：277 - 287.

[46] Khan H U，Jang J，Kim J J，et al. *In situ* antibody detection and charge discrimination using aqueous stable pentacene transistor biosensors[J]. Journal of the American Chemical Society，2011，133(7)：2170 - 2176.

[47] Rivnay J，Inal S，Salleo A，et al. Organic electrochemical transistors [J]. Nature Reviews Materials，2018，3(2)：17086.

[48] Shen H G，Di C A，Zhu D B. Organic transistor for bioelectronic applications[J]. Science China Chemistry，2017，60(4)：437 - 449.

[49] Kergoat L，Herlogsson L，Braga D，et al. A water-gate organic field-effect transistor [J]. Advanced Materials，2010，22(23)：2565 - 2569.

[50] Ohayon D，Nikiforidis G，Savva A，et al. Biofuel powered glucose detection in bodily fluids with an n-type conjugated polymer[J]. Nature Materials，2020，19(4)：456 - 463.

[51] Chung H U，Kim B H，Lee J Y，et al. Binodal，wireless epidermal electronic systems with in-sensor analytics for neonatal intensive care[J]. Science，2019，363(6430)：eaau0780.

[52] Bariya M，Nyein H Y Y，Javey A. Wearable sweat sensors[J]. Nature Electronics，2018，1：160 - 171.

[53] Chung H U，Rwei A Y，Hourlier - Fargette A，et al. Skin-interfaced biosensors for advanced wireless physiological monitoring in neonatal and pediatric intensive-care units [J]. Nature Medicine，2020，26(3)：418 - 429.

[54] Xu S，Jayaraman A，Rogers J A. Skin sensors are the future of health care[J]. Nature，2019，571 (7765)：319 - 321.

[55] Kim J，Campbell A S，de Ávila B E F，et al. Wearable biosensors for healthcare monitoring[J]. Nature Biotechnology，2019，37(4)：389 - 406.

[56] Bandodkar A J，Jeang W J，Ghaffari R，et al. Wearable sensors for biochemical sweat analysis[J].

Annual Review of Analytical Chemistry, 2019, 12(1): 1-22.

[57] Yu Y, Nyein H Y Y, Gao W, et al. Flexible electrochemical bioelectronics: The Rise of *in situ* bioanalysis[J]. Advanced Materials, 2020, 32(15): e1902083.

[58] Schiavone G, Fallegger F, Kang X Y, et al. Soft, implantable bioelectronic interfaces for translational research[J]. Advanced Materials, 2020, 32(17): e1906512.

[59] Zang Y P, Zhang F J, Huang D Z, et al. Flexible suspended gate organic thin-film transistors for ultra-sensitive pressure detection[J]. Nature Communications, 2015, 6: 6269.

[60] Oh J Y, Rondeau-Gagné S, Chiu Y C, et al. Intrinsically stretchable and healable semiconducting polymer for organic transistors[J]. Nature, 2016, 539(7629): 411-415.

[61] Xu J, Wang S H, Wang G J N, et al. Highly stretchable polymer semiconductor films through the nanoconfinement effect[J]. Science, 2017, 355(6320): 59-64.

[62] Lee M Y, Lee H R, Park C H, et al. Organic transistor-based chemical sensors for wearable bioelectronics[J]. Accounts of Chemical Research, 2018, 51(11): 2829-2838.

[63] Someya T, Amagai M. Toward a new generation of smart skins[J]. Nature Biotechnology, 2019, 37(4): 382-388.

[64] Emaminejad S, Gao W, Wu E, et al. Autonomous sweat extraction and analysis applied to cystic fibrosis and glucose monitoring using a fully integrated wearable platform[J]. Proceedings of the National Academy of Sciences of the United States of America, 2017, 114(18): 4625-4630.

[65] Liu Y X, Liu J, Chen S C, et al. Soft and elastic hydrogel-based microelectronics for localized low-voltage neuromodulation[J]. Nature Biomedical Engineering, 2019, 3(1): 58-68.

[66] Zou Y, Tan P C, Shi B J, et al. A bionic stretchable nanogenerator for underwater sensing and energy harvesting[J]. Nature Communications, 2019, 10(1): 2695.

[67] Xiao K, Chen L, Chen R T, et al. Artificial light-driven ion pump for photoelectric energy conversion[J]. Nature Communications, 2019, 10(1): 74.

[68] Park S, Heo S W, Lee W, et al. Self-powered ultra-flexible electronics via nano-grating-patterned organic photovoltaics[J]. Nature, 2018, 561(7724): 516-521.

[69] Zang Y P, Shen H G, Huang D Z, et al. A dual-organic-transistor-based tactile-perception system with signal-processing functionality[J]. Advanced Materials, 2017, 29(18): 1606088.

[70] Shen H G, He Z H, Jin W L, et al. Mimicking sensory adaptation with dielectric engineered organic transistors[J]. Advanced Materials, 2019, 31(48): e1905018.

[71] Mashayekhi Mazar F, Martinez J G, Tyagi M, et al. Artificial muscles powered by glucose[J]. Advanced Materials, 2019, 31(32): e1901677.

[72] Kim Y, Chortos A, Xu W T, et al. A bioinspired flexible organic artificial afferent nerve[J]. Science, 2018, 360(6392): 998-1003.

[73] Reggente M, Politi S, Antonucci A, et al. Design of optimized PEDOT-based electrodes for enhancing performance of living photovoltaics based on phototropic bacteria[J]. ECS Meeting Abstracts, 2020, (47): 2683.

[74] Li G L, Feng X Y, Fei J B, et al. Interfacial assembly of photosystem II with conducting polymer films toward enhanced photo-bioelectrochemical cells[J]. Advanced Materials Interfaces, 2017, 4(1): 1600619.

[75] Kirchhofer N D, Rasmussen M A, Dahlquist F W, et al. The photobioelectrochemical activity of thylakoid bioanodes is increased *via* photocurrent generation and improved contacts by membrane-intercalating conjugated oligoelectrolytes[J]. Energy & Environmental Science, 2015, 8(9): 2698-2706.

[76] Garner L E, Thomas A W, Sumner J J, et al. Conjugated oligoelectrolytes increase current

response and organic contaminant removal in wastewater microbial fuel cells[J]. Energy & Environmental Science, 2012, 5(11): 9449 - 9452.

[77] Noh H B, Won M S, Hwang J, et al. Conjugated polymers and an iron complex as electrocatalytic materials for an enzyme-based biofuel cell[J]. Biosensors & Bioelectronics, 2010, 25(7): 1735 - 1741.

[78] Gomez-Carretero S, Libberton B, Svennersten K, et al. Redox-active conducting polymers modulate *Salmonella* biofilm formation by controlling availability of electron acceptors[J]. NPJ Biofilms and Microbiomes, 2017, 3: 19.

[79] Zhang M, Sun J J, Khatib M, et al. Time-space-resolved origami hierarchical electronics for ultrasensitive detection of physical and chemical stimuli[J]. Nature Communications, 2019, 10 (1): 1120.

[80] Song R B, Wu Y C, Lin Z Q, et al. Living and conducting: Coating individual bacterial cells with *in situ* formed polypyrrole[J]. Angewandte Chemie (International Ed in English), 2017, 56(35): 10516 - 10520.

[81] Gai P P, Yu W, Zhao H, et al. Solar-powered organic semiconductor-bacteria biohybrids for CO_2 reduction into acetic acid[J]. Angewandte Chemie (International Ed in English), 2020, 59(18): 7224 - 7229.

[82] Stavrinidou E, Gabrielsson R, Gomez E, et al. Electronic plants[J]. Science Advances, 2015, 1 (10): e1501136.

[83] Stavrinidou E, Gabrielsson R, Nilsson K P, et al. *In vivo* polymerization and manufacturing of wires and supercapacitors in plants[J]. Proceedings of the National Academy of Sciences of the United States of America, 2017, 114(11): 2807 - 2812.